Die Deutsche Bibliothek – CIP-Einheitsaufnahme

Ein Titeldatensatz für diese Publikation ist bei
Der Deutschen Bibliothek erhältlich.

© **REPRINT-VERLAG-LEIPZIG**
Volker Hennig, Goseberg 22-24, 37603 Holzminden
ISBN 3-8262-1402-1

Reprintauflage der Originalausgabe von 1912
nach dem Exemplar des Verlagsarchives

Lektorat: Andreas Bäslack, Leipzig
Einbandgestaltung: Jens Röblitz, Leipzig
Gesamtfertigung: Westermann Druck Zwickau GmbH

J. H. Nicolini

Der
Schreinermei

REPRINT – VERL
LEIPZIG

Aus der Praxis für die Praxis.

Der Schreinermeister.

Von

J. H. Nicolini.

Band **3** der praktischen Bibliothek
„Der Handwerksmeister"

herausgegeben von

Gustav Koepper
Sekretär der Handwerkskammer zu Coblenz.

Trier 1912.

Druck und Verlag der Kunst- und Verlagsanstalt Schaar & Dathe
Komm.-Ges. a. Akt.

Inhaltsverzeichnis.

Einleitung.

Die Lage des Handwerkes ist heute sehr ernst. Mit der bloßen Tüchtigkeit an der Hobelbank kommt der Schreinermeister nicht mehr durch. Daß er sein Handwerk nach der technischen Seite beherrschen muß, ehe er überhaupt daran denken darf, ein eigenes Geschäft zu gründen, ist eine selbstverständliche Vorbedingung. Im Zeichnen muß er soweit vorgeschritten sein, daß er seine Gedanken zeichnerisch zu Papier bringen kann und die Werkzeichnung beherrscht.

Was aber muß er als Meister dazu wissen und können?

Zunächst, was er von einer Mietwerkstatt — auf eine solche ist er meist angewiesen — wenigstens fordern kann und wie sie praktischerweise einzurichten ist.

Mit dem Werkzeug ist er während seiner Gesellenzeit vertraut geworden. Vielleicht hat er auch die Neuerungen auf diesem Gebiete gesehen. Jedenfalls muß er sie studieren, um die Zeit, dieses Kostbarste im modernen Betriebe, aufs Äußerste ausnutzen zu können.

Die Verarbeitung und Bearbeitung des Holzes hat ihn dieses, sein Rohmaterial, kennen gelehrt; doch genügt diese Kenntnis nicht zum Einkaufe und zur Behandlung des Holzes.

Von größter Wichtigkeit für den jungen Meister ist die so sehr vernachlässigte Kenntnis der Zweckformen der Möbel= und Bauarbeiten.

Dann muß er seinen Geschmack schulen, um ein Auge für die Schönheiten des Materials, der Linienführung und der Farbe zu gewinnen.

Mangelndes Können in Bezug auf die Preisberechnung hat bisher dem Handwerke sehr geschadet und manchen Meister zu Grunde gerichtet. Gerade auf diesem Gebiete kann der angehende Meister sich nicht leicht zu viel vorbereiten.

Über sein Verhältnis als Meister zu Geselle und Lehrling muß er sich klar sein, und auch seine Stellung zum Publikum in geschäftlicher und gesellschaftlicher Beziehung stellt an ihn bestimmte Anforderungen.

Sodann muß er die gesetzlichen Bestimmungen studieren, die sein Handwerk betreffen.

Und wenn er ein Übriges tun will, so suche er einen Einblick in die Geschichte seines Handwerks und in das historische Werden unserer heutigen Verhältnisse zu gewinnen. Daran kann er Selbstbewußtsein und Arbeitsfreude stärken. Da wird er auch das Klagen verlernen um das, was war und erkennen, wo heute das Heil des Handwerkes liegt.

Zu einer solchen Vorbereitung auf den „Meister" will der Verfasser dem Schreiner die Hand reichen.

Nach dieser Vorbereitung erwerbe der Schreiner sich durch Ablegung der Meisterprüfung das Recht zur Führung des Meister= titels. Dann darf er auch Lehrlinge ausbilden, und er gewinnt die Anwartschaft auf staatliche und kommunale Aufträge, denn diese werden immer mehr den ungeprüften Meistern vorenthalten.

Somit wären die entfernteren Vorbedingungen zur Gründung eines eigenen Geschäftes erfüllt. Bleiben noch die näheren: Geld und Aufträge.

An Geld ist wenigstens soviel nötig, daß man, nachdem die Werkstatteinrichtung und das erste Holz bezahlt sind, noch genug zum Leben in den ersten Monaten hat. Mit Schulden anzufangen ist gefährlich, denn Schulden nehmen erfahrungsgemäß eher zu als ab. Zudem steht der Holzhändler dem, der schon die erste Holz= lieferung borgen muß, mit Recht mißtrauisch gegenüber und wird ihm wenig Kredit einräumen.

Ebenso gefährlich ist es, auf gut Glück, ohne bestimmte Aussicht auf ständige Arbeit anzufangen. Der junge Meister könnte dann schwere Enttäuschungen erleben.

Die Werkstatt.

Bei der Suche nach einer Werkstatt wird der junge Meister sich mehr oder weniger bescheiden müssen. Eine Werkstatt, die allen Wünschen entspricht, ist selten zu finden. Er achte besonders auf Folgendes.

Eine Schreinerwerkstatt muß geräumig, hoch, hell und trocken sein. Eine hochgelegene ist der größeren Trockenheit halber vorzuziehen. Aus demselben Grunde ist ein Holzfußboden besser als Stein= oder Cementboden. Die Türen müssen groß, die Treppen breit sein. Bei Hofwerkstätten ist auf eine gute Einfahrt Gewicht zu legen. Man denke daran, daß man manches große Stück Arbeit aus der Werkstätte zu transportieren hat. Wünschenswert ist bei hochgelegener Werkstatt ein Aufzug.

Für das Holz muß Gelegenheit zu luftiger und trockener Aufspeicherung gegeben sein. Dampfheizung ist sehr praktisch. Heute besitzen schon viele Räume, für welche Schreinerarbeiten bestimmt sind, diese Heizung. Das Holz wird dadurch förmlich ausgedörrt. Wenn diese gewaltsame Holztrocknung im Anschluß an eine vorher gegangene Lufttrocknung schon auf der Werkstatt bei der Bearbeitung vor sich geht, so ist dies äußerst vorteilhaft.

Eine Frage für sich ist die Beleuchtung der Schreinerwerkstatt. Das schöne Gasglühlicht ist wegen der ständigen Erschütterungen, welche die Strümpfchen zerstören, zu teuer. Das einfache Gaslicht kommt wegen der Feuersgefahr nicht in Frage. Das beste Licht für unsern Zweck ist das elektrische, und da ist die Einrichtung des indirekten Lichtes am meisten zu empfehlen. Das Bogenlicht wird nach unten abgeblendet und durchstrahlt dann von der weiß= gestrichenen Decke den ganzen Raum mit Tageshelle, ohne den Augen Schaden zu tun. Wo die elektrischen Anlagen fehlen, müssen wir uns mit guten Petroleumlampen behelfen.

Auch ist auf gute Tagesbeleuchtung durch die Fenster zu achten. Sehr oft findet man Werkstätten, welche bei großer Tiefe oder Breite nur an einer Seite Fenster haben und dadurch die gegen= überliegende Seite und besonders die Ecken ohne genügendes Licht lassen. Eine gute Werkstatt muß hell und licht bis in alle Ecken sein, sonst sammelt sich in diesen Ecken allerlei unerwünschtes Ge= rumpel und Schmutz an. Also große und hohe Fenster, wenn möglich bei tiefen Werkstätten an beiden Seiten, und die Scheiben immer klar geputzt halten!

Das Werkzeug.*)

Es erübrigt sich wohl, dem jungen Meister sein Handwerks-gerät, mit dem er jahrelangen Umgang gehabt hat, hier in Wort und Bild vorzuführen. Nur auf vorteilhafte Neuerungen soll ihn dieser Abschnitt aufmerksam machen. Beim Einkauf lasse er sich nicht durch falsche Sparsamkeitsrücksichten leiten. Er kaufe nur gutes, dauerhaftes Werkzeug. Dabei fährt er am besten.

An praktischen **Öfen** für die Schreinerwerkstatt ist kein Mangel. Ein brauchbarer Ofen muß als Heizofen verwendbar sein und außerdem Einrichtungen zur Leimbereitung, zum Fugenwärmen, zum Wärmen der Zulagen beim Furnieren und zur Holztrocknung haben.

Derartig konstruierte und auch praktisch bewährte Öfen zeigen Fig. 1 u. 2.

Fig. 1.

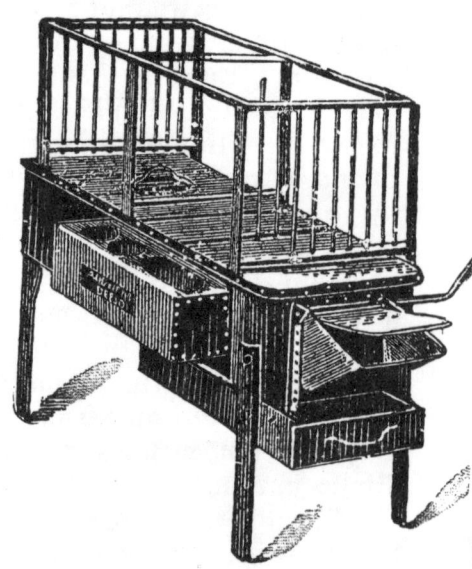

Fig. 2.

---

*) Die Abbildungen sind dem Katalog der Firma H. Sartorius Nachf., Düsseldorf entnommen.

Notwendig ist über dem Ofen eine sog. **Baumelage** zur Holztrocknung, d. i. ein von der Decke herabhängendes Gerüst.

An der **Hobelbank** sind folgende Neuerungen beachtenswert:

1. Bankhaken nach amerikanischem System (Fig. 3), bei deren Zuhilfenahme sich die dünnsten Hölzer sicher und bequem hobeln lassen.

2. Der verstellbare Spitzhaken (Fig. 4), welcher hinten an die Bank angeschraubt wird.

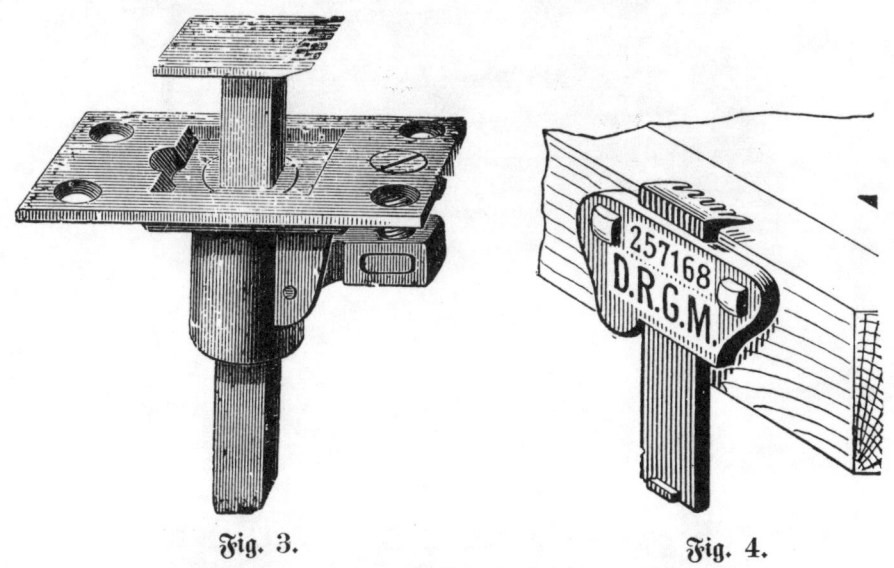

Fig. 3.   Fig. 4.

3. Seitenbankhalter, welche ein bequemes Einspannen vor der Hobelbank ermöglichen. (Schubladen und Stühle.)

4. Der Schraubstock mit hölzernen Backen (Fig. 5), der leicht befestigt werden kann, indem man ihn durch ein Bankzapfenloch steckt. Er hat sich als Hilfsmittel beim Ausfeilen geschweifter Hölzer sehr bewährt.

Beim **Leimen** leisten nachstehende Neuerungen gute Dienste:

Der Fugenleimapparat. Er ermöglicht, eine beliebige Anzahl von Böden verschiedenster Breite rasch und sicher zu verleimen. Man hat solche

Fig. 5.

Böcke zum Schrauben (Fig. 6) und zum Keilen (Fig. 7).

Leimzwingen sind viele neuartige erschienen. Da sind solche, deren Schenkel, statt geschlitzt und geleimt zu sein, von durchgehenden eisernen Bolzen gehalten werden, da sind die eisernen Moment= zwingen aller Art, die sich aber wegen ihrer Unhandlichkeit und Schwere schlecht einbürgern wollen.

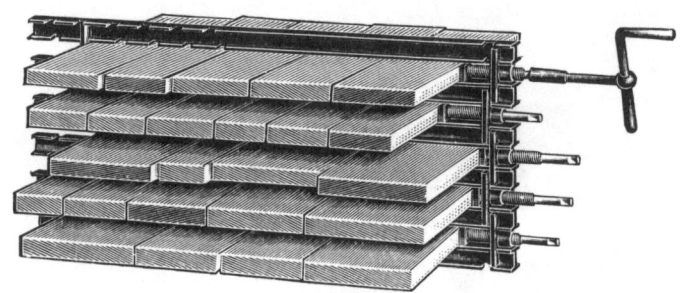

Fig. 6.

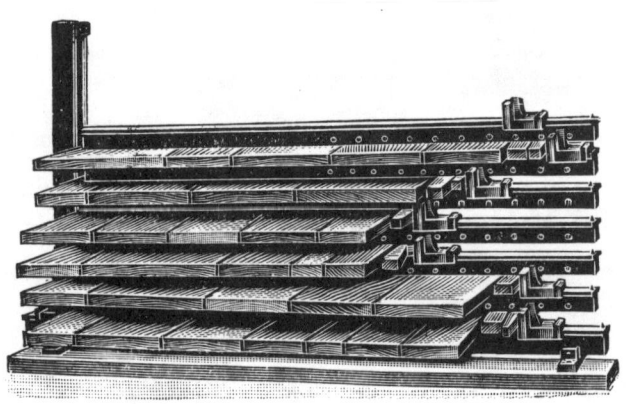

Fig. 7.

Weiter führen wir die folgenden Neuerungen als praktisch vor:

1. Französische Sergents. Sie haben sich beim Anleimen kleiner Sachen, wie polierter Leisten als praktisch erwiesen. An den Klemmbacken haben sie Korkplättchen. Zur An= spannung genügt ein leichter Druck, also kein Anschrauben.

2. Eiserne Türspanner zum Verleimen von Zimmertüren, die auch mit Böcken verbunden geliefert werden können.

3. Apparate zum Leimen von Bilderrahmen. (Fig. 8 u. 9)

Fig. 8.

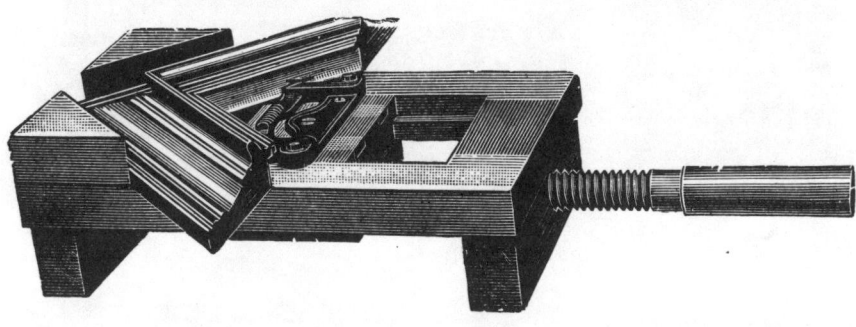

Fig. 9.

4. Gehrungsklammern. (Fig. 10)

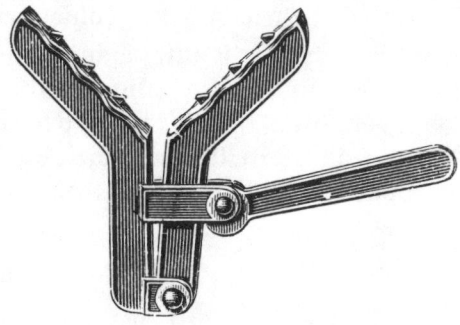

Fig. 10.

An **Furnierböcken und -pressen** hat die letzte Zeit ganz hervorragende Neuerungen gebracht.

Der Furnierbock Herkules (Fig. 11) mit seinen eisernen Spindeln bedeutet eine wesentliche Verbesserung gegenüber den

Hercules

Fig. 11.

Böcken mit Holzspindeln. Die Furnierpresse ist ein notwendiges Ausstattungsstück der größeren Schreinerwerkstatt geworden, seitdem die Dampfheizung uns zwingt, gesperrtes Holz zu verarbeiten. Der Bezug von wirklich gutem fertig gesperrtem Holz stellt sich so teuer, daß man sich bei großem Bedarf besser steht, eine solche Furnierpresse, welche verschiedene deutsche Maschinenfabriken in bewährter Ausführung fabrizieren, anzuschaffen.

Als praktische **Hobel** haben sich die folgenden bewährt:

Ein patentierter Putzhobel mit Schlichteisen ohne Klappe, welcher Maserfurniere, Kopfholz usw. ohne Einreißen sauber bearbeitet. Ferner der sogenannte Reform-Putzhobel mit amerikanischer Schraubklappe und verstellbarer Platte in der Sohle, welche es ermöglicht, das Spanloch beliebig eng und weit zu stellen.

Der Universal-Nuthobel, welcher wesentliche Verbesserungen gegenüber dem alten einfachen Nuthobel aufweist.

Ausgezeichnetes Werkzeug bilden die ganz stählernen amerikanischen Hobel, z. B. der heute schon vielfach unentbehrlich gewor-

dene Schiffshobel (Fig. 12), deſſen Sohle hohl und rund ver-
ſtellt werden kann. Der Hirnholzhobel, deſſen Hobeleiſen in
ſeiner ſchrägen Lage verſtellbar iſt. Die Bullnaſe (Fig. 13), das

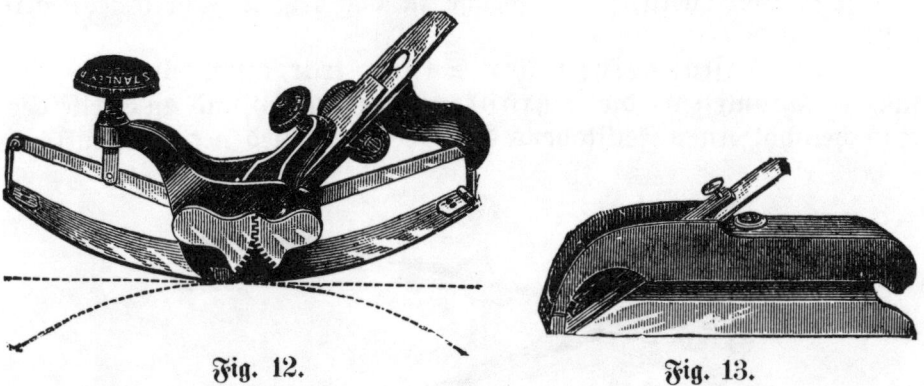

Fig. 12.   Fig. 13.

Eiſen ſteht ganz nach vorne und ermöglicht ein ſauberes Aushobeln
der Ecken. Furnierſchabhobel, welche wie Ziehklingen wirken
und ein Einreißen des Furniers verhüten.

Amerikaniſche Schabhobel zum Einkratzen von feinen Stäbchen,
Nuten und Profilen (Fig. 14), zum Abfaſſen von Kanten (Fig. 15).

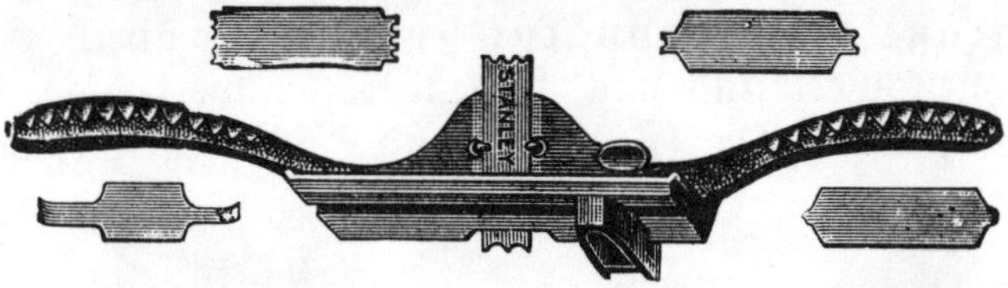

Fig. 14.

Fig. 15

Als bewährte **Sägen** ſind folgende zu
nennen:

Feinzahnige Fuchsſchwänze (Fig.
16 und 17), um Gehrungen nachzuſchneiden,
Brüſtungen abzuſetzen uſw.

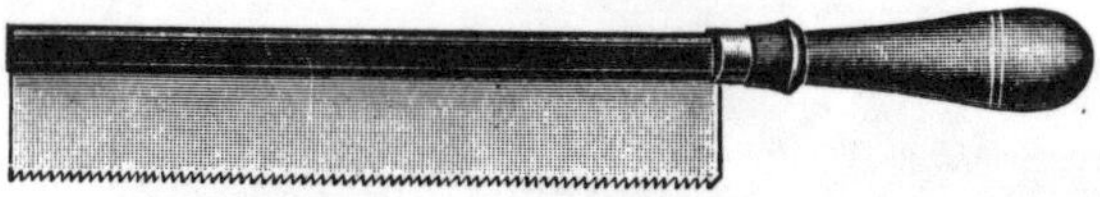

Fig. 17. 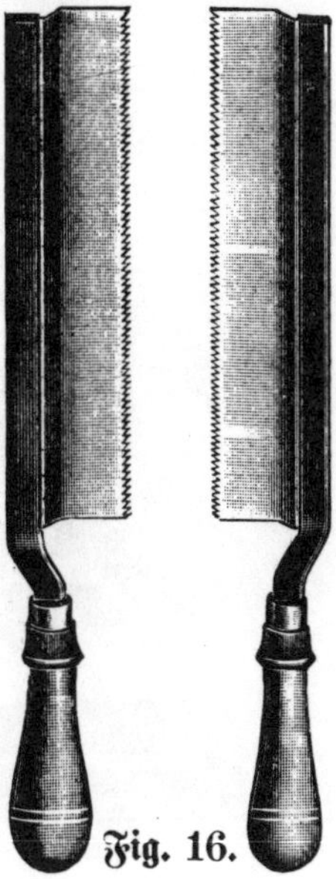   Fig. 16.

2*

Auswechselbare Sägegarnitur. (Handsäge ohne Rücken, Stichsäge und Schlüssellochsäge.)

Die verstellbare Lochsäge.

Die Gehrungssäge, welche in den letzten Jahren sehr verbessert worden ist.

Zum Instandsetzen der Sägen tritt an Stelle des einfachen Schränkeisens die Schränkzange (Fig. 18) und an Stelle des einfachen hölzernen Feilklobens der eiserne verschiedener Konstruktion.

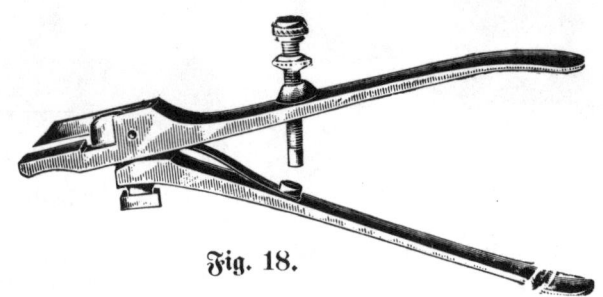

Fig. 18.

Zur Gehrungssäge gehört eine gute Bestoßlade, um die geschnittenen Gehrungen mit dem Hobel säuberlich aneinanderzupassen.

Für gröbere Bestoßarbeiten hat sich seit Jahren der amerikanische große Bestoßapparat sehr gut bewährt.

Erwähnenswert sind noch folgende Kleinwerkzeuge, die amerikanischen Gehrungsmaße (Fig. 19) und -Schmiegen (Fig. 20), die

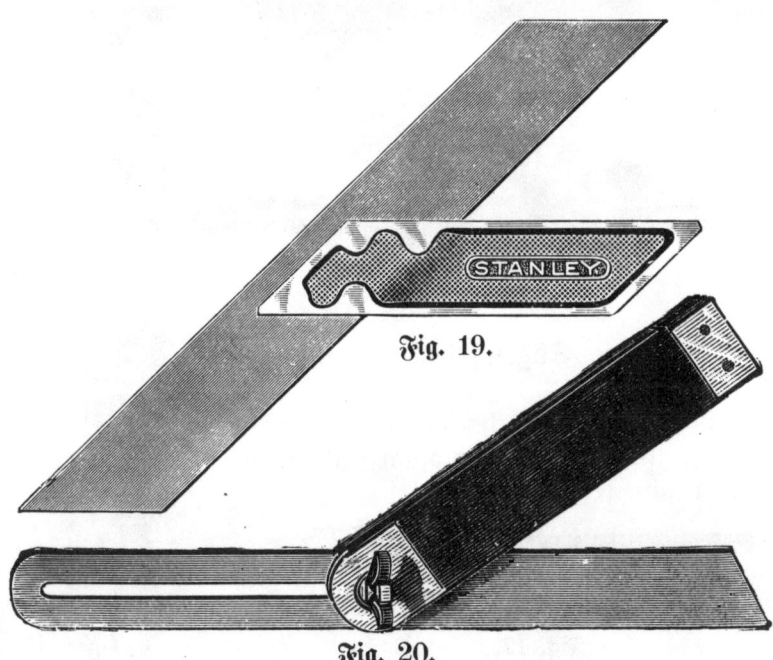

Fig. 19.

Fig. 20.

sehr praktischen Streichmaße (Fig. 21) mit patentierter Einrichtung für Kurven.

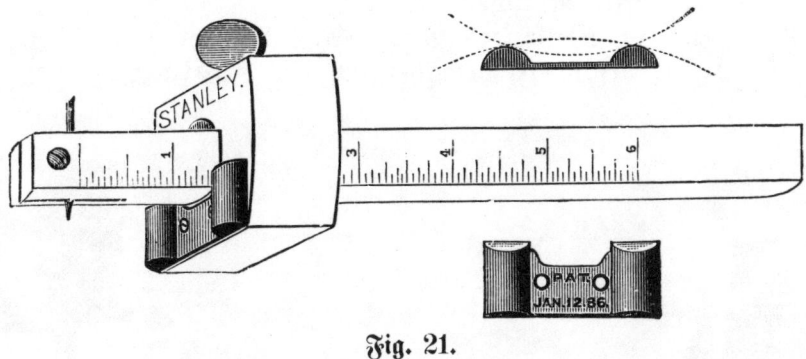

Fig. 21.

Praktisch sind auch die verstellbaren Bohrer (Fig. 22) und die automatischen Schraubenzieher, die es durch ihren Schneckengang ermöglichen, kleine Schrauben durch einfachen Druck einzudrehen und dadurch diese Tätigkeit sehr beschleunigen.

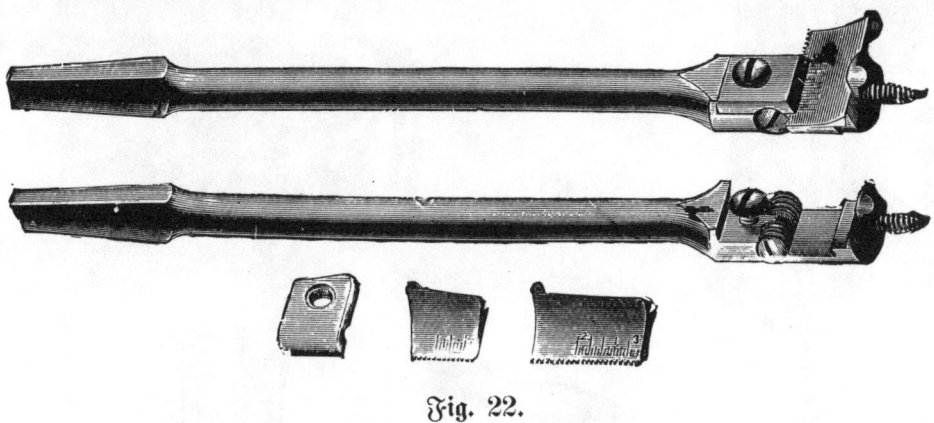

Fig. 22.

Als sehr brauchbar hat sich das Dübellocheisen erwiesen. Die gehobelte Dübelstange wird durchgeschlagen und erhält gleichmäßige Stärke und Zahnung.

Der Schleifstein mit eisernem Gestell, für Fuß= und Hand=betrieb, hat sich gut eingeführt (Fig. 23).

Als Schleifstein bürgert sich auch in den kleinsten Werkstätten der vorzügliche Schmirgeldrehstein ein, welcher dreimal schneller schärft wie der beste Rutscher. (Fig. 24.)

Auch tritt an Stelle des Wasser=Abziehsteines der bedeutend bessere Ölstein, besonders bewährt sich der India=Ölstein.

Fig. 23.   Fig. 24.

Maſchinen.*)

Im allgemeinen muß man den jungen Meiſter davor warnen, ſchon bei Geſchäftseröffnung Maſchinen anzuſchaffen. Dahingehende Wünſche ſtelle er zurück, bis ſolche Betriebseinrichtungen unbedingt infolge ſtändiger, großer Aufträge nötig werden. Und auch dann noch gehe er vorſichtig zu Werke und laſſe ſich von tüchtigen, erfahrenen Fachleuten beraten. Die Maſchinenanſchaffung hat manchen Meiſter zu Grunde gerichtet. Zu einem maſchinellen Betriebe gehört viel Geld. Er erfordert dazu dauernd große Aufträge. Die teuere Anlage kann nur dann gewinnbringend werden, wenn die Maſchinen voll ausgenutzt werden. Bleiben die erhofften Aufträge aus, dann heißt es zum Schluß nur zu leicht: Arbeit um jeden Preis, „damit der Kamin dampft".

In den Städten hat man jetzt allenthalben Lohnſchreinereien, d. h. maſchinell eingerichtete Werkſtätten, welche für den Kleinmeiſter die Maſchinenarbeit beſorgen. Wenn der junge Meiſter dieſe Einrichtung ausnützt, ſo kann er die eigenen Maſchinen gut entbehren.

Das folgende Kapitel hat nur den Zweck, einen allgemeinen Überblick zu gewähren. Es ſoll den Schreiner nur in aller Kürze mit den wichtigſten Holzbearbeitungsmaſchinen bekannt machen.

(Fig. 25) zeigt die große Vollgatterſäge. Sie wird hauptſächlich zum Schneiden der Nadelhölzer und billigen Laubhölzer gebraucht. Der Stamm wird von den beiden übereinanderliegenden Walzen durch die Maſchine gezogen. Die hinter den Walzen ſichtbaren Sägeblätter, die verſtellbar ſind, zerſchneiden den Stamm in einmaligem Durchgang.

Edelhölzer werden auf der Horizontal-Gatterſäge (Fig. 26) oder auf der Seiten-Gatterſäge (Fig. 27) zerſchnitten. Dieſe beiden Maſchinen ſchneiden genauer und ergeben weniger Schnittverluſt als die Vollgatterſäge. Da die Abbildungen ſie im Gebrauch vorführen, iſt dort die Arbeitsart deutlich zu erkennen.

(Fig. 28) zeigt eine ſchwere Bandſäge. Sie wird beſonders da gebraucht, wo ſich das Aufſtellen einer Gatterſäge nicht lohnt, oder wo wenig Raum vorhanden iſt.

Zum Schneiden von Bauholz benutzt man auch ſchwere Kreisſägen (Fig. 29).

---

*) Die Abbildungen ſind dem Katalog der Frankfurter Maſchinenfabrik „Framag" in Großauheim a. M. entnommen.

Fig. 25.

Fig. 26.

Fig. 27.

Fig. 28.

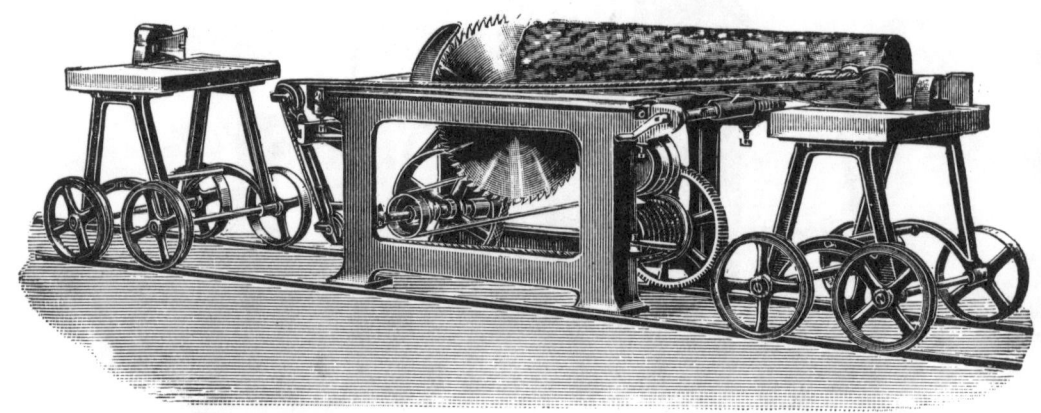

Fig. 29.

Fig. 30.

Fig. 31.

Fig. 32.

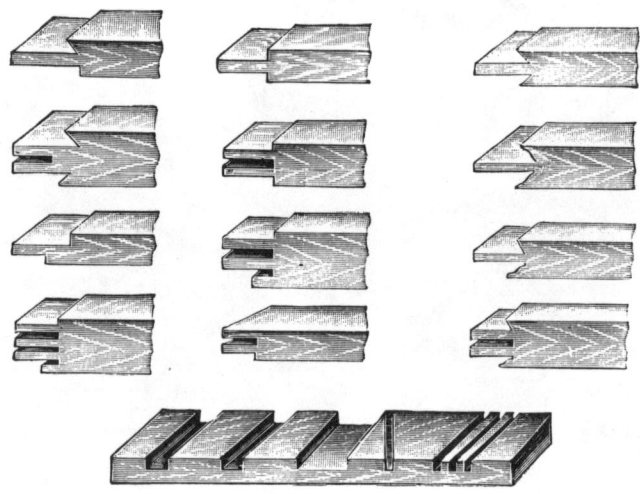

Fig. 33.

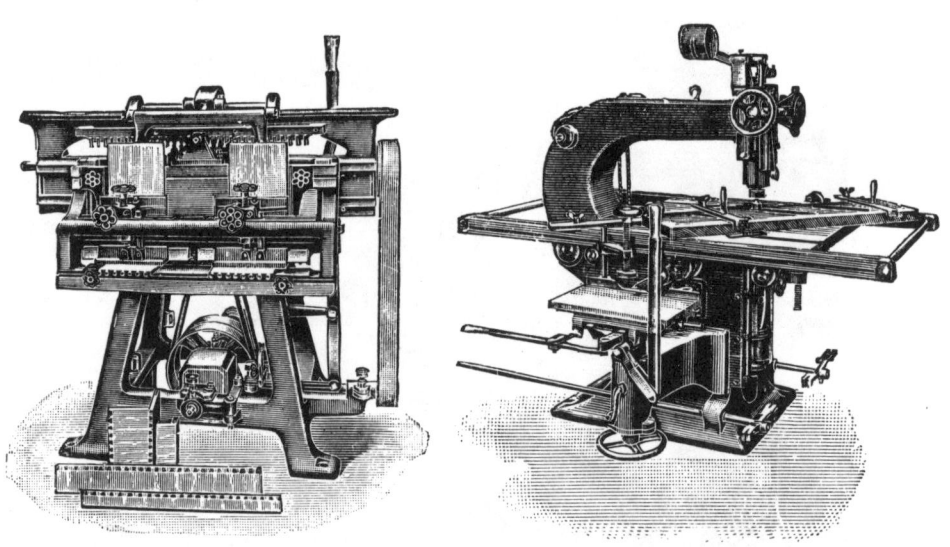

Fig. 34.   Fig. 34 a.

Eine interessante Maschine ist die Säge zum Furnier= und Dickenschneiden (Fig. 30). Hier wird der Block aufrecht an den Rahmen gespannt und passiert, mit diesem nach oben gehend, die Säge.

Die große Hobelmaschine (Fig. 31) dient zum Behobeln weicher Hölzer (Fußbodenbretter, Verschalungsbretter) und versieht diese gleichzeitig mit Nute, Feder und Profil.

Im großen Schreinereibetriebe sind noch folgende Maschinen bemerkenswert: Die große Zapfenschneid= und Schlitzmaschine (Fig. 32), auf welcher die in Fig. 33 dargestellten Arbeiten hergestellt werden können, die Zinkenfräsmaschine (Fig. 34), die kombinierte Tisch= und Oberfräsmaschine (Fig. 34a), deren Oberfräse zum Einfräsen der Treppenwangen=Nute viel gebraucht wird.

Die folgenden Maschinen sind für den Kleinbetrieb bestimmt.

Fig. 35.

Fig. 35 zeigt eine kombinierte Maschine. Sie vereinigt Bandsäge, Kreissäge, Fräsmaschine und Langlochbohrmaschine.

Die kombinierte Maschine (Fig. 36) vereinigt Kreissäge, Fräse und Bohrmaschine.

Die Abrichthobelmaschine (Fig. 37) hat gleichzeitig Vorrichtung zum Fügen und Kehlen. Zu dieser Hobelmaschine gehört die neue runde Messerwelle (Fig. 38). Gegenüber der gebräuchlichen vierkantigen Welle hat sie bemerkenswerte

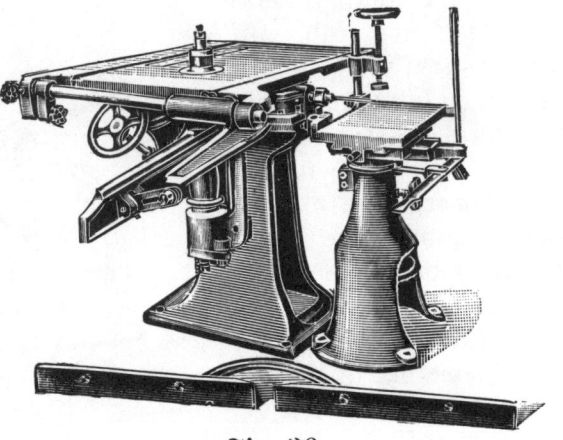

Fig. 36.

Vorteile. Die Berufs=
genossenschaften ver=
langen neuerdings
diese Welle, weil sie die
Gefahr wesentlich ver=
ringert. Sie vermin=
dert auch das heulende
Geräusch dieser
Maschine. Die runde
Messerwelle fordert
aber ein gewissen=
haftes Befestigen der
rotierenden Teile.

Fig. 37.

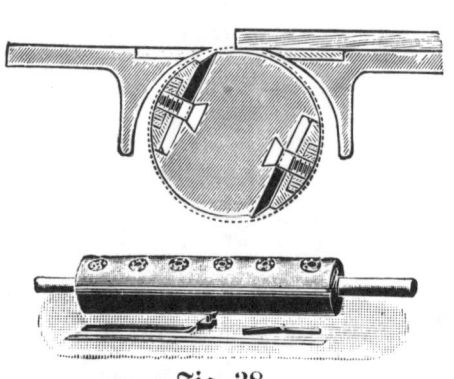

Fig. 38.

Fig. 39.

Auf der Dickenhobel=
maschine (Fig. 39) werden
die Hölzer, nachdem sie auf
der Abrichthobelmaschine ein=
seitig abgerichtet sind, auf
die bestimmte Dicke gehobelt.
Auch können dünnere Hölzer
auf beiden Seiten gleich=
zeitig behobelt werden.

Mit den erwähnten Holz=
bearbeitungsmaschinen ist
deren Reihe bei weitem nicht
erschöpft. Die neuere Zeit
bringt für alle Zweige
unseres Gewerbes alljährlich
neue und verbesserte
Maschinen auf den Markt.

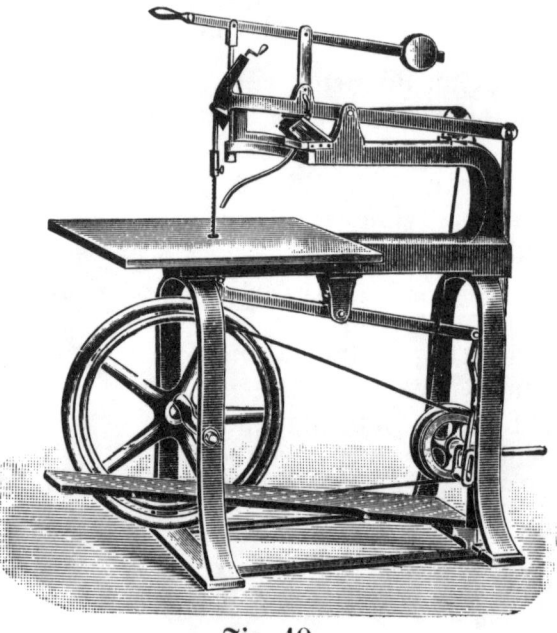

Fig. 40.

Jedoch kann hier nicht weiter darauf eingegangen werden. Erwähnt seien zum Schluß noch die sogenannte vierseitige Hobelmaschine, auf welcher die Hölzer gleichzeitig vierseitig behobelt und gekehlt werden, die Dekupiersägen (Fig. 40) und die Schleifmaschinen.

Als Antriebmaschinen werden die verschiedensten Kraftmaschinen benutzt. In Großbetrieben findet man eine Dampfmaschine, welche neben Kohlen die Späne und Abfälle mitverfeuert, und die durch den kostenlosen Abdampf die Räume heizen und das Holz trocknen kann. Diese Späne werden ihr durch eine Exhaustoranlage zugeführt. Diese Anlage saugt die Abfälle von den einzelnen Werkzeug-Maschinen weg und führt sie durch Röhren in den Kesselraum.

Für den Kleinbetrieb kommen Benzin-, Spiritus- und Petroleum-Motore in Betracht; ferner Gasmotore, manchmal in Verbindung mit einer Sauggasanlage, die selbst das nötige Gas liefert. Auch Windturbinen, in der Art, wie man sie oft an kleinen Pumpanlagen sieht, werden als Kraftquellen benutzt. Auch die Ausnutzung der Wasserkraft ist da, wo sie vorhanden ist, als billig zu empfehlen.

In den Großstädten werden von dem Gewerbe-Inspektor meist elektrische Antriebmotore verlangt. Diese Kraftmaschinen nehmen den geringsten Raum ein, sind immer betriebsfertig, liefern aber auch die teuerste Kraft.

Das Einkaufen des Holzes.

Fällen und Schneiden des Holzes gehören an vielen Orten nicht mehr in das Arbeitsgebiet des Schreiners. Er hat es meist beim Einkauf mit den fertig geschnittenen und aufgestapelten Stämmen zu tun, und alle jene Struktureigentümlichkeiten und Fehler des Holzes interessieren ihn nur so weit, als sie ihm das vorliegende Material minderwertig oder schätzbar machen. Von diesem Gesichtspunkte aus wollen wir dies alles an den fertig aufgestapelten Stämmen besprechen.

Vor uns liegen auf dem Holzplatze die Stämme zu Brettern und Bohlen geschnitten und mittels zwischengelegter Hölzer gestapelt. Zweck dieser Stapelung ist, die Bretter und Bohlen von beiden Seiten mit der Luft in Berührung zu bringen, damit sie lufttrocken werden.

Das Holz besitzt einen bedeutenden Saftreichtum. So beträgt dieser bei der stehenden Eiche 35 %, bei Kiefer 39 %, bei Weide gar 50 %. Von diesem Feuchtigkeitsgehalt muß das Holz zunächst soviel abgeben, daß er mit dem der Luft gleichkommt: es muß auf 15—20 % austrocknen. Das Holz bezeichnet man dann als lufttrocken.

Dieser Vorgang dauert bei den verschiedenen Holzsorten verschieden lang. Bei Eichenstärken von 1″ aufwärts z. B. erfordert er etwa 5 Jahre. Dies Holz wird zuerst bis 1½ Jahre im Freien aufgestapelt, damit die Gerbsäure auslaugt. Es erhält dadurch eine hellere Farbe. Dann lagert es weiter in gedecktem, nach zwei Seiten offenem Schuppen. Von den im Freien aufgestapelten Eichenstämmen kann der Meister also nur kaufen, wenn er sie selbst im Schuppen weitertrocknen will.

Bei anderen Holzsorten ist das Auslaugen nicht so nötig. Sie werden gleich im offenen Schuppen zur Trocknung gelagert.

Zur Verarbeitung fertiges Holz wird der Meister auf dem Holzplatze schwerlich bekommen, da der Holzhändler wegen der großen Austrocknungs- und Zinsverluste das Holz nicht gerne lange lagert. Hat der Händler lufttrockene Stämme, so bedenke der Meister wohl, daß dies in der Mehrzahl solche sind, die der Händler nicht leicht absetzen konnte. Wenn der Meister aber Holz zu sofortiger Verarbeitung haben muß, so kaufe er lieber den minderguten trockenen Stamm, als daß er sich verleiten läßt, nichttrockenes Holz zu verarbeiten. Der größere Schaden käme sonst hinterdrein.

Nun entsteht die Frage: Was muß der junge Meister zunächst an Holz einkaufen?

Die in seinem Arbeitsbezirke gebräuchlichen Hölzer muß er selbst ablagern. Die wird er also auch gleich kaufen müssen. Denn nur, wenn er ganz trockenes Material verarbeitet, kann er unbesorgt seine Arbeit abliefern.

Im allgemeinen kann man ihm zum ersten Einkauf die folgenden Ratschläge geben.

Der Möbelschreiner hat ständig nötig:

1. Nadelholz (Tanne, Kiefer, Carolina-pine) in allen gangbaren Längen, Breiten und Stärken für einfache Möbelarbeiten und als Blindholz für furnierte Arbeiten,
2. mehrere Stämme Eiche in passenden Dicken als Rahmen- und Füllungsholz.

Der Bauschreiner muß auf Lager haben:

1. besseres Eichenholz für feine Bauarbeit (Haustüren, Wandbekleidungen, Decken usw.),
2. mindergutes Eichenholz für Fenster, Treppen usw.,
3. Pitchpine und Carolina-pine für Türen, Fenster usw.,
4. Buche und Ulme für den Treppenbau.

Ob der Meister andere Holzsorten und Nadelhölzer lagert, richtet sich nach den Arbeiten, die er zu machen gedenkt. Es sei auf die Liste der Holzarten am Schlusse dieses Kapitels verwiesen.

Wie verfährt nun der Meister bei der Auswahl des Holzes?

Um dies klar zu machen, betrachten wir einige Eichenstämme.

Der Meister besieht zunächst die Kopfflächen, sog. Hirnholz= flächen. Er findet die Stämme in verschiedenen Stärken zer= schnitten. Über die Kopfenden der Bretter oder Bohlen sieht er häufig Leisten genagelt. Das geschieht, um dem Reißen des Holzes beim Trocknen vorzubeugen, oder um die schon entstandenen Risse nicht weiter und tiefer auseinanderklaffen zu lassen. Dem gleichen Zwecke dienen ∼ oder [förmig gebogene Eisen. (Fig. 41.)

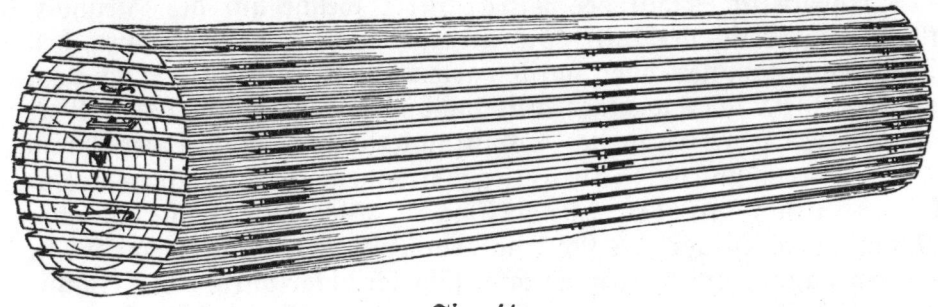

Fig. 41.

Den vorhandenen Riſſen muß der Meiſter ſeine Aufmerkſamkeit zuwenden.

Da ſind zunächſt kleine Luftriſſe. Sie ſind entſtanden durch das ſchnellere Austrocknen der den Sonnenſtrahlen am meiſten ausgeſetzten Kopfenden. Da ſie nicht tief in den Stamm gehen, iſt ihnen nicht viel Bedeutung beizumeſſen. Dieſem Reißen ſucht man beſonders bei teueren ausländiſchen Hölzern vorzubeugen, indem man die Kopfflächen mit einem dicken, gummiartigen An= ſtrich verſieht.

Wichtiger ſind die Spiegelklüfte (Fig. 42), welche vom Um= fang zum Herzen des Stammes gehen. Sie entſtehen im Verlauf

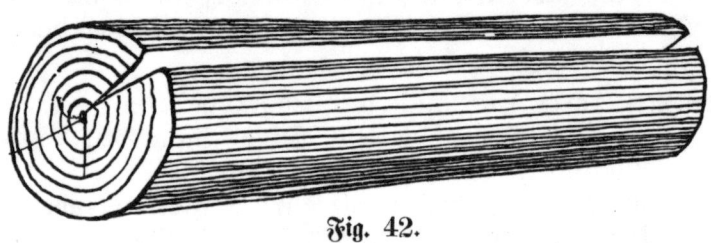

Fig. 42.

der ſog. Markſtrahlen, das ſind Gewebe, die ſich vom Mark quer durch den Stamm zum Umfang hinziehen. Im Verlauf dieſer Markſtrahlen klafft der Stamm gerne auseinander, hier läßt er ſich auch leicht ſpalten. Die Spaltfläche zeigt dann den ſog. Spiegel des Holzes.

Iſt eine Spiegelkluft vorhanden, ſo ſehe der Meiſter zu, ob der Schnitt mit der Spiegelkluft verläuft, oder aber ob er mög= lichſt rechtwinkelig zu dieſer geht. Beide Schnitte ſind richtig. Je ſpitzwinkeliger der Schnitt zur Spiegelkluft geht, deſto mehr Holz= verluſt gibt es.

Das Letzte gilt auch von allen anderen Riſſen, wie Kern= riſſen (Fig. 41), die durch Austrocknen des Markes und Fällriſſen, die beim Fällen entſtehen.

Dieſe Riſſe laufen alle in der Richtung vom Kern zur Rinde.

Anders iſt es mit der Ringſchäle, welche auf der Hirnholz= fläche ringförmig verläuft. Sie entſteht dadurch, daß ſich durch den Fall des Stammes oder durch harten Froſt ein Jahresring vom anderen mehr oder weniger weit loslöſt. Sie vermindert den Wert des Holzes ſehr, da ſie im Schnittmaterial viel Abfall verurſacht.

Die erwähnten Jahresringe erkennen wir bei näherem Zu= ſehen deutlich auf der Hirnholzfläche. Sie ſtellen ſich dort als ſchmale Streifen dar, die ſich ringförmig um den Kern legen. Es iſt die Holzſchicht, um die der Stamm jährlich dicker wird. Der Schnitt durch dieſe Jahresringe bringt auf die Langholzfläche die Maſerung.

In ihrer Mannigfaltigkeit kommt diese dadurch zustande, daß der Schnitt genau senkrecht durch den Stamm geht. Da dieser sich aber nach oben verjüngt, werden diese Ringrohre spitzwinkelig durch= schnitten. (Fig. 43.)

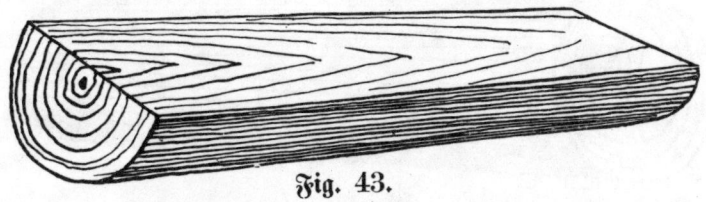

Fig. 43.

Wenn wir auf der Langholzfläche die Maser, mit anderen Worten: den durchschnittenen Jahresring betrachten, so erkennen wir an jeder Maser einen helleren und einen dunkleren Streifen. Der hellere Teil bildet den inneren Ring. Es ist das weichere Sommerholz. Der dunklere Teil ist das härtere Herbstholz.

Je enger die Jahresringe sind, desto fester und feiner ist das Holz. Der Schreiner kaufe möglichst große und dicke, also ausge= reifte Stämme. Je älter der Stamm wird, desto dünner werden die Jahresringe, und desto schmäler wird der Splint.

Mit Splint bezeichnet man das äußere, unreife Holz des Stammes. Er ist wegen seiner geringen Festigkeit und seiner Wider= standslosigkeit gegen Wurmfraß nicht zu verwenden. Man erkennt den Splint an den Seiten der Bretter, meistens an seiner helleren Farbe. Er muß vor der Verarbeitung von den Brettern abgeschnitten werden.

Zeigt sich Fäule bei einem mächtigen Stamm im Herzen des Wurzelendes, so ist dies ein Zeichen dafür, daß wir einen über= ständigen Stamm vor uns haben, d. h. den Stamm eines voll ausgewachsenen, schon im Absterben begriffenen Baumes. Es ist nachzusehen, wieweit die Fäule in den Stamm eingedrungen ist.

Auch bei großen Astlöchern sehe man nach, ob sie in den Stamm hineingefault sind.

Zeigt das Holz kleine Wurmlöcher, so ist große Vorsicht am Platze. Es gibt Stämme, die mit diesen Wurmlöchern ganz durch= setzt sind. Leicht zu erkennen sind sie nicht. Sie zeigen sich oft erst beim Behobeln. Auch bei geringerer Ausdehnung des Wurm= fraßes sei man vorsichtig, denn man hat nicht die Gewißheit, ob die Insekten aus dem Stamm entfernt sind, ob sie nicht ihr Zer= störungswerk am fertigen Möbel fortsetzen.

Zum Schluß sei der Meister auf zwei Fehler des Holzes auf= merksam gemacht, die den ganzen Stamm unbrauchbar machen können, oder ihn wenigstens in seinem Werte sehr herabdrücken. Es sind dies der exzentrische Wuchs und der Drehwuchs.

3*

Exzentrischen Wuchs (Fig. 44) haben wir dann vor uns, wenn die Markröhre weit außerhalb der Mitte des Stammes verläuft. Ganz in der Mitte liegt die Markröhre fast nie. Es kommt

Fig. 44.

dies daher, daß die Bäume sich an der Südseite unter dem Einflusse des Sonnenlichtes stärker entwickeln als an der Nordseite. Die Markröhre liegt also in der nördlichen Hälfte des Stammes.

Der exzentrische Wuchs wirkt erst dann nachteilig, wenn die Markröhre zu sehr verschoben ist, wie dies bei Bäumen vorkommt, die am Südrande des Waldes gestanden haben.

Verwendbar ist dies Holz nur dann, wenn der Schnitt in der Richtung von West nach Ost durch den Stamm geht. Dann hat das Brett rechts und links ziemlich gleich starke und feste Jahresringe, was beim Süd-Nord-Schnitt nicht der Fall ist, da sich, wie schon erwähnt, die Jahresringe an der Südseite breiter und damit weniger fest entwickeln als an der Nordseite. Ein Brett mit so ungleichen Festigkeitsverhältnissen muß sich aber verziehen.

Der Drehwuchs (Fig. 45) ist erkennbar an der spiralförmig verlaufenden Struktur des Holzes. Er entsteht, indem die äußeren

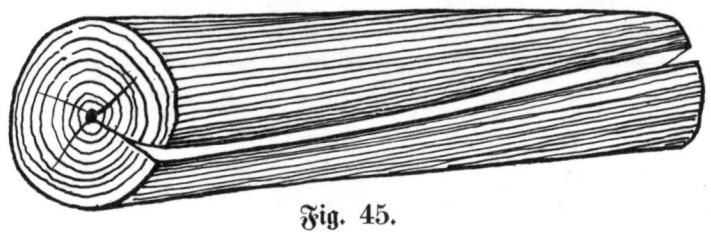

Fig. 45.

Schichten spiralförmig um den Kern wachsen. Dies rührt vom ständigen Einflusse des Windes auf einzeln stehende Bäume her.

Der Schnitt ergibt gleich windschiefe Bretter, also ein Material, das fast gar nicht oder nur zu kurzen Arbeitsstücken verwendbar ist.

Was wir hier an den Eichenstämmen beobachtet haben, gilt mehr oder weniger auch von anderen Holzsorten.

Im Folgenden seien für den Einkauf einiger anderer Hölzer noch ein paar Winke gegeben.

Bei Nußbaum, Birnbaum und Kirschbaum werden die Stämme häufig nicht entrindet, um das Reißen beim Trocknen zu verhüten. Die Rinde sitzt dann oft nach dem Schneiden noch an den Brettern. Da überzeuge man sich, daß der Wurm unter der Rinde nicht größeren Schaden angerichtet hat.

Dann ist bei diesen Hölzern auf die Farbe zu achten. Oft werden sie durch dunkle Flecken und Streifen minderwertig.

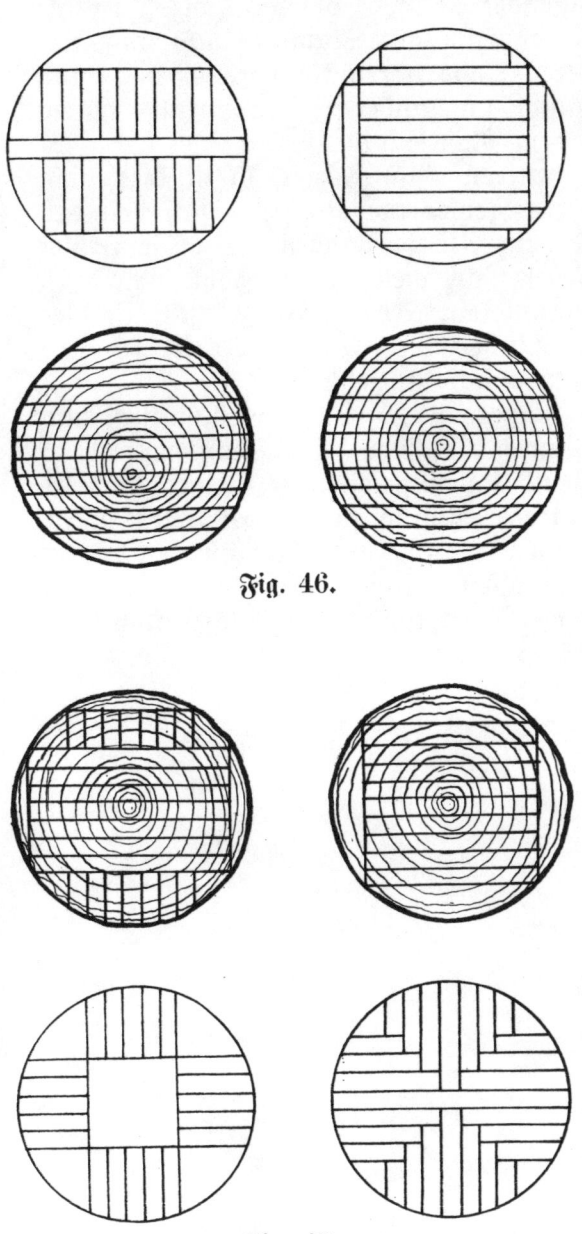

Fig. 46.

Fig. 47.

Auch viele tropische Hölzer, z. B. Hickory und amerikanische Eiche unterliegen sehr dem Wurmfraße. Man sehe deshalb beim Einkaufen genau zu.

Nadelhölzer, in- und ausländische, sind meist besäumt, d. h. als gleichbreite Bretter beschnitten. Zu diesem Zwecke wird der Stamm in verschiedener Art und Weise zersägt. (Fig. 46 und 47.) Die Bretter sind nach Qualitäten geordnet: als reine Bord, gute Bord und Ausschuß.

Bei Kiefer habe man acht, daß das Holz nicht blau (angebläut) ist. Diese Färbung entsteht beim geschnittenen Holze durch Nässe und Pilzbildung.

Ahorn kann leicht beim Schneiden verderben. Es ist so empfindlich, daß es bei unvorsichtiger Behandlung schon sofort nach dem Schnitt eine dunkle Färbung annimmt. Es darf geschnitten überhaupt nicht im Freien gelagert haben. Der Meister sehe sich also die Farbe an.

Für diejenigen Handwerker, die ihr Holz im Walde einkaufen, seien folgende Winke gegeben:

Man achte auf mildes und zartes Holz. Erkennbar ist dies auf den ersten Blick daran, daß es einen Splint von geringerer Stärke hat. Dies ist auch schon wegen des entstehenden Abfalles von Vorteil.

Das Holz muß möglichst rein von Ästen sein. Bei Eichen= stämmen stellt man in folgender Art fest, ob das Holz ganz ist: Man hält eine Uhr an das eine Ende des Stammes und muß als= dann deren Ticken am anderen Ende hören können. Ebenso muß man das entstehende Geräusch am anderen Stammende hören, wenn man eine Seite mit dem Nagel kratzt.

Zeigt der Stamm am unteren Ende Fehler, so ist dies nicht so unangenehm, als wenn ein Fehler am Kopfende sich befindet, oder wenn am oberen Ende ein Ast vorhanden ist. Die Fehler gehen von unten in der Regel nicht weit in die Höhe. Auch ist darauf zu achten, ob der Stamm kein „loses Herz" hat; ist dies der Fall, so ist der Stamm minderwertig, da der Fehler sehr oft bis in die Mitte des Stammes sich hinzieht.

Hinsichtlich des vollen Maßes ist es von Vorteil, wenn man sich den Umfang des Stammes berechnet. Die Stämme sind in der Regel nicht ganz rund und fallen gewöhnlich auf die breitere Seite, die alsdann der Inhaltsberechnung zu Grunde gelegt wird.

Schließlich muß man beim Einkauf von Eichenstämmen darauf sehen, daß die Bäume im geschlossenen Walde gewachsen sind. Der einzelstehende Stamm ist in der Regel verdreht und läßt auch sonst an Qualität zu wünschen übrig.

Die Pflege des Holzes.

Das gekaufte Holz bedarf einer kundigen und sorgfältigen Pflege.

Der Lagerplatz muß Schutz vor Regen, Sonnenstrahlen und starker Zugluft gewähren. Dabei soll das Holz aber doch mit der frischen Luft in Berührung bleiben.

Diesen Bedingungen entspricht der offene Holzschuppen, dessen Wetterseite durch Jalousieläden verschlossen werden kann.

Viel hängt davon ab, ob das Holz richtig gestapelt ist.

Es darf nicht unmittelbar auf dem Boden liegen. Man lagert deshalb die Stämme auf Strau= oder Lagerhölzer. Wenn der Boden weder gepflastert, noch betoniert, noch mit Holzbelag versehen ist, so muß das Holz mindestens ½ m über dem Boden liegen, um vor dessen Ausdünstungen geschützt zu sein. Die Strauhölzer legt man etwa 1 m von einander entfernt. Selbstverständlich müssen die Strauhölzer alle gleich dick sein. Ferner sind sie genau zu richten, was am besten mittels Richtlatte und Wasserwage geschieht. Ob dies geschehen ist, zeigt sich beim Auflegen des ersten Brettes. Liegt es an einer Stelle nicht genau auf, so richte man das Strauholz nach. Dies ist sehr wichtig; denn liegt ein Strauholz zu tief, so daß das erste Blatt nicht fest aufliegt, so wird es bei weiterer Stapelung darauf gedrückt, lagert an dieser Stelle also hohl. Da die Stapelhölzer genau über die Strauhölzer gelegt werden (Fig. 41), so drückt sich der ganze Stamm an dieser Stelle hohl. Ebenso werden die Bretter da gewölbt, wo ein Strauholz höher liegt als die andern, und ebenso werden sie windschief, wenn ein Strauholz mit dem einen Ende höher liegt als mit dem anderen.

Aus dem Gesagten erhellt ohne weiteres, daß auch die Stapelhölzer gleiche Dicke haben müssen. Sie müssen trocken sein, da ihre Nässe auf den Brettern Flecken verursachen würde. Gutes Material zu Stapelhölzern liefern die sog. Spalierlatten aus Kiefern= oder Tannenholz. Dagegen nehme man kein Eichenholz wegen der darin enthaltenen Gerbsäure.

Es ist schon angedeutet worden, daß die Stapelhölzer genau über den Strauhölzern liegen müssen. An den Kopfenden der Stämme legt man sie meistens bündig, d. h. so, daß sie mit den Brettenden in einer Ebene liegen; oder aber man nimmt breite Stapelhölzer und läßt sie über die Brettenden vorstehen. So genießen diese einen gewissen Schutz gegen die Sonnenstrahlen.

Mindestens alle Jahre legt man die Bretter um. Dann er=
halten auch die Stapelhölzer einen anderen Platz.

Ein wohlausgestattetes und gutgepflegtes Holzlager sei des
Meisters Stolz. Er ergänze es immer frühzeitig und vervollständige
es nach Kräften. Dann kann er auch mit gutem Gewissen die
Garantie für seine Arbeiten übernehmen.

Die letzte Trocknung.

Im Holzschuppen erzielt der Meister lufttrockenes Holz. Das eignet sich aber im allgemeinen noch nicht zu sofortiger Verarbeitung. Wir sehen dies ein, wenn wir uns den Zweck der Trocknung klar machen.

Wir hörten schon, daß Holz einen bedeutenden Feuchtigkeitsgehalt besitzt. Ist die umgebende Luft trockener als das Holz, so gibt dieses so lange von seiner Feuchtigkeit an die Luft ab, bis es mit ihr gleichen Feuchtigkeitsgehalt hat. Umgekehrt saugt das Holz aus feuchterer Luft wieder Feuchtigkeit ein.

Im ersteren Falle vermindert sich das Volumen des Holzes: es schwindet. Im letzteren Falle vermehrt es sich: das Holz quillt. Das Schwinden und Quillen des Holzes bezeichnet man mit dem Ausdrucke: das Holz arbeitet.

Wenden wir nun die gewonnene Erkenntnis an.

Angenommen, der Schreiner nimmt zu Möbeln lufttrockenes Holz. Da die Zimmerluft durchschnittlich wärmer ist als die Außenluft, so ist sie auch trockener. Das Holz der Möbel gibt also weitere Feuchtigkeit an die Zimmerluft ab. Infolgedessen schwindet es und reißt.

Der Schreiner muß also das Holz vor der Verarbeitung zimmertrocken machen. Dies geschieht in der Werkstatt auf der Baumelage. Beschleunigen kann man im Notfalle diese Trocknung, wenn man den Wärmekasten des Ofens dazu benutzt. Dann ist aber Vorsicht am Platze. Die Feuerung darf nur eine leichte sein, weil sonst das Holz durch die zu schnelle Trocknung reißt. Die feuchte Luft muß Gelegenheit zum Entweichen haben. Man lasse also die Tür des Kastens etwas offen stehen.

Größere Betriebe haben eine besondere Trockenkammer. Durch Einführen erwärmter Luft wird darin die Trocknung beschleunigt. Für eine solche Trockenkammer ist folgendes zu beachten.

Der Raum muß luftdicht sein, d. h. Mauern, Decke und Fußboden müssen so stark sein, daß nur wenig Wärme verloren geht. Die zuzuführende Luft ist auf etwa 50° C zu erwärmen, so daß eine Raumtemperatur von $30\text{—}35^\circ$ entsteht. Durch Kaminöffnungen am Boden ist für genügenden Abzug der feuchten Luft zu sorgen.

Auch während der Bearbeitung des Holzes auf der Werkstatt denke man an weitere Trocknung. Man lege die Hölzer nicht aufeinander, sondern stapele sie stets oder stelle die bearbeiteten Teile so, daß sie allseits mit der Luft in Berührung kommen. Dies tue man besonders während der Arbeitspausen.

———

Die wichtigsten Holzarten.

Inländische Holzarten.

Nadelhölzer.

Tanne, Weißtanne, Edeltanne, lichtgelb, mit rötlichem Hauch, weich, fast harzfrei, sehr deutliche Jahresringe. Wird besonders in Westdeutschland zu einfachen Möbeln verarbeitet.

Rottanne, Fichte, gelblich bis rotweiß, weich, leicht harzig. Für einfache Arbeiten und als Blindholz verwendbar.

Lärche, rotbraun mit hellgelbem Splint, glänzend, weich, harzhaltig. Dies Holz wird zu Möbel= und Bauarbeit und wegen seiner Haltbarkeit im Wasser auch zum Schiffbau verwendet. Zeigt poliert schöne Farbe.

Kiefer, Föhre, Forle, rötlich bis braunrot mit breitem, weißem Splint, weich, harzreich. Wird zu allen Tischlerarbeiten ver= wendet. Besonders ist die polnische Kiefer für bessere Bau= und Möbelarbeiten beliebt. An Feinheit in Struktur und Farbe übertrifft sie die anderen Sorten wie: Memeler K., Kotka K., Kronstadt K.

Zirbelkiefer, wächst im Hochgebirge, gelbweiß mit braun= roten Ästen, sehr feinjährig aber meist verwachsen und astreich. Zu Füllungen und Schnitzarbeiten.

Laubhölzer.

Eiche ist unser edelstes Nutzholz. Es wird zu allen Arbeiten des Schreinergewerbes gebraucht, weil seine Haltbarkeit unbegrenzt und seine Wirkung vorzüglich ist.

Das beste Eichenholz kommt aus der Maingegend und ist als Spessarteiche im Handel. Seine feine gelbe Farbe, sein gleich= mäßiger feinporiger Wuchs und seine milde Härte machen es für den Möbelbau und zur Furnierbereitung geeignet. Etwas grober in der Struktur und weniger mild ist die süddeutsche oder bayrische Eiche.

Ihr kommt an Qualität die slavonische Eiche ziemlich gleich.

Die norddeutschen Eichen sind zumeist mehr oder minder verwachsen und hart, auch ungleichmäßig und unschön in der Farbe. Wegen seiner großen Dauerhaftigkeit ist dies Eichenholz für Bau= arbeiten sehr beliebt.

Rotbuche, rotgelb bis bräunlich, hart, fest, leicht spaltbar, stark arbeitend und empfänglich für den Wurmfraß. Wegen dieser letzteren schlechten Eigenschaften war Buche als Schreinerholz lange unbeliebt. Durch Dämpfen beseitigt man heute diese üblen Eigenschaften ziemlich. So ist es beliebter geworden, zumal man ihm mit Durchfärben eine schöne gleichmäßige Farbe geben kann und es sich leicht und schön beizen und polieren läßt. Besonders wird es zu gebogenen, sog. Wiener Möbeln verarbeitet.

Weißbuche oder Hainbuche, weiß, sehr hart und fest, stark arbeitend. Zu Werkzeugen.

Ulme, Rüster, rotbraun, mittelhart, sehr grobporig. Wird in der Bauschreinerei viel zu Treppenarbeiten gebraucht. In neuerer Zeit findet es auch Anklang als Möbelholz, wozu sich besonders die slavonische Rüster eignet.

Deutsches Nußbaum, weißgrau mit rotbraunem Kern, mittelhart, feinjährig und engporig, läßt sich gut verarbeiten und polieren. Die schöne Maserung und Farbe machen es zu einem sehr beliebten Möbelholz.

Italienisch Nußbaum, etwas heller, gleichmäßiger in der Farbe und von schwarzen Adern durchzogen.

Kirschbaum, rotgelb bis rotbraun, ziemlich hart, schöne gleichmäßige Maserung und Farbe. Dies Holz war bis zur Mitte des vorigen Jahrhunderts ein sehr beliebtes Möbelholz, wovon die sog. Großvatermöbel (Biedermeierzeit 1820—40) Zeugnis geben. Wird in neuerer Zeit wieder viel gebraucht. Beliebt ist besonders das slavonische Kirschholz wegen seiner schönen, dicken und geraden Stämme. Es ist etwas heller in der Farbe.

Birnbaum, gelb bis gelbrot, hart und fest, wenig Maserung. Wegen seiner Zähigkeit wird es viel zu Zeichen- und Malutensilien, sowie zu kleineren Drechslerarbeiten verwandt. Schwarz durchfärbt dient es als Imitation des Ebenholzes. Schwarzes Furnier ist meist durchfärbtes Birnbaum. In letzter Zeit hat man auch versucht, gedämpftes Birnbaum für den Möbelbau zu gebrauchen.

Ahorn, Bergahorn, Spitzahorn, fast weiß bis gelblichweiß, hart aber spröde mit schöner, klarer Maserung. Nimmt sehr gut Politur an. Sehr feines und gesuchtes Möbelholz.

Platane, Sykomore, gelbrötlich mit seidenartigem Glanz, hart, schwer, viel mit kleinen Markstrahlen durchsetzt. Verwendung in der Schreinerei selten.

Linde, Winter- und Sommerlinde, weiß bis rötlich, weich, gleichmäßig. Beliebtes Schnitzholz. In der Schreinerei wird es zu Zeichenbrettern, Tischplatten und als Blindholz verarbeitet.

Erle, auch Else oder Ellern, gelblich bis rötlichgrau, weich, leicht, brüchig, wenig dauerhaft. Das beste Erlenholz kommt aus

Rußland. Gutes und beliebtes Drechslerholz. In der Schreinerei begegnen wir ihm als Imitation von Nußbaum und Mahagoni, und in letzter Zeit als Sperrholzmaterial.

Esche, weißgelb bis braungelb, hart, zäh und elastisch, mit scharf gezeichneten Jahresringen. Sog. Ungarische Esche zeichnet sich durch sehr schöne wellige Maserung aus. In einigen Gegenden ist Esche als Material für polierte Möbel beliebt. Im übrigen wird es zu Turngeräten, Werkzeugstielen und bei Stellmacher= und Wagenbauerarbeiten gebraucht.

Birke, gelblich, ins Rötliche nachdunkelnd, zäh, oft mit schöner, dekorativ wirkender Maserung. Wegen seiner geringen Dauerhaf=tigkeit ist dies Holz als Massivholz schlecht verwendbar, jedoch wird es als Furnierholz viel verarbeitet.

Pappel, Silberpappel, Zitterpappel oder Espe, auch Aspe, Wald= und Chausseepappel, weißgrau, weich, zäh, gleichmäßig mit kaum bemerkbarer Maserung. Findet Verwendung bei Tisch= und Zeichenbrettern und als Blindholz.

Weide, nach Holzart dem Pappelholz verwandt, jedoch von hellerer Farbe. Verwendung wie bei diesem. Meist großer Abfall wegen der vielen hohlen oder angefaulten Stämme.

Ausländische Holzarten.

Nadelhölzer.

Pitch-pine (sprich Pitschpein) Yellow-pine, amerikanische Pech= oder Gelbkiefer, gelb bis rotgelb, mittelhart, sehr harzreich und dauer=haft. Ausgezeichnetes Material für Bauzwecke, besonders für Fenster. Zum Möbelbau wird es in neuerer Zeit kaum noch gebraucht, weil das feine und wenig harzhaltige Material fast gar nicht mehr importiert wird. Zu beachten ist, daß auf den besonders harz=haltigen Teilen Ölfarbenanstrich nicht hält. In den Handel kommt Pitch-pine in besäumtem Zustande in Dicken von 1—4 Zoll und in sehr verschiedenen Breiten und Längen.

Red-pine ist lediglich eine Handelsbezeichnung für das Splintholz des Pitch-pine, welches beim Balkenschneiden abfällt.

Carolina-pine, North Carolina-pine, Shortleaf-pine, gelb bis rotgelb, mittelhart, schön aber grob gemasert. Zur Zeit das beliebteste Material für gediegene einfache Möbel und bessere innere Bauarbeit, hat jedoch den Fehler, daß es besonders in un=geschütztem Zustande, d. h. ohne Anstrich, schnell viele kleine Luft=

riſſe bekommt und auch reißt.   Im Handel iſt es wie Pitch-pine zu haben, jedoch ſchon in Dicken von ³/₄ Zoll an.

Red-wood (Rotholz), gelbbraun bis rotbraun, ſehr leicht, weich, aber dauerhaft.   Neu eingeführt.   Kommt meiſt in ſtarken Breiten auf den Markt.   Verſpricht ein gutes Möbelholz zu werden.

Cedernholz, kommt meiſt von Amerika (Florida) und Weſt= indien.   Die feinſte, ſog. Libanonceder iſt im Handel nicht mehr zu haben.   Gelbrot bis braunrot, weich und leicht, von geradliniger, gleichmäßiger Struktur und angenehmem Geruche.   Das Holz wird beſonders für kleinere feine Arbeiten, z. B. Schatullen verwendet, auch für das Innere feiner Möbel.

Unter dem Namen Cedernholz kommt auch das rötliche Holz des virginiſchen Wachholders auf den Markt.   Es wird beſonders zur Bleiſtiftfabrikation gebraucht.

Das ſog. Cedernholz, aus welchem die Zigarrenkiſtchen gemacht werden, iſt das Holz oſtindiſcher Laubbäume, ſog. Cedrelabäume.

Cypreſſe, am häufigſten iſt die amerikaniſche im Handel, gleichmäßig gelbrot, mittelhart, feinmaſerig, mit vielen kleinen Aſt= augen.   Schönes Holz für polierte und auch naturlackierte Möbel. Kommt nur in geringen Quantitäten auf den Markt.

Laubhölzer.

Amerikaniſche Eiche, von weißgrauer bis zu der dieſer Eiche eigentümlichen rötlichen Farbe, ziemlich hart, grobfaſerig, mit breiten Jahresringen.   Amerika hat etwa 140 Arten von Eichen. Die Hauptarten ſind: Weißeiche, Schwarzeiche (ſo benannt nach der Rindenfarbe) und virginiſche Steineiche.   Der Möbelſchreiner ver= wendet dies Holz für das Innere der Kaſtenmöbel.   Der Bau= ſchreiner verarbeitet es zu Fußböden, Treppen uſw., während es zu Fenſtern weniger geeignet iſt.   Es kommt als beſäumte Ware in Dicken von ¹/₂ Zoll an aufwärts und in allen Breiten und Längen in den Handel.

Teakholz (Tiekholz) oder oſtindiſche Eiche, von angenehmer brauner Farbe mit gelblichen Streifen, mittelhart, grobporig.   Wegen ſeiner Haltbarkeit im Waſſer findet es im Schiffbau Verwendung. Beſonders in den Seeſtädten wird es auch als Bauholz gebraucht, ſeltener zur Möbelarbeit.

Auſtraliſche Eiche, Seideneiche, hellmahagonifarbig mit ſchönen gleichmäßigen Spiegelflecken überſäet, ziemlich feſt.

Dies Holz iſt neu eingeführt und auf ſeine Verwendbarkeit noch nicht genügend erprobt.

Amerikanisch Nußbaum, seidenartig glänzend. Bemerkens-
wert die beiden Arten: schwarze Walnuß und graue Walnuß. Ersteres
Holz ist braunviolett, letzteres von hellerer, stark ins Grau gehender
Farbe.

Amerik. Nußbaum ist ein sehr beliebtes Möbelholz, weil es
prachtvoll in der Farbwirkung ist und sich gut polieren läßt. Es
kommt in vierkantigen Blöcken und schweren Bohlen in den Handel.

White-wood, (sprich Weitwud, Weißholz,) virginischer
Tulpenbaum, schmutzigweiß, bei älteren Stämmen in den verschie-
densten Farben spielend, wie gelbgrün, rosa oder blaugrün, weich,
in der Struktur fein und gleichmäßig. Ist zur Zeit das beste
Material zu Blindholz für furnierte Arbeiten. Läßt sich gut beizen
und färben, daher imitiert man damit Mahagoni und Nußbaum.
Kommt in verschiedenen besäumten Dickten und auch in mächtigen
Stämmen auf den Markt.

Cotton-wood, amerikanische Pappelarten, grauweiß, weich,
gleichmäßig, zieht sich leicht. Eignet sich für Tischplatten, Zeichen-
bretter u. a.

Satinholz oder Atlasholz, aus Ost- und Westindien und
Zentralamerika, mittelhart. Man unterscheidet nach Farbe und
Maserung: geflecktes, gestreiftes, rotes, graues und grünlichgelbes
Atlasholz. Es verarbeitet und poliert sich gut. Beliebt für Schlaf-
zimmermöbel. Satinholz enthält in seinen Zellen viel ungelösten
Kernstoff, welcher die Werkzeuge stumpf macht, auch ist das Holz
giftig und verursacht Hautentzündungen.

Hickory, amerikanisches Nußbaum, in Farbe und Struktur der
deutschen Esche ähnlich. Ist in Bezug auf Bruchfestigkeit das beste
Material und wird deshalb für Wagenbau, zu Turngeräten und
Werkzeugteilen gebraucht. Die beste Art ist die Muskatnuß-Hickory
Nordamerikas.

Vogelaugenahorn, Maserstücke des nordamerikanischen
Zuckerahorns, weißlichgelb, ganz mit kleinen Astknötchen übersäet,
ziemlich hart. Als Füllungsholz beliebt. Kommt fast nur als Schäl-
Furnier in den Handel.

Mahagoni, hellgelb bis braunrot, dunkelt nach, wenig arbei-
tend. Kommt hauptsächlich in folgenden Arten auf den Markt:
Cuba-Mahagoni, die schwerste und festeste Art. Wird meist
zu Sitzmöbeln verarbeitet. Tabasco-Mahagoni, schöne lichte
Farbe, gleichmäßige Struktur, mittelschwer, die feinsten Arten.
St. Domingo-Mahagoni, gutes Material wie das vorige.
Honduras-Mahagoni, etwas loser in der Struktur, ziemlich
spröde. Afrikanisch-Mahagoni, in mehreren Arten im Handel,
Lagos, Okume und Gabun, helles, gelbrotes und sehr loses
Holz. Wird seiner Billigkeit halber viel als Blindholz gebraucht.

Australisch-Mahagoni, Rolo, Jarrah, dunkelrot, fast braun, sehr schwer und fest. Wird meist zu Parkettböden verarbeitet. Sapeli-Mahagoni aus Afrika, die gleichmäßige Maserung zeigt ganz gerade, helle und dunkle, changierende Streifen. Morée-Mahagoni, mit welligen changierenden Querstreifen. Mahagoni-Pyramiden, schön gezeichnetes und geflammtes, meist durch Astbildung entstandenes Holz. Mahagoni-Maser, aus Wurzelstöcken geschnitten, mit wild durcheinandergehender Maserung.

Mahagoniholz ist etwa seit Anfang des 18. Jahrhunderts eingeführt und erfreut sich großer Beliebtheit. Es kommt in behauenen Blöcken in den Handel und wird im Inlande nach Bedarf geschnitten.

Palisander oder Polyxander. Das feinste Palisanderholz ist schokoladebraun und hat fast schwarze Adern und Streifen. Es ist schwer und hart. Als feines Möbelholz wird es zu polierten Arbeiten benutzt, jedoch poliert es sich wegen seiner langen und tiefen Poren nicht leicht. Die beste Qualität ist das sog. Rio-Palisander aus Brasilien. Jacaranda ist eine Art aus Bahia. Es ist schwer, braunrot, lebhaft in der Farbe. Das afrikanische Palisanderholz ist zimtbraun und wenig geädert. Das ostindische Jacaranda ist braunviolett und minderwertiger.

Ebenholz. Unter dem Namen Ebenholz kommen eine ganze Reihe schwerer, dichter und dunkler Hölzer in den Handel. Sie sind in den wenigsten Fällen schwarz. Es gibt auch graue, braune, grünlich schimmernde und schwarz-hell gestreifte Sorten. Das beste, tiefschwarze Ebenholz kommt aus Madagaskar, Westafrika und Ceylon. Ein graubraunes, schwarzgestreiftes Ebenholz kommt von Macassar, Sansibar und Kamerun. Aus Südamerika und Guiana kommt das Amarant- oder Purpurholz, ein Ebenholz von rotgrauer Farbe, wird an der Luft rotviolett, ein feines und kostbares Kunsttischlerholz, schwer und hart.

Ebenholz ist schwer zu verarbeiten aber sehr polierfähig. Es kommt in kurzen Rundblöcken und langen, schlanken □ Stämmen auf den Markt und wird nach Gewicht verkauft. Verarbeitet wird es besonders zu kleineren Luxusarbeiten, zu Intarsien, zu Furnieren und seltener zu vornehmen Zimmereinrichtungen.

Padouk, von den Philippinen, von klarer rotbrauner Farbe, schwer und hart, großporig. Wird viel zu Intarsien benutzt. Ist sehr polierfähig.

Rosenholz, kommt in verschiedenen Arten aus Südamerika, West-Indien und Australien, hell- bis dunkelrot mit lebhaften gelben und braunen Adern, hart und schwer, hat einen eigentümlichen Rosengeruch. Wird zu Galanteriewaren und Intarsien verarbeitet.

Zitronenholz, eine Satinholzart aus Westindien, von lebhaft gestreifter und geflammter gelber Farbe, hart und schwer. Zu Intarsien beliebt. In neuerer Zeit wird es auch als kostbares Möbelholz gebraucht.

Königsholz, aus Jamaika, violett und rot gestreift, sehr schwer und hart. Wird besonders zu Musikinstrumenten, z. B. Klarinetten, verarbeitet. In den Handel kommt es nur in kurzen, mittelstarken Knüppeln.

Bulletree, auch Pferdefleischholz genannt, aus Surinam, fleischfarbigrot und gelb gestreift, hart. Wird zu Intarsien gebraucht.

Olivenholz, Ölbaum, meist aus Südeuropa, gelb bis gelb= bräunlich, hart und schwer mit fester Struktur. Zu Galanterie= arbeiten, z. B. Schatullen benutzt. Besonders beliebt ist das schön gemaserte Wurzelholz.

Buchsbaum, aus Südeuropa und West=Indien, in klarer, gelber Farbe, fast ohne Maserung, hart, schwer und fest. Wird zu kleineren Schnitz= und Drechslerarbeiten, sowie zu Intarsien ver= wandt, besonders auch für Webschützen und Xylographen=Platten.

Pockholz, Galac oder Guajak, aus Westindien, grünlichbraun mit gelblichen Streifen, äußerst schwer, hart und zäh. Verarbeitung zu Kegelkugeln, Achsenlagern für Maschinen, Werkzeugeinlagen und Stemmknüppeln.

Amboina=Maserholz aus Asien, gelbrötlich mit wilder und vielfach verschlungener Maserung. Kommt in kleineren Wurzel= stöcken in den Handel. Wird als Massivholz zu Pfeifenköpfen ver= arbeitet. Wegen seiner sehr dekorativ wirkenden Maserung gebraucht man es gern als Furnier zu Füllungen. Jedoch kommt es nur für kleinere Arbeiten in Frage, weil die Furnierflächen sehr klein und unregelmäßig sind.

Thuja=Maserholz aus Ostasien, vielverwachsenes Wurzelholz, rostbraun mit vielen kleinen tiefdunkelbraunen Ästchen und Flecken. Kommt fast nur in kleinen Furnieren in den Handel.

Der erste Auftrag.

Nehmen wir an, ein Brautpaar bestelle bei dem jungen Meister seine Einrichtung. Der Mann ist Beamter. Er will drei Zimmer. Es ist hundert gegen eins zu wetten, daß er nun ein Schlafzimmer, eine Küche und — eine gute Stube einrichten will. Die Unsitte, selbst bei einer so kleinen Wohnung ein Prunkzimmer zu halten, wurzelt trotz aller gegenteiligen und gesunden Bestrebungen noch tief im Volke. Natürlich soll dies Zimmer dann auch „fein" aussehen, und da die Mittel zu echtem Material meist nicht reichen, so ist hier mit Imitation, Anstrich und lüderlicher Arbeit jahrzehntelang in der schlimmsten Weise gehaust worden. Das Ideal dieser Leute ist die Plüschgarnitur, der Pfeilerspiegel und das Vertikow, dies unmöglichste aller Möbel.

In der Besprechung, die der Meister mit den Leuten hat, versuche er, ihnen nun klar zu machen, daß es ein Unding ist, die teuere Miete für ein Zimmer zu zahlen, nur um gelegentlichem Besuch ein „feines Zimmer" zeigen zu können. Ferner, daß es töricht ist, deshalb die dunstige Küche zum Wohnraum zu machen, und daß die einzig richtige Einteilung einer Dreizimmerwohnung diese ist: Schlafzimmer, Küche und Wohnzimmer. Jedoch tue er dies vorsichtig, und wenn die jungen Leute durchaus eine gute Stube wünschen, so mache er ihnen eine gute Stube. Des Menschen Wille ist sein Himmelreich.

Nehmen wir aber an, die Leute sind vernünftig und gehen auf seinen Vorschlag ein. Kann er sich nun ohne weiteres hinsetzen und Skizzen anfertigen?

Wenn er etwas schaffen will, das ihm und den Bestellern ständig Freude macht: nein. Er muß sich genau klar sein, welchen Zweck jedes Möbel einer Dreizimmerwohnung zu erfüllen hat. Dies kann er teilweise aus eigenen Erwägungen feststellen, teilweise kann er es nur von den Bestellern erfahren.

Gehen wir im Folgenden auf die einzelnen Zimmer etwas näher ein.

Die Küche.

Die Küche ist das Arbeitszimmer der Hausfrau. Als Arbeitsraum verlangt sie eine schlichte aber kräftige Gestaltung.

Ein Raum, in dem die Speisen hergerichtet werden, bedingt die peinlichste Sauberkeit. Schmutzwinkel, die durch Leisten und

4

Schnitzwerk hervorgerufen werden, sind zu vermeiden. Die Reinigung muß schnell und gründlich erfolgen können: also glatte Flächen und abgerundete Kanten.

Auch die Bodenflächen unter den Möbeln müssen leicht zu putzen sein. Darum stellen wir die Möbel auf so hohe Füße, daß mit Besen und Schrubber unter ihnen gereinigt werden kann.

Für die Küchenmöbel passende Hölzer sind: Kiefer, Carolina-pine und Pitch-pine.

An Schmuck genügt für das Küchenmöbel ein Ausnutzen der Materialwerte.

Die Anrichte. (Fig. 48.)

An der Anrichte richtet die Hausfrau die Speisen an. Dazu bedarf sie einer großen, freien Platte. Daß diese Platte stets sauber gehalten werden muß, ist selbstverständlich. Wir erleichtern der Hausfrau diese Arbeit, wenn wir eine weiße Weiden- oder Ahornplatte ohne Anstrich nehmen und sie zum Abnehmen einrichten. Zum Schutze der Wand erhält die Platte ein Spritzbrett. Die Platte darf nicht mehr als Tischhöhe haben (78 cm). Man baut zwar vielfach höher, bedenkt aber nicht, daß die Hausfrau die meisten Speisen in Schüsseln und Töpfen anrichtet, deren Höhe für die Haltung der Arme doch auch in Betracht zu ziehen ist.

Stellen wir diese Platte auf vier kräftige, glatte Beine, so haben wir den Anrichtetisch. Ein solcher erhält noch ein Zwischenbrett, um den Raum unter der Platte auszunutzen.

Da sich der Raum unter der Platte aber trefflich zur Aufnahme des Küchengeschirres eignet, so bauen wir ihn praktischerweise kastenförmig aus. Unter Küchengeschirr verstehen wir Kartoffel- und Gemüseeimer, Kessel, Töpfe und dgl. Das sind große Stücke, die viel Raum erfordern. Deshalb geben wir der Anrichte keine Schubladen, sondern gestalten sie als zweitürigen Schrank mit Zwischenbrett. Unter dem Zwischenbrett müssen die Eimer Platz haben (35 cm).

Für die Hausfrau ist es praktisch, wenn sie oft gebrauchte Zubereitungsteile wie Essig, Öl, Zucker, Gewürze beim Zubereiten der Speisen zur Hand hat. Diesem Bedürfnis kommt ein Hängebrett entgegen. Es darf selbstverständlich nur so hoch sein, daß alles darauf stehende bequem herunterzunehmen ist. Das Hängebrett ist praktischer als ein Aufsatz, weil es die Platte frei läßt und ein Abnehmen der Platte zur Reinigung zuläßt.

Der erste Auftrag.

Nehmen wir an, ein Brautpaar bestelle bei dem jungen Meister seine Einrichtung. Der Mann ist Beamter. Er will drei Zimmer. Es ist hundert gegen eins zu wetten, daß er nun ein Schlafzimmer, eine Küche und — eine gute Stube einrichten will. Die Unsitte, selbst bei einer so kleinen Wohnung ein Prunkzimmer zu halten, wurzelt trotz aller gegenteiligen und gesunden Bestrebungen noch tief im Volke. Natürlich soll dies Zimmer dann auch „fein" aus-sehen, und da die Mittel zu echtem Material meist nicht reichen, so ist hier mit Imitation, Anstrich und lüderlicher Arbeit jahrzehnte-lang in der schlimmsten Weise gehaust worden. Das Ideal dieser Leute ist die Plüschgarnitur, der Pfeilerspiegel und das Vertikow, dies unmöglichste aller Möbel.

In der Besprechung, die der Meister mit den Leuten hat, versuche er, ihnen nun klar zu machen, daß es ein Unding ist, die teuere Miete für ein Zimmer zu zahlen, nur um gelegentlichem Besuch ein „feines Zimmer" zeigen zu können. Ferner, daß es töricht ist, deshalb die dunstige Küche zum Wohnraum zu machen, und daß die einzig richtige Einteilung einer Dreizimmerwohnung diese ist: Schlafzimmer, Küche und Wohnzimmer. Jedoch tue er dies vorsichtig, und wenn die jungen Leute durchaus eine gute Stube wünschen, so mache er ihnen eine gute Stube. Des Menschen Wille ist sein Himmelreich.

Nehmen wir aber an, die Leute sind vernünftig und gehen auf seinen Vorschlag ein. Kann er sich nun ohne weiteres hin-setzen und Skizzen anfertigen?

Wenn er etwas schaffen will, das ihm und den Bestellern ständig Freude macht: nein. Er muß sich genau klar sein, welchen Zweck jedes Möbel einer Dreizimmerwohnung zu erfüllen hat. Dies kann er teilweise aus eigenen Erwägungen feststellen, teil-weise kann er es nur von den Bestellern erfahren.

Gehen wir im Folgenden auf die einzelnen Zimmer etwas näher ein.

Die Küche.

Die Küche ist das Arbeitszimmer der Hausfrau. Als Arbeits-raum verlangt sie eine schlichte aber kräftige Gestaltung.

Ein Raum, in dem die Speisen hergerichtet werden, bedingt die peinlichste Sauberkeit. Schmutzwinkel, die durch Leisten und

Der Küchenschrank. (Fig. 49.)

In seiner gebräuchlichsten Form besteht der Küchenschrank aus einem Unter- und einem Oberschranke. Im Unterschranke bringt die Hausfrau Speisen und Zubereitungsteile unter. Da ist die Schaffung mehrerer Kästen anzuraten: also Schrank- und Schub-kästen. Die Schubladen unter der Platte sind zur Aufnahme der Bestecke herzurichten.

Abgeschlossen wird dieser Unterbau durch eine weiße Platte. (Ahorn oder Weide.)

Der obere Schrank nimmt das Eßgeschirr (Schüssel, Teller, Gläser usw.) auf. Er kann weniger tief gehalten werden. Setzt man ihn hoch, auf Säulen, so gewinnt man eine freie Platte. Das erweist sich als praktisch beim Herausnehmen und Hinein-stellen der Sachen. Die Nische muß aber ziemlich hoch sein (35 cm). Das blinkende und blitzende Eßgeschirr stellt die Hausfrau gerne zur Schau. Deshalb öffnen wir den Oberteil durch Glasfüllungen. Sollen diese einen Zweck haben, so müssen sie durchsichtig sein. Buntglas und Butzenscheiben sagen hier gar nichts.

Die Höhe des ganzen Schrankes ist so zu bemessen, daß auch vom obersten Bordbrett das Eßgeschirr ohne Hilfsmittel bequem herauszunehmen ist.

Der Küchentisch und -stuhl. (Fig. 50.)

In die Küche stellen wir einen Arbeitstisch. Er muß kräftig sein. Kräftige glatte Beine tragen die zwecks besserer Reinigung lose, kräftige Platte. Diese ist wieder weiß (Ahorn oder Weide) und mit Gratleisten versehen, damit sie gerade bleibt. Der Raum zwischen den Zargen wird praktischerweise durch eine oder mehrere Schubladen ausgenutzt.

Wenn an dem Tische nicht gegessen wird, wenn er also nur Arbeitstisch ist, so ist das Anbringen eines Zwischenbrettes emp-fehlenswert.

Kräftig, glatt und weiß! So soll der Küchenstuhl sein. Er hat glatten, starken Holzsitz, weil er erfahrungsgemäß auch zu verschiedenen andern Zwecken dient.

Statt der weißen, d. h. ungestrichenen Platten der Küchenmöbel werden neuerdings auch solche beliebt, die mit Linoleum belegt sind. Zu diesem Zwecke müssen die Platten aber in Rahmen und Füllung gearbeitet oder abgesperrt werden, weil sonst beim Zusammen-trocknen der Platten das Linoleum beulig wird. Auch müssen, da das Linoleum sich nicht um die Ecken legt, die Kanten mit Holz-

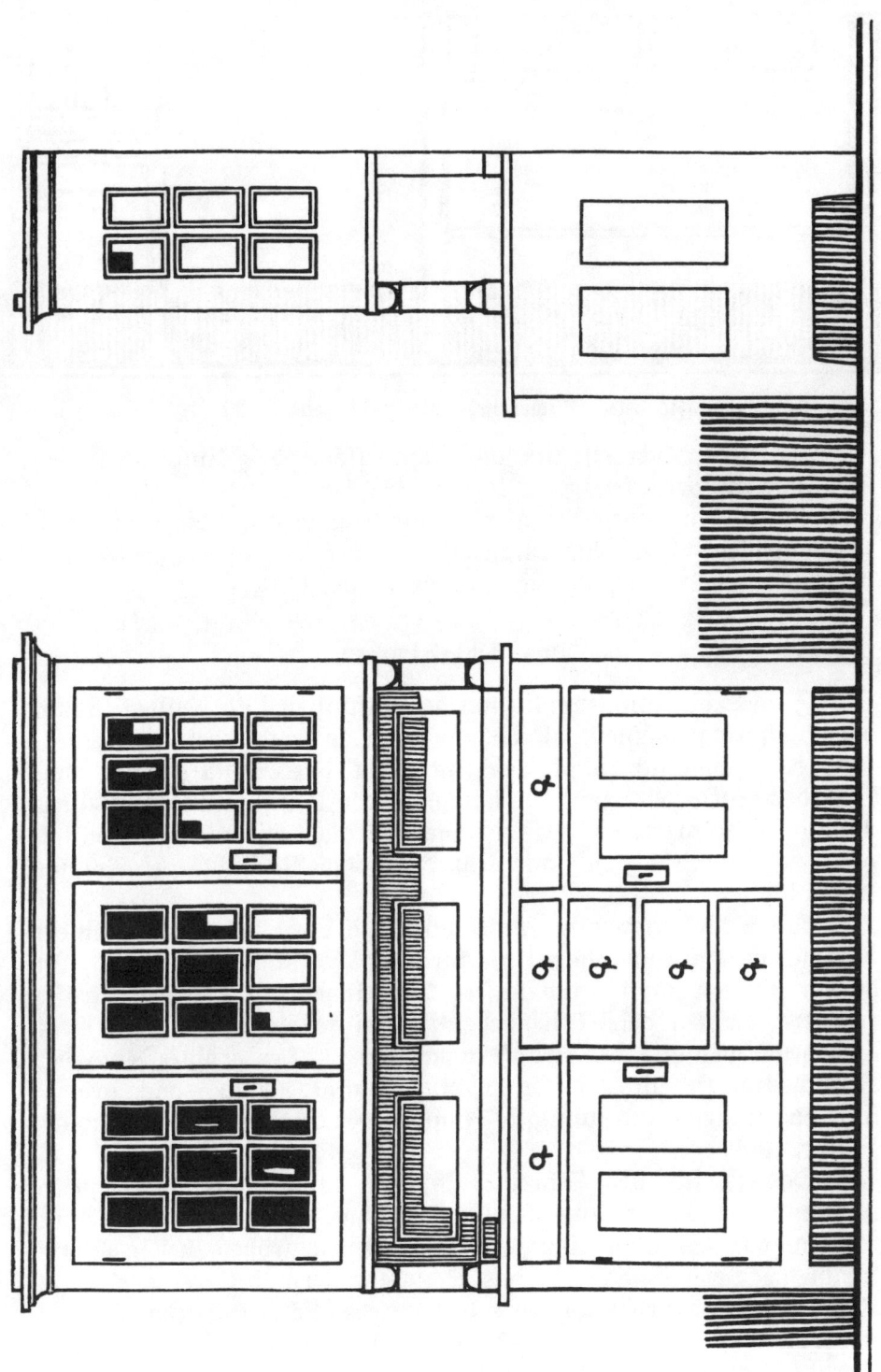

Fig. 49. Küchenschrank. M. 1:20.

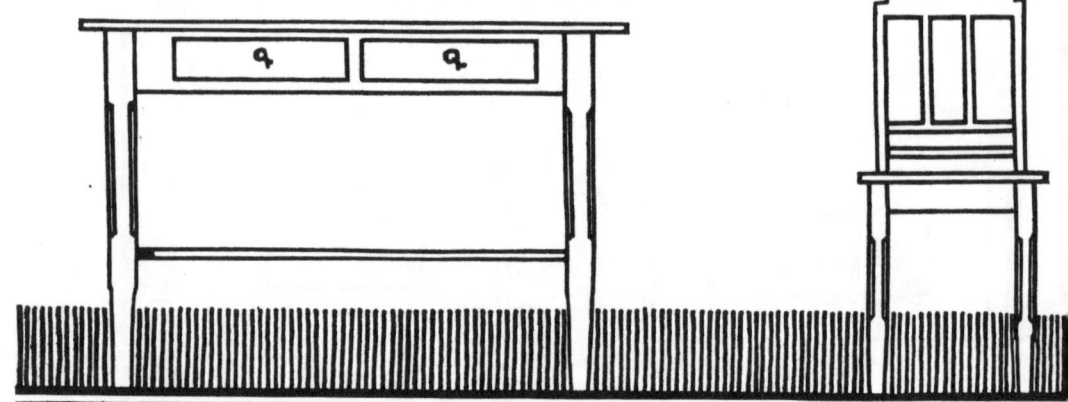

Fig. 50. Küchentisch und -stuhl. M. 1:20.

leisten versehen werden, um die Schnittfläche des Linoleums und die Fuge zu verdecken.

Außer den angegebenen Küchenmöbeln sind für die Küche noch zu empfehlen: Der Fliegenschrank und der Besenschrank; die Gestaltung derselben ergibt sich aus dem Zweck.

Das Schlafzimmer.

Zum Schlafzimmer soll man den luftigsten und hellsten Raum der Wohnung wählen. Das muß um so mehr betont werden, weil es gewöhnlich nicht geschieht. Da das Schlafzimmer von Fremden selten betreten wird, hält man den kleinsten und dunkelsten Raum für ausreichend. Es ist merkwürdig, wie wenig man sich vom eigenen Wohl und wie sehr durch die Rücksicht auf Fremde leiten läßt.

Ein Schlafzimmer muß viel Luft und Licht haben. In keinem Raume weilen wir ohne Unterbrechung so lange wie hier. In diesem Zimmer wollen wir unsere körperlichen und geistigen Kräfte erneuern. Dazu gehört frische Luft, viel frische Luft. Hier liegt auch gegebenenfalls der Kranke wochenlang. Der größte Feind der Krankheitsstoffe ist das Licht, die Sonne. Also: das größte, luftigste, lichteste und sonnigste Zimmer der Wohnung muß Schlafzimmer werden.

Das ist für den Schreiner insofern wichtig, als er dementsprechend die Einrichtung anzufertigen hat. Er muß also damit rechnen, daß die Schlafzimmermöbel in einen großen, hellen Raum kommen. Deshalb halte er das Schlafzimmermöbel frei von allem Kleinlichen und gebe ihm eine helle, freundliche Wirkung.

Da dieser Raum der Ruhe dienen soll, so vermeide man alles Unruhige in Linien, Zierwerk und Farbe.

Aus Gesundheits=Rücksichten — um den Krankheitserregern keine Brutstätten zu schaffen — sei man hier sparsam mit Schnitz= und Bildwerk, unnötigen Profilen usw. Empfehlenswerter ist für Schlafzimmermöbel die Intarsia.

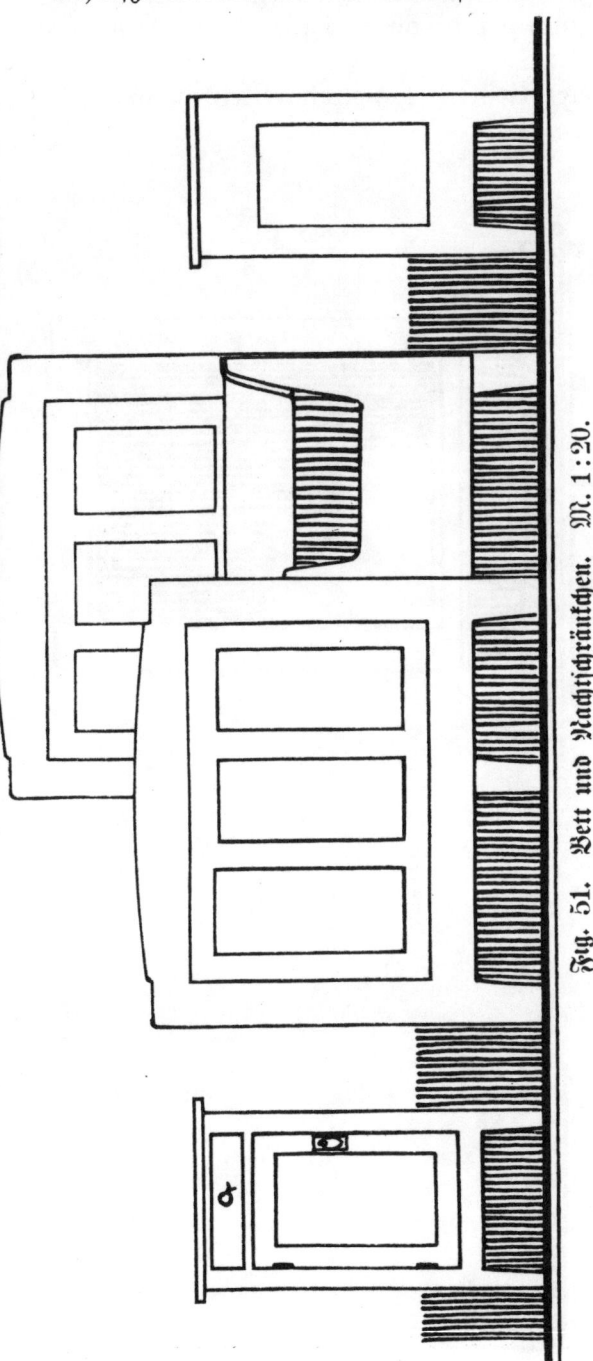

Fig. 51. Bett und Nachtschränkchen. M. 1:20.

Das Bett. (Fig. 51.)

Aus gesundheitlichen und praktischen Rück= sichten ist das sog. zwei= schläfige Bett nicht zu empfehlen. Zwei ein= schläfige Betten mit dem Normalmaß 100:200 cm sind vorzuziehen.

Der Waschtisch. (Fig. 52.)

Der Waschtisch erfüllt seinen nächsten Zweck, wenn er eine praktische und bequeme Wasch= gelegenheit bietet. Dazu genügt schon die tisch= artige Lösung. Es fragt sich aber, ob auch ein Wäscheschrank gebaut werden soll. Ist dies nicht der Fall, so ge= staltet man zweckmäßig den Unterbau des Wasch= tisches schrank= oder kom= modenartig aus. Auch eine Verbindung dieser beiden Arten kann ge= wählt werden.

Die Platte muß Nässe vertragen können. Des= halb nimmt man als Material Marmor oder Granit mit Tropfrinne. Billiger ist eine gut mit Linoleum belegte Holz= platte. Gewöhnlich gibt man ihr eine Größe von 120:62 cm, berechnet den Waschtisch also für zwei Personen.

Näſſe muß auch der Aufſatz vertragen können. Man verwendet deshalb auch hier das Material der Platte, oder belegt ihn mit Kacheln oder verſieht ihn mit Metallſockel.

Den Toiletteſpiegel ſetzt man mit Vorliebe auf den Aufſatz des Waſchtiſches. Praktiſch iſt auch der drehbare Spiegel, bei dem man an Spiegelfläche ſparen kann.

Ein Bordbrettchen bietet kleinen Toilettenartikeln Platz.

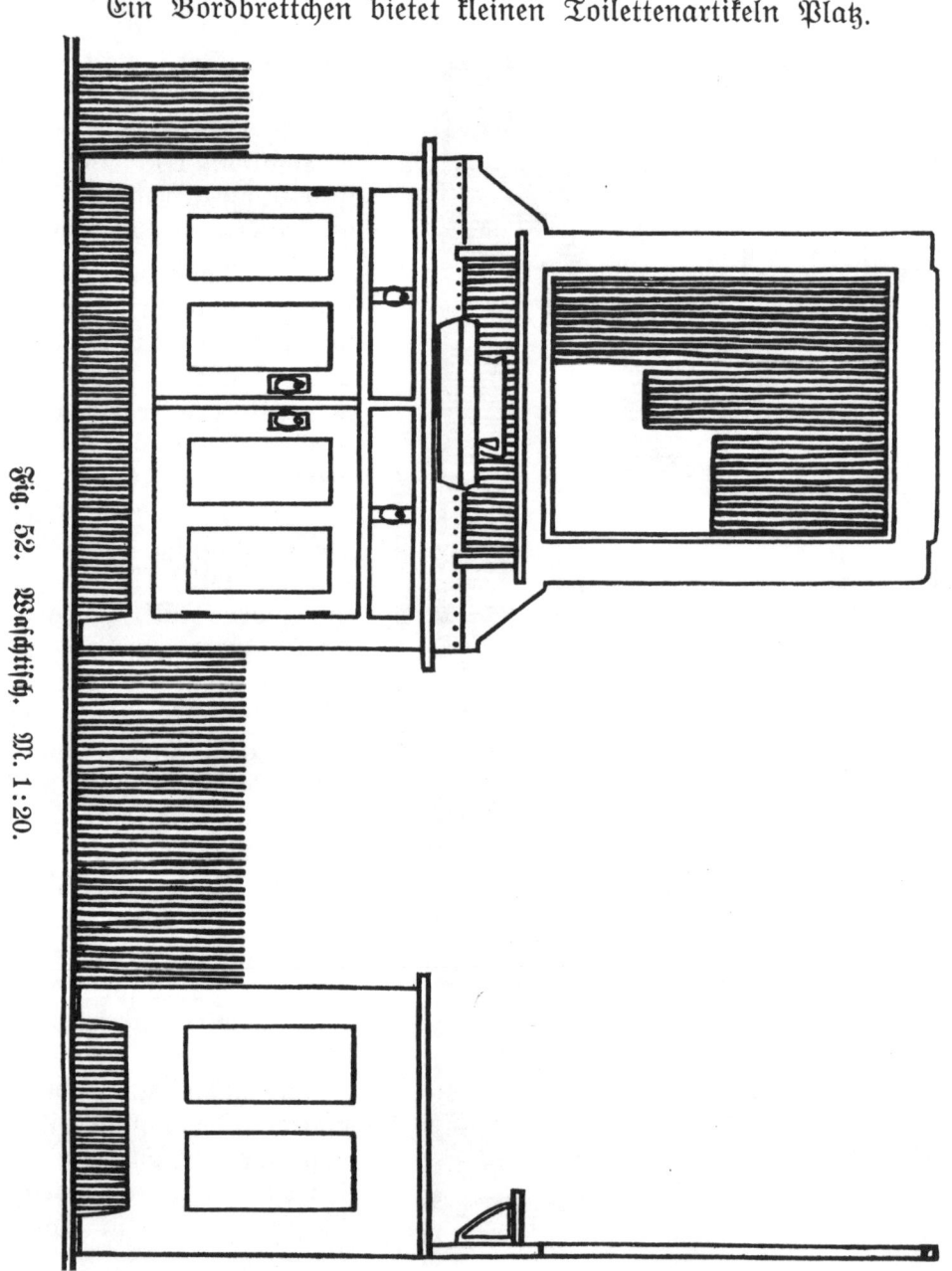

Fig. 52. Waſchtiſch. M. 1 : 20.

Der Schrank. (Fig. 53.)

Der Schlafzimmerschrank ist zunächst Kleiderschrank. Man verbindet ihn jedoch gern mit dem Wäscheschrank. Doch hängt dies von dem Bedürfnis ab.

Da man heute die Kleider auf Bügel hängt, wird oben in den Schrank eine Stange gelegt. Hierzu nimmt man am besten ein Metallrohr von etwa 2 cm Durchmesser. Diese Stange kann man so tief legen, daß darüber ein Raum zur Aufbewahrung der Hüte abgeteilt werden kann. Die erwähnte Aufhängerart der Kleider erfordert eine Tiefe des Schrankes von mindestens 60 cm.

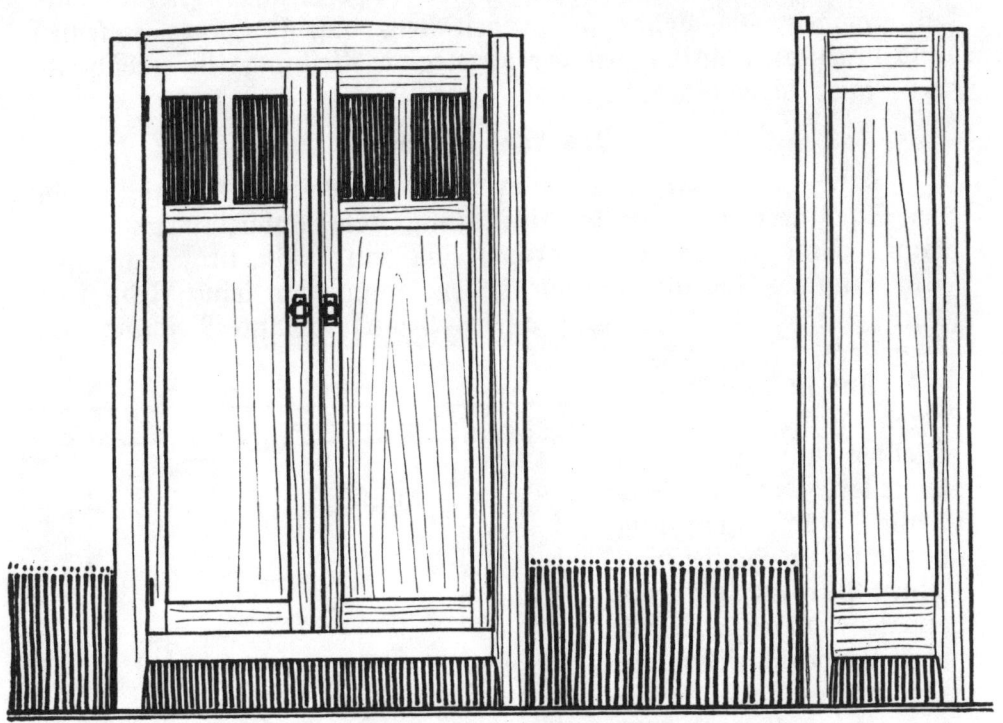

Fig. 53. **Kleiderschrank.** M. $3^3/_4$ cm = 1 m.

Besitzt die Hausfrau soviel Wäsche, daß sie diese im Waschtisch nicht unterbringen kann, so können im Schranke ein paar Schubladen geschaffen werden. Diese können auch hinter die Schranktüren gelegt werden, was den Verschluß bequemer macht und dem äußeren Aufbau zugute kommt.

Daß der Schrank nur so hoch sein darf, daß alles bequem ohne Hilfsmittel herausgenommen werden kann, ist selbstverständlich. Die äußerste Höhe ist 2,10 m. Es genügt schon 1,80 m.

Das Nachtschränkchen. (Fig. 51.)

Sein nächster Zweck ist Aufnahme des Nachtgeschirres. Dieser Zweck erfordert ein Schränkchen mit Glasböden und Dunstlöchern. Ein Schublädchen nimmt Kleinigkeiten auf, wie man sie während der Nacht gebraucht. Die Platte ist aus gleichem Material wie die des Waschtisches.

Zur Einrichtung gehört noch ein Handtuchhalter, über den das gebrauchte, feuchte Handtuch gehangen wird. Entweder nimmt man einen einfachen Holzständer mit mehreren Querstangen, oder man schraubt an die Seite des Waschtisches eine oder zwei bewegliche Metallstangen, wie solche im Handel zu haben sind.

Ferner gehören ins Schlafzimmer einige Stühle. Hierbei wäre zu erwägen, die Lehne so zu gestalten, daß sie zum bequemen und praktischen Aufhängen der abgelegten Kleidungsstücke während der Nacht dienen kann.

Das Wohnzimmer.

Eine gründliche Überlegung mit dem Besteller ist nötig, ehe der Schreinermeister an die Gestaltung des Wohnzimmers gehen kann. Von feststehenden Formen, wie wir solche für Küche und Schlafzimmer im allgemeinen haben, kann hier keine Rede sein. Hier entscheidet einzig und allein Bedürfnis und Neigung des Bestellers. (Fig. 54.)

In unserm besonderen Falle hört der Meister nun von dem Besteller, daß er eine kleine Büchersammlung hat und zu Hause nach seinen Bürostunden noch etwas studieren oder sich schriftlich beschäftigen will. Bücherschrank u. Schreibtisch zu bestellen, ist dem Mann zu teuer. Vereinigen wir deshalb beides. Ein Muster gibt uns der früher beliebte Sekretär. Wir ent-

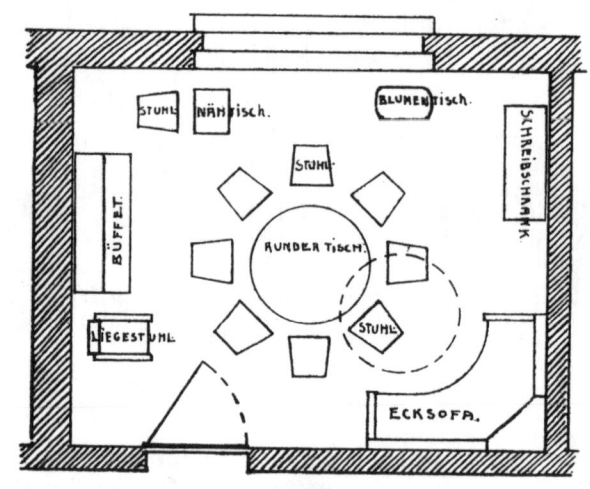

Fig. 54. Wohnzimmer=Grundriß.

werfen also einen Schrank mit Schreibklappe. (Fig. 55.) Der obere Teil wird als Bücherschrank eingerichtet.

Die Hausfrau erhält einen buffetartigen Schrank. (Fig. 56.) Bei geringeren Mitteln läßt sich der Schreibschrank auch so einrichten, daß der untere Teil für die Zwecke der Hausfrau bestimmt wird.

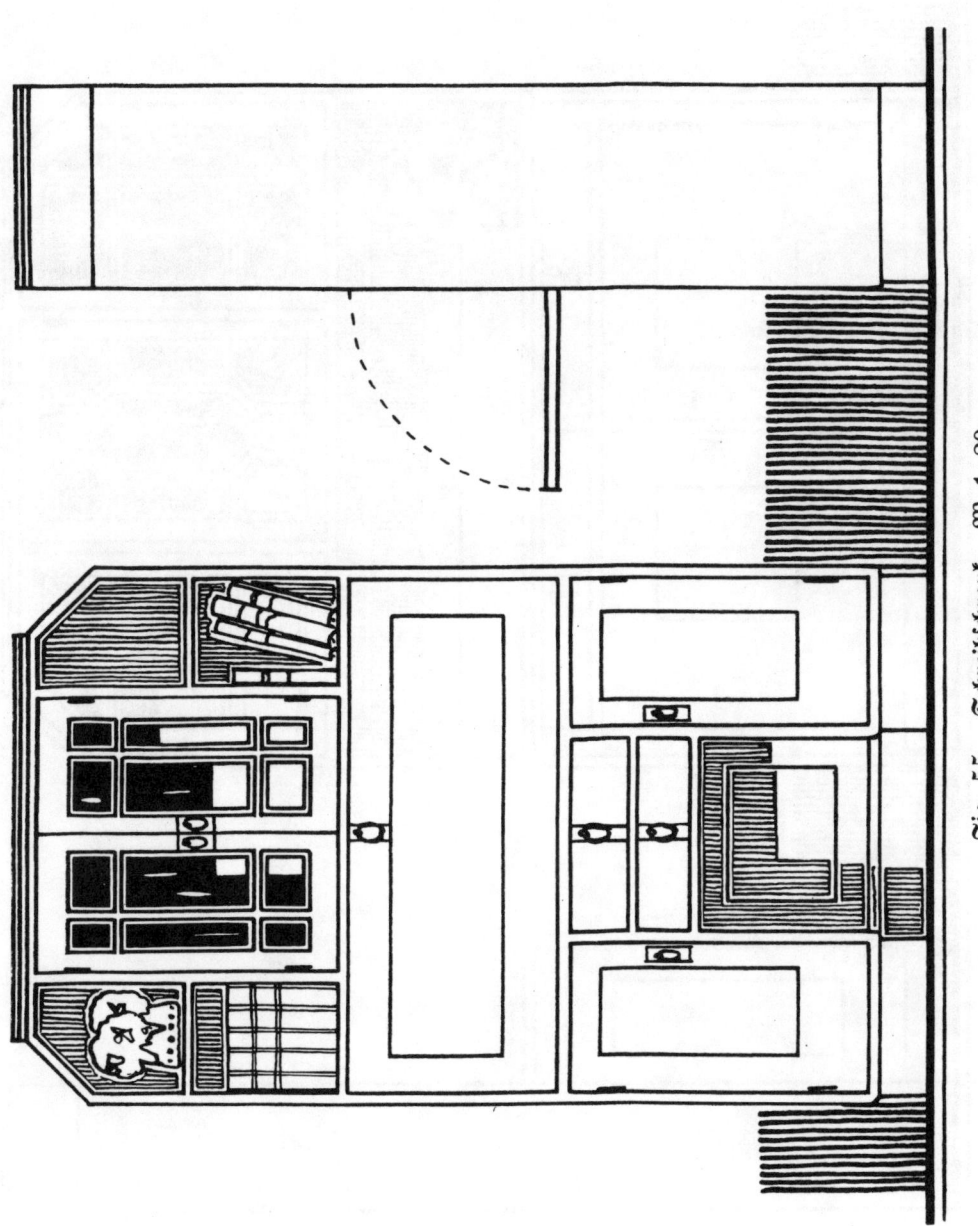

Fig. 55. Schreibschrank. M. 1 : 20.

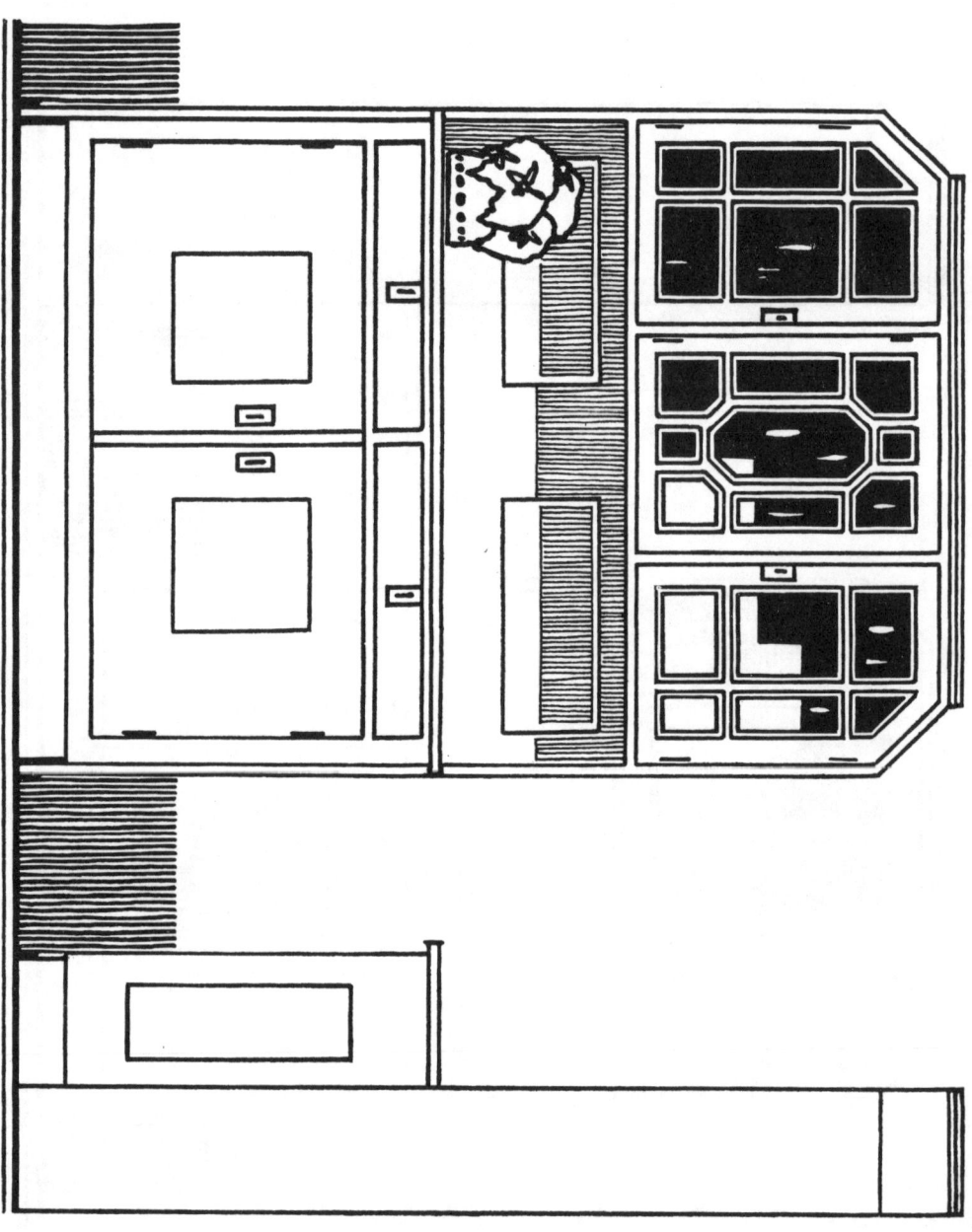

Fig. 56. Buffet. M. 1 : 20.

Da die Hausfrau sich mit Hand= und Näharbeit beschäftigen will, erhält sie für ihren Fensterplatz ein Nähtischchen. (Fig. 57.) Dies können wir mit doppelter, aufklappbarer und drehbarer Platte konstruieren. So bekommen wir nun ein Tischchen, an dem der Mann mit seinen Freunden auch ein Spielchen machen kann.

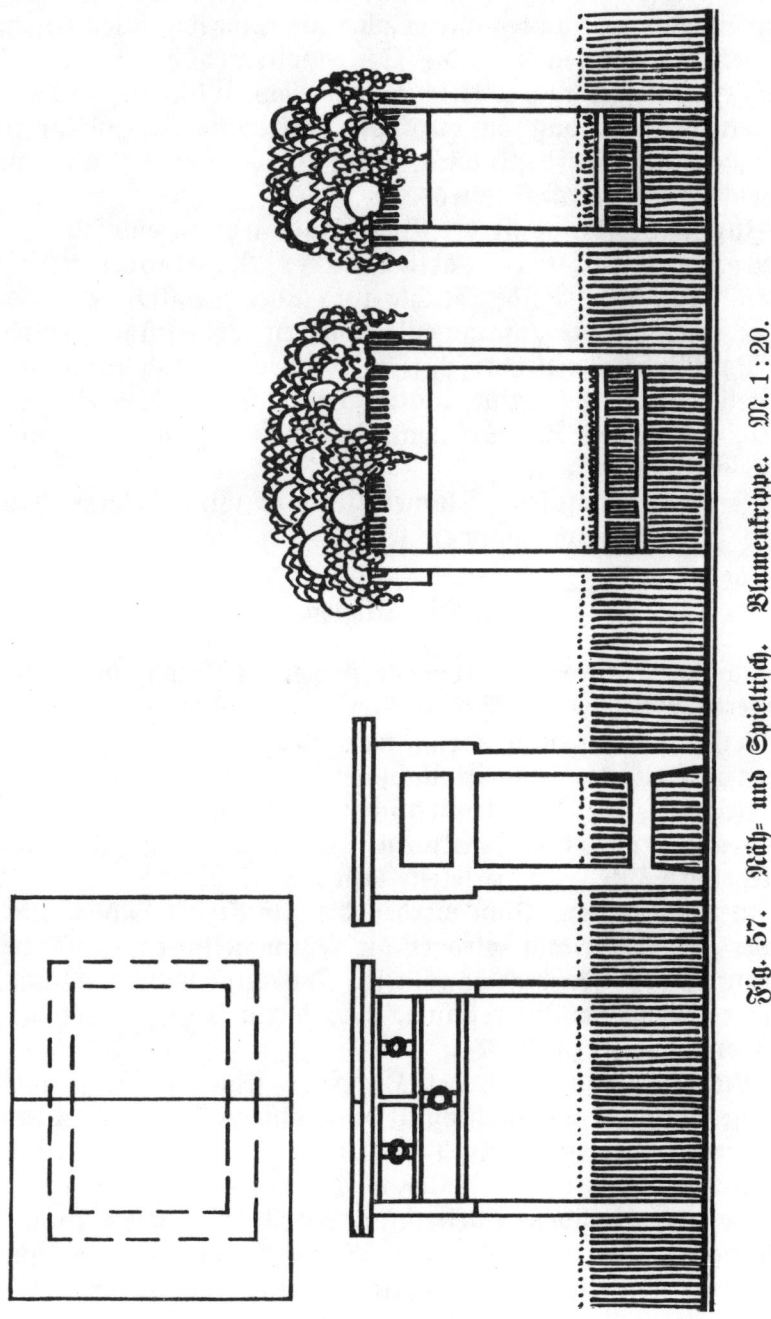

Fig. 57. Näh= und Spieltisch. Blumenkrippe. M. 1:20.

Als Sitzgelegenheit sind den jungen Eheleuten ein Sofa und einige solide Stühle (Fig. 58) mit Rohrgeflecht oder Flach= lederpolster anzuraten.

Das Sofa hat sich als Liegesofa entwickelt. Ob das richtig ist, kann man füglich bezweifeln. Da sich im Wohnzimmer meist mehrere Personen aufhalten, kann das Sofa nicht gut Liegestatt für Einen sein. Betrachten wir es aber als Sitzgelegenheit für mehrere Personen, so müssen wir die Seitenpolster höher halten als jetzt üblich ist, damit sie auch wirklich als Armlehnen dienen. Der Schreiner sollte dafür sorgen, daß ihm durch die Polsterung die Holzkonstruktion des Sofas nicht verdeckt wird, daß die Polsterung also auf das Notwendigste beschränkt wird.

Zur Mittagsruhe ist der Backenstuhl sehr zu empfehlen, ebenso der Polsterstuhl mit verstellbarer Rücklehne und losen Kissen (Fig. 59). Beide Stühle sind aber ziemlich teuer, deshalb sei hier auch an die zusammenklappbaren Liegestühle erinnert.

Als Wohnzimmertisch (Fig. 59) bewährt sich der Ausziehtisch. Wir stellen ihn auf kräftige, glatte Beine. Sollen Stege eingespannt werden, so müssen sie stark sein, damit sie ihren Zweck als Fuß= stützen erfüllen können.

Wenn die Hausfrau Blumen liebt, so wird ihr eine Blumen= krippe (Fig. 57) willkommen sein.

Die Skizzen.

Nachdem auf Grund der vorstehenden Erwägungen und der besonderen Wünsche des Bestellers eine Einigung erzielt ist, nachdem der Meister also genau weiß, was der Kunde will, kann er die Skizzen anfertigen. Das ist nicht leicht. Hier heißt es, schnell und sicher arbeiten, die den Bedürfnissen entsprechende Zweckform zu finden, aber auch eine Zweckform, die gefällig ist. Der denkende Meister wird sich nicht verleiten lassen, einfach eine typische Möbel= form zu übernehmen. Ihm werden die Zwecke der Möbel das Maß= gebende sein. Hiernach wird er die Form gestalten. Das erfordert Nachdenken und Formgewandtheit. Die aufgewandte Mühe lohnt sich aber durch das Interessante, was darin liegt, immer vor neue Aufgaben gestellt zu werden.

Wie soll nun eine für den Kunden bestimmte Skizze aussehen?

Die einfachste Darstellung ist die geometrische, wie sie die meisten beigegebenen Skizzen zeigen. Besser aber ist eine etwas ausgeschmückte Darstellung; denn der Besteller wird sich in den wenigsten Fällen nach der geometrischen Darstellung ein Bild machen können, wie das fertige Möbel aussehen wird. Deshalb komme man ihm durch Einzeichnen von Licht und Schatten, Farbe und Dekorationsstücken

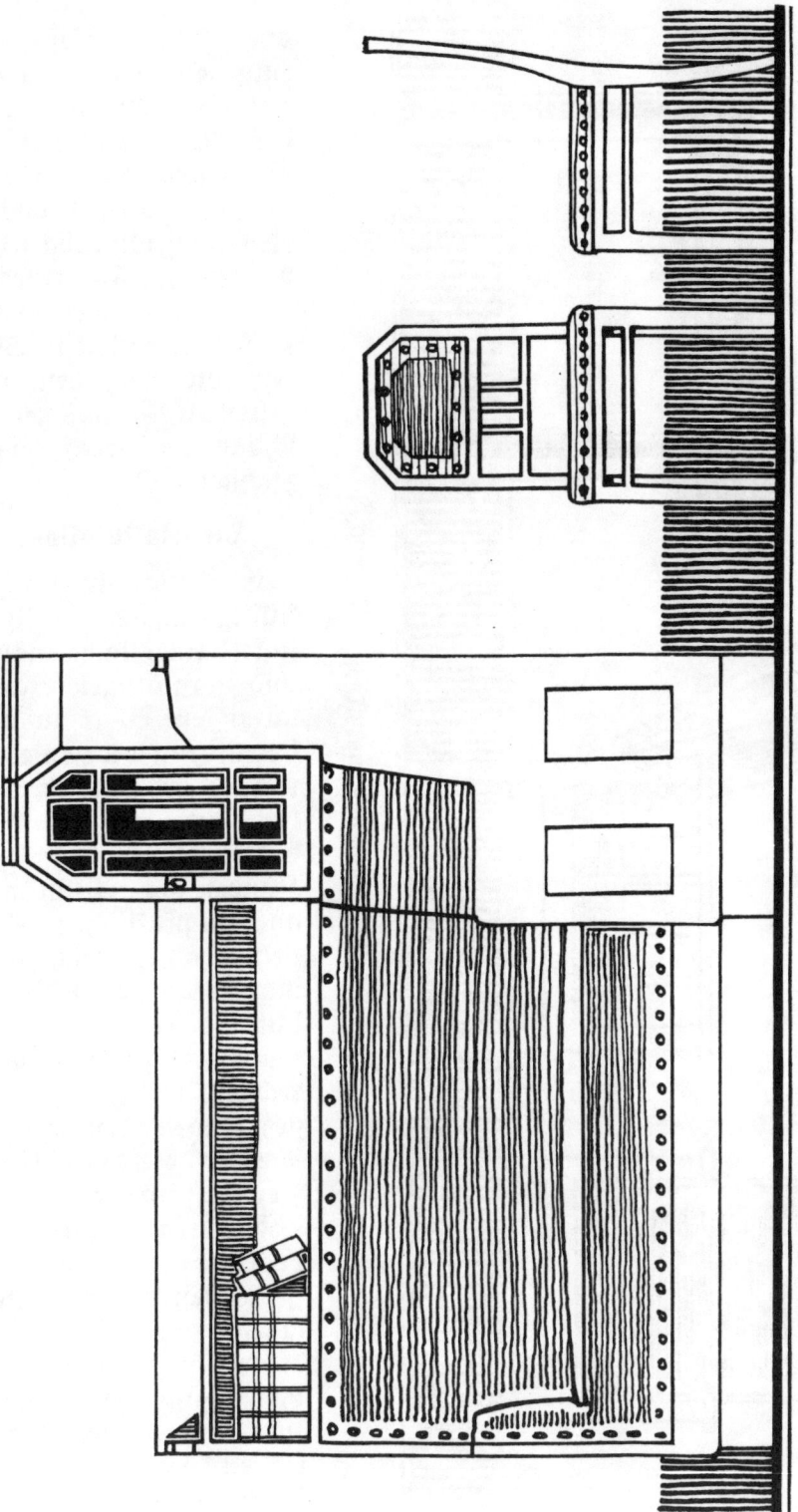

Fig. 58. Sofa und Stuhl. M. 1 : 20.

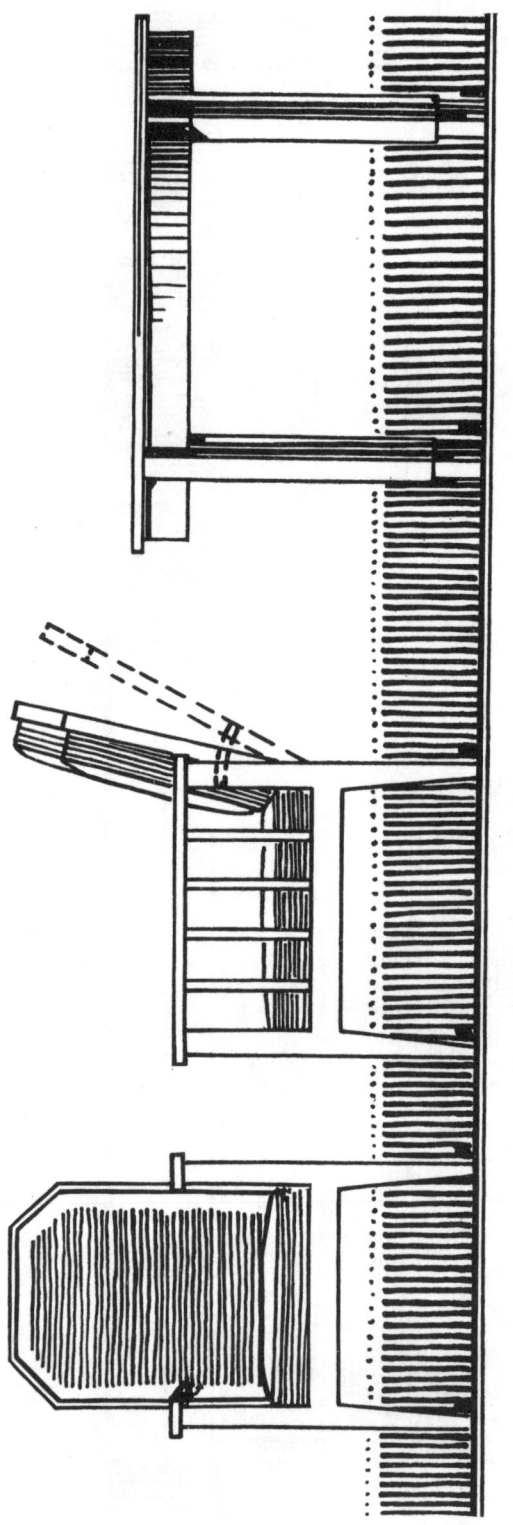

Fig. 59. Ruheftuhl und Tiſch. M. 1:20.

wie Bücher, Gefäße uſw. entgegen. Ein ſolch an= ziehendes Bildchen wird dem Meiſter auch viel eher die Beſtellung eintragen. Von einer perſpektiviſchen Zeichnung kann abgeſehen werden. Sie erfordert auch viel zu viel Zeit.

Die beigefügten Skiz= zen ſind nach den auf= geſtellten Grundſätzen in ſchlichteſter Zweckform ge= zeichnet.

Die Kalkulation.

Eigentlich ſollte es über= flüſſig ſein, über die Wich= tigkeit einer ſachgemäßen und ſorgfältigen Kalku= lation ein Wort zu ver= lieren, denn wer zu niedrig rechnet, arbeitet mit Ver= luſt, und wer zu hoch rechnet, wird bald ſeine Kunden los. Wenn man aber im praktiſchen Leben ſieht, wie leichtfertig manche Meiſter die Kalku= lation behandeln, wie ſie manchmal geradezu falſch rechnet, ſo ſieht man ſich gezwungen, dem jungen Meiſter eindringlichſt einzuſchärfen, die Kalkulation recht, recht ernſt zu nehmen. Als feſtſtehende Unter= lagen der Kalkulation dienen die Preisliſte der Hölzer und der anderen zu verwendenden Mate= rialien ſowie die Ge= ſchäftsunkoſten.

Zur Berechnung der Geschäftsunkosten, die bei der Kalkulation eine nicht zu unterschätzende Rolle spielen, geben wir nachstehend ein Beispiel, und zwar nehmen wir eine Werkstatt mit 12 Gesellen und Handbetrieb an.

Diese Berechnung ist nach jahrelangen Erfahrungen von der Düsseldorfer Schreinerinnung aufgestellt. Das Endresultat trifft nach eingehenden Berechnungen und Umfragen auch für kleinere Betriebe zu. Fällt z. B. die Hilfeleistung bei schriftlichen und technischen Arbeiten fort, so muß dies eben der Meister selbst tun, und diese Arbeitsleistung muß doch auch berechnet werden.

Berechnung der allgemeinen Geschäftsunkosten:

		Mk.	Pf.
1.	Werkstattmiete	1500	—
2.	Gewerbesteuer, Beitrag zur Handwerkskammer und Innung	60	—
3.	Krankengeldzulage 35 Pfg. × 52 × 12	218	40
4.	Invalidenversicherung 24 Pfg. × 52 × 12	149	76
5.	Beitrag zur Holzberufsgenossenschaft (3. Gefahren-klasse)	180	—
6.	Haftpflichtversicherung	30	—
7.	Feuerversicherung	160	—
8.	Licht, Wasser und Heizung für Werkstatt und Kontor	300	—
9.	Abnutzung der Werkzeuge (3000 Mk.) mit 7 %	210	—
10.	Hilfeleistung für schriftliche und technische Arbeiten	2000	—
11.	Tägliche Unkosten und Spesen pro Tag 2 Mk. bei 300 Arbeitstagen	600	—
12.	Zeitverlust für Ab- und Zugang von Gesellen pro Jahr	300	—
13.	Lohn für einen Hausknecht	1150	—
14.	Schreib- und Zeichenmaterial und Porto usw.	250	—
15.	ev. Verluste, Abzüge und Nacharbeiten an gelieferten Arbeiten	600	—
16.	Telefongebühren	160	—
17.	Zins. eines Betriebskapitals von 15 000 Mk. mit 7%	1050	—
	Zus. Mk.	8908	16

Diese 8908,16 Mk. allgemeine Geschäftsunkosten auf 300 Arbeitstage und 12 Gesellen verteilt, ergibt für den Tag und Gesellen 2,47 Mk. Unkosten, also bei 9 stündiger Arbeitszeit 27,4 Pfg. pro Arbeitsstunde und pro Geselle oder bei 55 Pfg. Stundenlohn rund 50%. Diese sind demnach bei Kalkulationen als allgemeine Geschäftsunkosten auf den Lohn anzurechnen.

5

Bei der Holzberechnung ist auch der Verschnitt zu berücksichtigen, welcher bei manchen Holzsorten sehr groß ist. 3. Beisp. sind anzurechnen:

bei deutscher Eiche mindestens . . . 33⅓% Verschnitt

bei amerikanischer Eiche . . . . . 20 % „

bei Pitch=pine und Carolina=pine 15—20 % „

bei besäumter Bord . . . . . 10—15 % „

Es ist eben zu berücksichtigen, daß z. B. bei Eiche durch Herzbohlen, Splint, Äste usw. großer Abfall beim Zuschneiden entsteht, und daß der Holzhändler sich diese nicht verwendbaren Teile alle mit bezahlen läßt.

Bei dieser Verschnittberechnung soll man nun nicht etwa so rechnen: Einkauf für das cbm . . . 200,— Mk.

$$+ 33\tfrac{1}{3}\% \text{ Verschnitt} \ldots \underline{66{,}60 \quad \text{„}}$$
$$266{,}60 \text{ Mk.}$$

sondern: Da ich ⅓ Verschnitt habe, so wird für ⅔ cbm 200 Mk. bezahlt, mithin kostet ⅓ des brauchbaren Holzes 100 Mk., dann kosten ³⁄₃ oder 1 cbm 300 Mk.

Recht praktisch erweist sich eine Holzliste, worin man die verschiedenen Holzarten zum qm=Preis einschließlich Verschnitt umgerechnet hat.

Beispiel:

Deutsche Eiche.

Einkauf für das cbm 200,— Mk.

		Einkauf	mit 33⅓% Verschnitt
3″ = 80 mm stark kostet für das qm		16,—	24,— Mk.
2½″ = 65 „ „ „ „ „ „		13,—	19,50 „
2¼″ = 60 „ „ „ „ „ „		12,—	18,00 „
2″ = 52 „ „ „ „ „ „		10,40	15,70 „
1¾″ = 46 „ „ „ „ „ „		9,20	13,80 „
1½″ = 40 „ „ „ „ „ „		8,—	12,— „
1¼″ = 32 „ „ „ „ „ „		6,40	9,60 „
1″ = 26 „ „ „ „ „ „		5,20	7,80 „

³⁄₄″ = 20 „ ⎫
½″ = 13 „ ⎬ wird vom Holzhändler mit qm berechnet. Hier-
10 „ ⎭ zu ist der Verschnitt aufzurechnen.

Nachdem nun diese wichtigen Punkte einer richtigen Kalkulation festgelegt sind, wird man dennoch sagen können: Da nun doch die Grundbedingungen festgelegt sind, und die großen Betriebe wohl auch alle in dem Sinne rechnen, wie kommt es, daß doch so gewaltige Unterschiede in den Preisabgaben zu Tage treten? Nach unseren Erfahrungen liegt der wunde Punkt zumeist in der Festsetzung des Arbeitslohnes. Alles andere läßt sich genau berechnen, aber die richtige Festsetzung des Arbeitslohnes kann nur die Frucht langjähriger Erfahrung sein, da gibt es eben keine Regel. Es wird darum auch oft mächtig daneben gehauen, und die Differenz wird auch noch durch den Unkostenzuschlag auf den Lohn bedeutend erhöht. Zumeist sind die zu berechnenden Arbeiten sehr mannigfaltig, und es gehören eine ganze Reihe Nebenmaterialien dazu, wie Beschlag, Glas, Stoff, Polster, Schnitzereien usw.

Durch diese Mannigfaltigkeit wird bei eiligen Arbeiten leicht ein Artikel vergessen. Hiergegen bewährt sich nachstehender langjährig erprobter Vordruck für jede Kalkulation, weil durch dessen Benutzung ein Uebersehen fast ausgeschlossen ist. (S. 68.) Auch ermöglicht dies Formular eine Nachkalkulation nach der Ausführung der Arbeit, um feststellen zu können, ob die Kalkulation auch gestimmt hat.

Ein zweites bewährtes Formular für Bauschreinerarbeiten bietet die gleichen Vorteile. (S. 69.)

Für die Tätigkeit in der Werkstätte und zur Kontrolle der Arbeitsleistungen dient das Formular S. 70, das in Schnellheftern oder Mappen aufbewahrt wird.

———

Firma:

.................................., den 191

Kosten=Berechnung

für ....

	Voranschlag		Ausführung	
	Mk.	Pfg.	Mk.	Pfg.
Massiv=Holz ⎫ Einzelberechnung Blind=Holz ⎬ auf der Rückseite Furnier=Holz ⎭ dieses Blattes				
Zuschneiden				
Maschinen=Arbeit				
Schreiner=Arbeit				
Bildhauer=Arbeit				
Drechsler=Arbeit				
Beizer=Arbeit				
Anstreicher=Arbeit				
Schlösser, Scharniere usw. . . .				
Zierbeschläge				
Kleine Zutaten: wie Leim, Schrau= ben, Nägel, Politur usw. .				
Montage und Transport . . .				
Herstellungsunkosten (50% vom Arbeitslohn)				
Summa				
Verdienst				
Summa				
Stoffbespannung				
Tapezierer und Polsterarbeit . .				
Verglasung				
Marmor				
Kacheln				
Gitter= u. sonstige Schlosserarbeit				
Besondere Auslagen				
Spesen, Fahrt usw.				
Summa				

Firma:...

Ort: .... , den.................191

Kosten=Berechnung

für..

	Voranschlag		Ausführung	
	Mk.	Pfg.	Mk.	Pfg.
Holz				
Holz				
Holz				
Arbeitslohn				
Maschinenlohn				
Einsetzen				
Transport				
Beschlag				
Kleinmaterialien				
Anstrich				
Allgem. Geschäftsunkosten (50% vom Arbeitslohn)				
% Verdienst				
Summa				

Arbeits-Nachweis

Firma:

....

vom .... bis 191

Beschäftigung bei	Stun- den	über- stunden	Stund. an der Masch.	Genaue Benennung der Arbeiten	Material
Montag					
Dienstag					
Mittwoch					
Donnerstag					
Freitag					
Samstag					
Zusammen					

Jeder Gehülfe ist gehalten, Materialien und Utensilien, welche er zur Arbeit gebraucht, morgens früh von der Werkstelle zu entnehmen. Das Einfinden auf der Werkstelle während der Tageszeit ist möglichst zu verhüten.

Obige Rubriken genau auszufüllen ist jeder Gehülfe verpflichtet, ebenso die betreffenden Arbeiten tadellos auszuführen.

Gegenseitige Kündigung findet nicht statt. Obige Notizen sind **jeden (Freitag) Samstag** auf der Werkstelle abzugeben.

Unterschrift des Gehilfen:....................................

Kalkulation des Küchenschrankes.

In Nachstehendem bringen wir als Beispiel die Berechnung des Küchenschrankes nach Skizze Fig. 49.

	Berechnung des Holzes	qm	
4	untere Türrahmen . . . . 0,52×0,08 =	0,16	
2	mittlere „ . . . . 0,36×0,05 =	0,04	
2	quere „ . . . . 0,50×0,07 =	0,07	
2	„ „ . . . . 0,50×0,15 =	0,15	
5	obere „ . . . . 0,64×0,07 =	0,22	Carolina-pine
1	„ „ . . . . 0,64×0,06 =	0,04	1,12 qm
6	„ „ . . . . 0,46×0,06 =	0,17	32 mm stark.
1	Aufsatzbrett . . . . . 1,50×0,05 =	0,07	
1	Gesimsleiste . . . . . 1,56×0,05 =	0,08	
2	„ . . . . 0,40×0,05 =	0,04	
2	Stützen (verleimt) . . 0,30×0,07×2 =	0,08	
2	untere Seitenrahmen aufrecht 0,83×0,11 =	0,18	
2	„ „ „ 0,83×0,09 =	0,15	
2	„ „ quer . 0,56×0,18 =	0,20	
2	„ „ „ . 0,56×0,22 =	0,25	
2	„ „ mitte . 0,48×0,05 =	0,05	
2	obere „ aufrecht 0,84×0,08 =	0,13	
2	„ „ „ 0,84×0,06 =	0,10	
2	„ „ quer . 0,35×0,14 =	0,10	
2	„ „ „ 0,35×0,19 =	0,13	
2	untere Lisenen . . . . 0,83×0,07 =	0,12	
2	obere „ . . . . 0,84×0,07 =	0,12	
1	oberer Blindrahmen . . 1,50×0,13 =	0,20	
1	„ „ . . 1,50×0,06 =	0,09	
1	unterer „ . . 1,50×0,06 =	0,09	Carolina-pine
2	untere Traverse . . . . 1,48×0,06 =	0,18	3,06 qm
2	„ „ . . . . 0,42×0,05 =	0,04	26 mm stark.
1	Mittelstück . . . . . 0,84×0,05 =	0,04	
1	„ oben . . . 0,75×0,05 =	0,04	
2	aufrechte Nischenrahmen . 0,30×0,12 =	0,07	
2	„ „ . 0,22×0,14 =	0,06	
1	querer „ . 1,50×0,06 =	0,09	
1	„ „ . 1,50×0,11 =	0,17	
2	„ Lisenen . . . 0,30×0,07 =	0,04	
2	Schubladen — Vord. . . 0,49×0,09 =	0,09	
1	„ „ . 0,34×0,09 =	0,03	
3	„ „ . 0,34×0,15 =	0,15	
1	Gesimsleiste . . . . 1,62×0,06 =	0,10	
2	„ . . . . 0,43×0,06 =	0,05	

	Berechnung des Holzes	qm	
4	Seitenfüllungen . . . . . 0,35×0,18 =	0,25	
4	Türfüllungen . . . . . . 0,30×0,18 =	0,22	
1	Schlagleiste . . . . . . 0,50×0,03 =	0,02	Carolina-pine
1	„ . . . . . 0,64×0,03 =	0,03	0,76 qm
1	Abschlußleiste . . . . . 1,52×0,03 =	0,05	13 mm stark.
1	„ . . . . . 0,38×0,03 =	0,02	
3	Nischenfüllungen . . . 0,35×0,16 =	0,17	
2	Rückwandrahmen unten . 0,82×0,09 =	0,15	
2	„ . . . 0,58×0,09 =	0,10	
2	„ . . . 1,48×0,09 =	0,27	
2	„ oben . 0,84×0,09 =	0,15	
2	„ . . . 0,75×0,09 =	0,13	Tannenholz
2	„ . . . 1,48×0,09 =	0,27	3,67 qm
2	obere Böden . . . . . 1,46×0,34 =	0,99	26 mm stark.
1	untere „ . . . . 1,46×0,54 =	0,79	
1	obere Mittelwand . . . 0,84×0,34 =	0,29	
1	untere „ . . . 0,66×0,54 =	0,36	
6	Laufleisten . . . . . . 0,57×0,05 =	0,17	
2	obere Einlegeböden . . 0,95×0,32 =	0,61	
2	„ „ . . 0,48×0,32 =	0,31	
1	untere „ . . . 1,05×0,52 =	0,55	Tannenholz
6	Schubladenseiten . . . 0,67×0,15 =	0,60	2,71 qm
6	„ . . . . 0,67×0,09 =	0,42	20 mm stark.
3	Schubladen-Hinterstücke . 0,34×0,13 =	0,13	
1	„ „ . 0,34×0,07 =	0,02	
2	„ „ . 0,49×0,07 =	0,07	
2	untere Rückwandfüllungen . 0,53×0,45 =	0,48	
1	„ „ . 0,53×0,25 =	0,13	Tannenholz
3	obere „ . 0,68×0,27 =	0,55	2,71 qm
2	Schubladenböden . . . 0,48×0,67 =	0,64	13 mm stark.
4	„ . . . 0,34×0,67 =	0,91	
1	Weidenholzplatte . . . . 1,60×0,65 =	1,04	32 mm stark.

Holzaufstellung
laut vorstehender Liste.

Carolina-pine Mk. 100.— Einkaufspreis zuzüglich 15% Verschnitt. Tannenholz, Bordpreise zuzüglich 15% Verschnitt.

	Mk.	Mk.
Carolina-pine:		
1,12 qm 32 mm stark . . . . à	3,68 =	4,12
3,06 „ 26 „ „ . . . . à	3,— =	9,18
0,76 „ 13 „ „ . . . . à	2,— =	1,52
Tannenholz:		
3,67 qm 26 mm stark . . . . à	2,— =	7,34
2,71 „ 20 „ „ . . . . : à	1,65 =	4,47
2,71 „ 13 „ „ . . . . à	1,30 =	3,52
Diverse Leisten		1,52
Weidenholz:		
1,04 qm 32 mm stark . . . . à	3,20 =	3,33
		Mk. 35,00

Preisberechnung

		Vor-kalkulation Mk.	Nach-kalkulation Mk.
	An Holz	35,—	
	Arbeitslohn einschl. Maschinenarbeit .	48,—	
	Beschlag:		
2	Stangenschlösser à 1,20	2,40	
1	Einlaßschloß	—,60	
5	Paar Zapfenbänder à 25 Pfg. . . .	1,25	
3	Schlüsselschilder mit Ring à 75 Pfg. .	2,25	
6	gedrechselte Schubladenknöpfe à 10 Pfg.	—,60	
	Kleinmaterial, wie Leim, Schrauben, Stifte, Glaspapier usw.	1,50	
3	Türen und 2 Seiten blank verglast . .	2,75	
	Anstrich: 1 mal ölen, 2 mal lackieren, im Oberschrank Scheiben einkitten und innen weiß streichen	8,50	
	50% Unkosten vom Arbeitslohn . . .	24,—	
	Selbstkosten	126,85	
	20% Verdienst	25,36	
	Verkaufspreis	152,21	

Kalkulation eines Klappschrankes.

Als weiteres Beispiel fügen wir hier die Kalkulation eines Klappschrankes (Fig. 60) bei:

Der Oberschrank mit 2 Einlegeböden und in Holzsprossen verglasten Türen, darunter eine Schreibklappe, mit dahinterliegendem Einsatz mit 6 Schubläden und 2 Gefachen; im Unterschrank ein Einlegeboden.

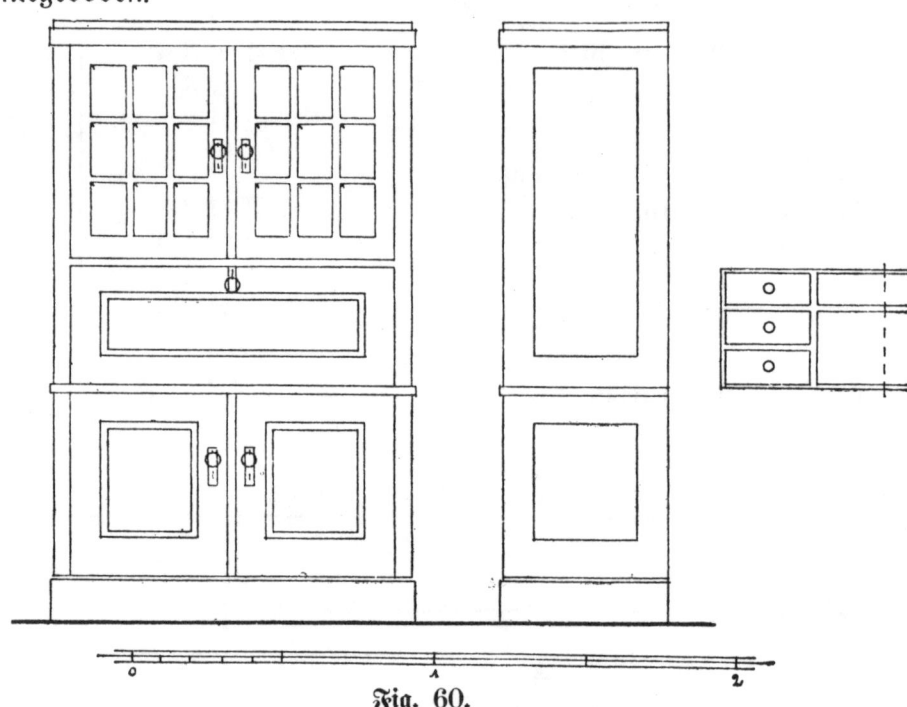

Fig. 60.

Wer viel kalkuliert hat und auch viel kalkulieren muß, der wird auch bald auf Vorteile sinnen, um schneller zu einem Preisergebnis zu kommen. Die Hauptarbeit liegt im Ausziehen und Berechnen der einzelnen Holzteile und ist hier eine Vereinfachung der Berechnung anzustreben. In der Regel kann man Rahmenwerk als ganze Platten in der Dicke des Rahmenholzes durchrechnen, denn das Übereinandergreifen von Schlitz und Zapfen, das Hereingehen der Füllung in die Nute füllen die Dickendifferenz reichlich aus.

Nehmen wir z. B. die untere Türpartie, so wird die genaue Berechnung lauten:

Rahmwerk:

$$\left.\begin{array}{l} 4 \times 0{,}62 \quad . \ 0{,}14 \\ 2 \times 0{,}56 \quad . \ 0{,}13 \\ 2 \times 0{,}56 \quad . \ 0{,}16 \end{array}\right\} \ 32 \ \text{mm stark} = 0{,}68 \ \text{qm à Mk. } 3{,}20 = \text{Mk. } 2{,}18$$

Lisenen:

$$2 \times 0{,}62 \quad . \ 0{,}06 \quad 26 \ \text{mm stark} = 0{,}07 \ \text{qm à Mk. } 2{,}60 = \text{Mk. } 0{,}18$$

Summe   Mk. 2,36

Füllungen: Transport 2,36

$2 \times 0,38 \ . \ 0,31$ ⎱

   Schlagleiste: ⎬ 13 mm stark = 0,26 qm à Mk. 1,40 = Mk. 0,37

$1 \times 0,62 \ . \ 0,03$ ⎰

                                                   Summe Mk. 2,73

    Die vereinfachte Berechnung:

$1,20 \times 0,63 = 0,744$ qm = 32 mm stark à 3,20 = . . Mk. 2,40

    Die genaue Berechnung ergibt also noch etwas mehr. Rechnen wir aber in den oberen Türen die Löcher für das Glas als Holz=fläche mit durch, geben die ausladenden Stellen, wie Gesims und Sockel in der Gesamthöhe zu, so wird die annähernd richtige qm=Zahl herauskommen und, was die Hauptsache ist, man hat viel Zeit bei der Kalkulation gespart.

    Nach diesem Prinzip würde die Berechnung des Klappschrankes wie folgt aussehen:

    Tannenholz, zuzüglich 15% Verschnitt ist der Verrechnungs=preis für den cbm mit Mk. 100,— angenommen.

    Front:

$2,25 \times 1,20$ = 2,70 qm 32 mm stark à 3,20 = Mk. 8,64

    Seiten:

$2,25 \times 1,10$ = 2,48 „ 26 „ „ „ 2,60 = „ 6,45

Rückwand:

$2,- \times 1,20$ = 2,40 „ 26 „ „ „ 2,60 = „ 6,24

    Böden:

$1,16 \times 0,50 \times 8$ = 4,64 „ 26 „ „ „ 2,60 = „ 12,06

aufrechte Böden und Rückwand des Einsatzes:

$3,15 \times 0,42$ = 1,32 qm 20 mm stark à 2,— = „ 2,64

6 Schubkästchen:

$1,- \times 0,30 \times 6$ = 1,80 „ 20 „ „ „ 2,— = „ 3,60

Diverses, wie Zahnleisten, Trageleisten usw. . . . . .1,—

An Holz . . . . Mk. 40,63

Maschinenarbeit (Schneiden und Hobeln in einer Lohn=

    schreinerei) . . . . „ 6,—

Arbeitslohn inkl. Zuschneiden . . . . „ 38,—

Beschlag: 4 Paar Zapfenbänder, 1 Paar Klappenbänder,

    2 Stangenschlösser, 1 Einsteckschloß, 5 Schlüsselschilder,

    6 Schubladenknöpfe . . . . „ 5,20

Kleinmaterial, wie Leim, Schrauben, Glaspapier usw. „ 2,—

Geschäftsunkosten 50% vom Arbeitslohn . . . . . . „ 19,—

                             Selbstkosten Mk. 110,83

              20% Verdienst „ 22,16

    Verkaufspreis ohne Glas und Anstrich Mk. 132,99

Es kommt auch oft genug vor, daß der Meister nach einer
Skizze gleich sagen soll, was die Ausführung ungefähr koste. Da
gebe man sich nur nicht ans Raten, weil dabei meistens mächtig
daneben gehauen wird. 10 Minuten Zeit für eine kurze Berech=
nung wird man doch wohl immer verlangen können. Man rechne
dann wie folgt:

Front . . . 2,— ✕ 1,20 = 2,40 qm à 12 Mk. =	Mk.	28,80
Seiten . . . 2,— ✕ 1,10 = 2,20 „ „ 10 „ =	„	22,—
Rückwand . 2,— ✕ 1,20 = 2,40 „ „ 8 „ =	„	19,20
Flachholz 5,96 qm à 5 Mk. = ...	„	29,80
6 Schubkasten à 5 Mk. = ...	„	30,—
Beschläge	„	5,20
	Mk.	135,—

Diese Normen kann man natürlich nicht willkürlich anwenden,
denn sie passen nicht für alle Fälle. Der Meister muß sich die
Normen selbst herausrechnen, weil die örtlichen Verhältnisse und
die Qualität der Arbeit und des Materials ausschlaggebend sind.
Hier soll nur gezeigt werden, auf welche Art man sich die Berech=
nungen vereinfachen kann. Berechnet werden muß auf jeden Fall.
Wenn man auch zu diesen kurzen Berechnungen keine Zeit hat,
dann unterlasse man besser jede Preisabgabe. Mit dem Raten des
Kostenpreises ist schon manch einer böse hereingefallen.

Die Offerte.

Nach einer wohlüberlegten und richtigen Kalkulation ist das
Aufsetzen der Offerte eine nicht minder wichtige Angelegenheit,
Grundbedingung dabei sei: Klare Beschreibung der einzelnen Objekte,
sodaß eine andere Deutung in Ausführung und Preis unmöglich
ist. So mancher ist schon durch eine flüchtige Preisabgabe schwer
hereingefallen, indem später viel mehr von ihm verlangt wurde,
als er seiner Meinung nach offeriert hatte.

Bei Bauarbeiten ist besonders auf die evtl. nötigen Mauer=
und Sandstein=Stemmarbeiten, Beiputzungen, Abrichtungen, Gerüst=
bauten, Anstriche und Garantien für Schäden seiner Arbeiten durch
Baunässe und andere Arbeiten sowie auf die sich jahrelang hin=
ziehenden Nacharbeiten zu achten.

Bei Möbel= und Einrichtungsarbeiten sind Anstrich=, Polster=
und Glaserarbeiten, Zierbeschläge usw. zu beachten und zu diesen
Arbeiten Einzelofferten einzuziehen. Gerade bei Einrichtungen ist
die angeführte Gefahr groß, und so mancher, der leichtfertig und
flüchtig die Einrichtung eines Zimmers offerierte, muß nachträglich
zu seinem großen Leidwesen erfahren, daß der Besteller von ihm
Sachen verlangt, an die sein Herz bei Aufstellung der Offerte nicht

dachte, wie Teppich, Vorhänge usw. mit der Begründung, daß diese Sachen doch zur Einrichtung des Zimmers gehörten.

Ferner denkt der Handwerksmeister in den seltensten Fällen daran, Zahlungsbedingungen zu stellen, trotzdem er von seinem Lieferanten jeden Tag lernen kann.

Besonders bei Übernahme von ganzen Bauten erleben wir immer und immer wieder das Schauspiel, daß am Samstag der Meister mit dem Käppchen in der Hand den Unternehmer bittet, ihm doch soviel Vorschuß zu geben, daß er seine Leute auslöhnen kann. Diese vermeintliche Notlage wird dann in der Regel von dem Besteller dazu benutzt, um dem Meister die willkürlichsten Abzüge zu machen.

Ist die Arbeit übertragen, so muß unbedingt eine schriftliche Bestätigung seitens des Meisters folgen oder ein Vertrag gemacht werden.

In der schriftlichen Bestätigung muß unter anderm auch genau jede nach der Offertenabgabe verlangte Änderung, welche vom Offertentext abweicht, erwähnt sein und auch der hierzu vereinbarte und verlangte Mehrpreis. Nicht zu vergessen ist der gemeinsam festgelegte Liefertermin.

Wird so verfahren, so sind spätere gerichtliche Auseinandersetzungen fast ausgeschlossen, und es bleibt dem Meister mancher Ärger erspart.

Werkzeichnung und Holzliste.

Nehmen wir nun an, der Schrank ist bestellt, und soll angefertigt werden. Da ist zunächst eine sogenannte Werk- oder Detailzeichnung zu machen. Bei einfachen Sachen wird meist auf ein sauber gehobeltes Brett ein Höhen- und ein Querschnitt in natürlicher Größe aufgezeichnet. Besser ist es, auf Papier die linke halbe Ansicht in natürlicher Größe aufzuzeichnen und in diese die Schnitte hineinzuzeichnen. Bei besseren Arbeitsstücken, wo es sich auf feine Profile, geschweifte Formen, Schnitzereien usw. ankommt, ist die letztere Art der Werkzeichnung unerläßlich. Eine gute und richtige Werkzeichnung muß so genau durchgeführt sein, daß der Ausführende nichts mehr zu fragen braucht, also sie muß alles Wissenswerte enthalten, jedes Maß, jedwede Konstruktion und alle verlangten Formen. Nach dieser Werkzeichnung wird nunmehr die Holzliste aufgestellt, d. h. eine Aufstellung sämtlicher zur Anfertigung des Arbeitsstückes nötigen Holzteile. Jedes Stück erhält seine Nummer, Bezeichnung und genaue Länge, Breite und Stärke. Solch eine Holzliste sieht folgendermaßen aus:

Holzliste
des Küchenschrankes. Kommission . . . .

No.	Holzart	Anzahl	Bezeichnung	Länge m	Breite m	Stärke mm	Bemer-kungen
1	Carolina-p.	4	untere Türrahmen	0,52	0,08	30	
2	"	2	mittlere "	0,36	0,05	30	
3	"	2	querer "	0,50	0,07	30	
4	"	2	querer "	0,50	0,15	30	
5	"	2	untere Lisenen	0,83	0,07	22	
6	Tanne	2	Rückwandrahmen	0,82	0,09	22	
7	"	4	Schubladenböden	0,34	0,67	11	
8	Weide	1	Platte	1,60	0,65	30	

usw.

Das Zuschneiden.

Nunmehr geht es an das Zuschneiden der Hölzer. Das ist
eine wichtige und gar nicht so einfache Arbeit, denn von der Wahl
und dem Zusammenstellen der einzelnen Hölzer nach Struktur
und Farbe hängt wesentlich die Schönheit des fertigen Arbeits=
stückes ab. So soll zum Rahmenholz möglichst gerade= und schlicht=
gewachsenes Holz genommen werden und zu den Füllungen schön
gemasertes Holz.

Vorzüglich wirkt in den Füllungen geklapptes Holz: ein schön
gemasertes Brett wird gespalten, aufgeklappt und so eingesetzt, daß
die Maserung in den Füllungen entgegengesetzt läuft.

Ist die Füllung durch Querriegel geteilt, so soll man die
Füllung durchgehend zuschneiden und erst nach der Bearbeitung
des Brettes zerteilen, damit die Holzmaser der ganzen Füllung
einheitlich wirkt.

Ferner ist zu beachten, daß die rechte Seite des Holzes, d. h.
die zum Herzen des Stammes liegende, stets oben sein muß, was
besonders auch beim Zusammenfügen einzelner Bretter wichtig ist.

Jedes Holzstück wird mit der betreffenden Nummer der Holzliste
versehen, und nun kann das Holz an der Maschine nach den in
der Holzliste angegebenen Maßen bearbeitet werden. Zu beachten
ist dabei, daß der Maschinenarbeiter die betr. Nummer wieder auf
das Holzstück schreibt, damit das nachfolgende Sortieren durch den
ausführenden Schreiner nicht gar zu viel Zeit erfordert.

Zum Bau des Schrankes
noch einige praktische Winke.

Bei den Schubladen ist folgendes zweckmäßig. Man legt
die Laufleisten 2—3 mm höher, die Seiten der Schublade macht

man dementsprechend schmäler. So verhütet man, daß die Seiten beim Herausziehen die Querriegel ausschleißen oder den Anstrich beschädigen.

Zur Platte müssen wir ein sauberes Holz nehmen. Verwenden wir hartes Holz, Buche oder Ahorn, so müssen wir die Fugen der Haltbarkeit wegen dübeln. Bei Weide genügt die einfache Leimfuge. Die Sockel der Nischenrückwand und der Säulen machen wir am besten aus dem Material der Platte und lassen sie weiß, um Beschädigungen beim Abseifen vorzubeugen.

Die Schlösser müssen mit Rücksicht auf die praktische Handhabe angebracht werden und nicht in der Mitte der Türen. Deshalb liegt das Schloß des unteren Schrankes über der Mitte, und die Schlösser des oberen Schrankes liegen unter der Mitte.

Die inneren Böden legen wir auf Zahnleisten. Dadurch erhöhen wir die praktische Ausnutzung des Innern.

Verschönerungsarbeiten. Als Küchenmöbel wird der Schrank am besten naturlackiert. Das schreinermäßige Verschönern der Küchenmöbel ist unpraktisch, weil Wachs, Politur und Spirituspräparate kein Wasser vertragen. Deshalb überlassen wir diese Arbeit dem Anstreicher. Wird ein anderer Farbton als der natürliche gewünscht, so lasieren wir die Möbel. Die Lasur ist eine durchsichtige Farbe, welche die Struktur des Holzes nicht verdeckt.

Die Beschläge unterliegen der Forderung: praktisch und einfach. Bei unverschließbaren Schubladen empfehlen sich auch Holzknöpfe, sehr praktisch sind die Muschelgriffe. Eisenbeschlag ist hier nicht angebracht, weil selbst der durch Lack geschützte dem Rost nicht widersteht.

Feinere Möbelarbeiten.

Die Art der Betrachtung, wie wir sie bis hierher gepflogen haben, hat den Vorteil, daß wir den ganzen Werdegang eines neuen Geschäftes und den ganzen Werdegang eines Auftrages darstellen konnten. Dabei sind aber nur die Möbel einer einfachen Dreizimmerwohnung zur Besprechung gekommen. Die Betrachtung bedarf also einer Erweiterung, die wir im folgenden in Bezug auf die Ausführungstechniken, wie auch auf die Möbelformen geben.

Sperrholz.

Vor allen Dingen verlangt die Zentralheizung, welche heute in jedes bessere Haus eingebaut wird, eine ganz andere, gegen das Eintrocknen und Verziehen schützende Konstruktion. Die Zentral=heizung mit ihrer trocknen, anhaltenden Hitze ist heute der größte Schädiger der Holzarbeiten; so kann man oft die Beobachtung machen, daß das Holzwerk alter Häuser, welches sich bei der alten Heizweise mit Öfen Jahrzehnte lang tadellos gehalten hat, nach dem Einbauen einer Zentralheizung eintrocknet, reißt und sich verzieht. Dazu kommt noch, daß die Neuzeit breite Rahmhölzer und un=gewöhnlich breite Füllungen und glatte Flächen liebt und auch in gesundheitlicher Hinsicht glatte Arbeiten verlangt z. B. in Kranken=häusern ganz glatte Türen usw. Da hat sich nun das sogenannte Sperrholz oder abgesperrte Holz sehr gut bewährt. Durch kreuz=weises Aufeinanderleimen von Holzdickten erzielt man Material, welches nicht mehr zusammentrocknen kann, oder wie der Fachmann sagt, welches steht und nicht mehr arbeitet.

Gewöhnlich werden 3, 5 oder 7 Dickten aufeinandergeleimt. Bedingung dabei ist gutes, gleichmäßiges und trockenes Material, gleiche Stärke der gegenüberliegenden Dickten und gleichzeitiges Aufleimen derselben.

Da zu der sachgemäßen Anfertigung dieses Sperrholzes größere Einrichtungen gehören, wie große schwere Pressen, Wärmvorrichtungen, Trockenkammern und ein großes Holzlager, was sich alles mit einem handwerklichen Kleinbetrieb schlecht vereinbaren läßt, so ist es mit Freuden zu begrüßen, daß die Industrie die Sache in die Hand genommen hat. Eine ganze Reihe größerer Werke liefern heute ein vorzügliches gesperrtes Material bis zu Platten von 5 m × 2,50 m und in allen Stärken.

Das Furnieren.

Unter Furnieren versteht man die Bekleidung unedler Hölzer mit dünnen Schichten edlen Holzes. Diese dünnen Tafeln edler Hölzer nennt man Furniere. Man unterscheidet nach der Herstellung Sägefurniere, welche mit der Säge geschnitten werden, Messerfurniere, welche nach dem Dämpfen des Stammes, wodurch derselbe ziemlich weich wird, mit großen Messern auf maschinellem Wege abgemessert werden, und Schälfurniere, welche wie die gemesserten Furniere hergestellt werden, nur schneidet das Messer nicht in der Ebene, sondern schält den Stamm rund ab, wie eine Papierrolle.

Die Sägefurniere sind die besten, aber auch die teuersten, weil beim Schneiden jedesmal eine Dicke durch den Sägeschnitt verloren geht. Das gemesserte Furnier ist bedeutend billiger, weil nichts verloren geht, aber die Farbe, besonders bei Eiche, hat durch das Dämpfen gelitten. Das geschälte Furnier ist das schlechteste, weil durch das Flachlegen der runden Flächen die innere Fläche sehr rissig wird und die Flächen auch gar keine Maserung aufweisen. Letztere Sorte ist daher nur als Blindfurnier verwendbar.

Der Art nach unterscheidet man schlichte und Maserfurniere. Erstere werden aus dem Stamm selbst und letztere aus den wild verwachsenen Wurzelstöcken geschnitten oder aus den Astgabelungen, welch letztere die sogenannten Pyramidenfurniere ergeben.

Bei der heutigen, immer mehr steigenden Verwendung des Sperr=holzes muß jeder Meister, der Wert auf gute Arbeit legt, seine Einrichtung zum Furnieren haben. Dazu gehört eine Stellage zum Lagern der Furniere. Der beste Raum zum Aufbewahren der Furniere ist der Keller, weil sie durch das Austrocknen an anderen wärmeren Orten brüchig werden und reißen. Ferner muß der Meister einen praktisch gebauten Leimofen mit Wärmevorrichtung und gute Pressen haben. Näheres über Öfen und Pressen findet man in dem Kapitel Werkstatteinrichtung und Werkzeuge.

Der Vorgang des Furnierens ist in Kürze dargestellt folgender.

Zunächst wird das Blindholz vorgerichtet. Die Fläche wird genau eben und sauber gemacht. Äste müssen ausgebohrt und die ausgebohrten Stellen mit Langholz sorgfältig geschlossen werden. Läßt man die Äste sitzen, so folgt das harte Astholz dem umliegenden weicheren Holze beim Trocknen nicht, steht hoch und macht sich im Furnier unangenehm bemerkbar. Harzstellen werden ausgekratzt und wie alle anderen unebenen Stellen ausgekittet. Hierzu verwendet man ein Gemisch von Kreide und Leim oder Holzasche und Leim. Nun wird die Fläche mit dem Zahnhobel gerauht, damit der Leim besser haftet.

Das Furnier wird zugeschnitten, wenn nötig zusammengefügt, und die Fugen werden mit Papier= oder Leinenstreifen verklebt.

Der Leim ist zum Furnieren dick anzusetzen, damit er auf dem Blindholz eine Schicht bildet und nicht ganz in dasselbe eindringt. Aus Sparsamkeitsrücksichten setzt man ihm Buchweizenmehl oder Kreide zu. Buchweizenmehl ist als Zusatz mehr zu empfehlen, weil die Kreide, wenn sie das Furnier durchdringt, Ziehklinge und Hobel stumpf macht. Der Leim wird gleichmäßig aufgestrichen, und nun läßt man ihn erkalten. Wollte man das Furnier auf den heißen Leim auflegen, so würde es sich krümmen, und durch das sofortige Festkleben würde die Möglichkeit genommen, das Furnier in die richtige Lage zu schieben. Auf dem kalten Leim aber kann man das Furnier sorgfältig zurechtlegen. Mit einigen Furnierstiftchen heftet man es fest. Nun belegt man das Furnier mit einer gut gewärmten Zulage und schiebt das Ganze unter die Presse. Die heiße Zulage hat den Zweck, den erkalteten Leim anzuwärmen und bindend zu machen. Die Presse bindet Furnier und Blind= holz enge aneinander und quetscht den überflüssigen Leim heraus.

Als Zulagen benutzt man solche aus Holz oder Zink. Holz= zulagen sind eigentlich die besten, weil sie die Wärme lange halten, doch haben sie den Übelstand, daß bei breiteren Flächen die geleimten Fugen infolge der Wärme nicht zusammenhalten. Selbst wenn die Fugen durch Dübel oder Zäpfchen gesichert sind, ist es nicht ausgeschlossen, daß sich nachher auf dem Furnier Nähte zeigen. Auch ist die Gefahr des Festklebens groß. Aus diesen Gründen verwendet man heute vielfach Zinkplatten von 2—4 mm Stärke. Da heißt es aber rasch arbeiten, weil die Zinkplatten die Wärme nicht lange halten.

Um das Ankleben der Zulagen zu verhüten, werden sie mit einer Fettsubstanz, wie Wachs oder Seife, eingerieben. Auch ist das Zwischenlegen von Papier, z. B. alten Zeitungen, sehr zu empfehlen.

Über das Anschrauben der Presse ist folgendes zu bemerken. Da der überflüssige Leim herausgetrieben werden soll, schraubt man zunächst über der Mitte des Furniers an und geht dann nach den Seiten. So treibt man den Leim gleichsam vor den Schrauben her bis zu den Rändern, wo er herausquillt.

Vor der weiteren Verarbeitung müssen die furnierten Platten gut austrocknen. Um diese Austrocknung gleichmäßig geschehen zu lassen, empfiehlt es sich, sie aufzustapeln und durch Schraubzwingen fest= zuspannen, frei aufzustellen oder auf der Baumelage hochzulegen.

Das Beizen.

Durch das Beizen gibt man dem Holze mittels Auftragen von Farbstoffen eine andere Farbe, als die Natur ihm verliehen

hat; jedoch darf die Farbe unter keinen Umständen deckend sein,
sondern muß in das Holz eindringen und so die Reize der Holz=
struktur mehr herausholen als verdecken. Widersinnig ist es jedoch,
die Beize zum Imitieren anderer Holzsorten zu gebrauchen, wie
aus Erle Nußbaum und aus Buche Mahagoni zu machen. Das
Beizen soll nur zur Verschönerung des Holzes dienen. Beizen ist
ebenso wie Polieren eine Kunst, welche sich nicht von heute auf
morgen erlernen läßt. Da nützen auch alle die schönen Beizlehr=
bücher nicht viel, sondern Erfahrung und Probieren geht auch hier
wieder über Studieren. Es ist ja wichtig, daß man alle die
chemischen Eigenschaften und Wirkungen der verschiedensten Beiz=
mittel kennt und so zum halben Chemiker wird, aber die Haupt=
sache ist und bleibt die Behandlung des Holzes mit der Beize.
Ein pfeifender und pomadig streichender Anstreicher ist trotz der
schönsten zurechtgemachten Beize noch lange kein Beizer; denn soll
das Werk den Meister loben, so verlangen alle die verschieden=
artigen Holzteile eine sorgfältige und geschickte Behandlung, und
dabei heißt es trotzdem flott und schneidig arbeiten, sowie große
Geschirre und Pinsel oder Schwämme gebrauchen. Auch die Vor=
behandlung des Holzes ist von großer Wichtigkeit. Vor allen
Dingen ist für feine, glatte Flächen zu sorgen, aber nicht durch
übermäßiges Schleifen, sondern durch den scharfen Putzhobel und
scharfe Ziehklingen. Hobel und Ziehklingen müssen schneiden und
nicht durch Zudrücken der Poren die Fläche erzielen. Soll dennoch
geschliffen werden, so muß man leise und in der Richtung der
Holzfaser schleifen. Dann sollen Möbel vor dem Beizen eine
Zeitlang in einem gutgeheizten Raume stehen, damit die Poren
sich weit öffnen; ferner müssen die Poren vor dem Beizen mit
einer Bürste von jeglichem Staub gereinigt werden. Viel ange=
wandt wird auch die Methode, daß man vor dem Beizen zuerst
mit Wasser, womöglich warm streicht, damit die Poren hochkommen
und dann nochmals schleift. Ist die natürliche Farbe des Holzes
für den beabsichtigten Ton zu lebhaft, z. B. grau, so ist es angebracht,
vor dem Beizen leicht mit Ammoniak zu streichen oder zu räuchern.
Unter Räuchern versteht man die Einwirkung des Ammoniaks auf
die Gerbsäure des Holzes, wodurch hauptsächlich beim Eichenholz
eine schöne, klare, braungraue Färbung entsteht.

Bei Zubereitung der Beizen ist möglichst auf die Lichtechtheit
der Farbstoffe zu achten, und deshalb sind die Anilinfarben mit
größter Vorsicht anzuwenden, weil dieselben zumeist, besonders bei
den modernen hellfarbigen Tönen wie grün, blau usw. nicht lichtecht
sind. In letzter Zeit ist man Gott sei Dank von diesen grellen
Farbtönen, die manchmal noch mit silbernen und broncenen Poren
prunkten, und einer Künstlerlaune der Jugendstilzeit entstammten,

6*

abgekommen; man hat sich wieder mehr den braunen Beiztönen zugewandt und diese durch einen Stich ins Graue, Grüne usw. den modernen Anforderungen angepaßt. Der Rahmen des Buches erlaubt es nun nicht, die gewaltige Fülle der Beizrezepte anzuführen. Da muß man schon zu einem Beizlehrbuch greifen. Von diesen ist das Lehrbuch von Zimmermann wohl das beste, und die darin angeführten Beizen sind fertig oder in Pulverform im Handel zu haben (Jansen = Barmen). Im übrigen überlassen wir es dem Meister, aus all dem mit großen Versprechungen Angebotenen durch Ausprobieren das Richtige herauszufinden, bemerken aber dazu, daß das Einfachste immer noch das Beste ist.

Nachdem nun das Möbel gebeizt und wieder gut trocken geworden ist, wird abermals geschliffen, weil durch die Nässe das Holz gerauht ist, d. h. die Poren hochgekommen sind. Erfahrungsgemäß eignet sich zu diesem Schleifen am besten eine Handvoll Pferdehaare, weil diese sich am leichtesten allen Biegungen anschmiegen. Glaspapier schleift dagegen zu leicht die Ecken und Kanten weiß. Die weitere Behandlung ist sehr verschiedenartig. Das alte Verfahren, das Wichsen ist noch immer das Beste. Zu dieser Arbeit wird gutes, gelbes Bienenwachs in Terpentin auf dem Feuer gelöst, jedoch ist dabei möglichste Vorsicht am Platze, weil beide Bestandteile sehr feuergefährlich sind. Ratsam ist es, besonders bei dunkler Beize, das Wachs entsprechend zu färben, damit die damit gefüllten Poren nicht hell erscheinen und man auch beim Beizen vielleicht hell gebliebene Poren beifärben kann. Diese salbendicke Masse wird nun mit Pinsel oder Lappen so auf das Holz aufgetragen, daß alle Poren gut gefüllt sind. Man erreicht dieses am besten durch Quer= und Rundfahren.

Nachdem das Wachs nun etwas angetrocknet ist, hat sich die Bearbeitung mit einer gut zugespitzten Hartholzspachtel, welche bei Profilen entsprechend geschweift sein muß, zur gleichmäßigen Verteilung des Wachses und Füllung der Poren gut bewährt.

Nach mindestens fünfstündigem Trocknen wird diese Wachsschicht gewichst, d. h. mit Bürste und Wollappen gerieben, wodurch ein feiner seidenartiger Glanz entsteht. Weil dieser Wachsüberzug fettig ist, so wird er durch einen leichten Politur= oder Mattineüberzug vor dem Verstauben geschützt. Zu beachten ist dabei, daß die Wachsschicht nicht zu dick auf der Fläche sitzt, weil dann der Überzug sich nicht mit dem Holz verbinden kann, sondern nur lose auf der Wachsschicht sitzt, sehr leicht abblättert und beschädigt wird.

In neuerer Zeit wird statt des Wachsens die Überziehung mit allerlei Präparaten, wie Brunoline, Mattine, Mattlack usw. empfohlen. Viele haben es ausprobiert und sind wieder zum alt=

bewährten Verfahren des Wichsens zurückgekehrt. Da heißt es eben probieren und das Beste anwenden.

Das Polieren und Mattieren.

Eine der dankbarsten Arbeiten für den Schreiner ist das Polieren, weil man hierdurch die Schönheiten des Holzes so recht hervorheben kann. Anweisung zu geben, wie poliert wird, ist so ziemlich dasselbe, als wenn man durch Bücher das Klavierspielen lehren wollte; so einfach die Technik des Polierens ist, kann sie doch nur durch Übung und Erfahrung erlernt werden. Wir müssen uns deshalb auf das Allgemeine beschränken. Vor allen Dingen ist es nötig, daß man die zu polierende Fläche vollständig ebnet, denn jede Unebenheit der Fläche wird sich im Hochglanze der fertig polierten Fläche zum Ärger des Polierers unerbittlich wieder zeigen.

Das beste Mittel zum Erzielen einer geraden ebenen Fläche ist der Putzhobel. Dann wird mit einer guten scharfen Ziehklinge nochmals nachgezogen und dann in der Regel mit nicht zu grobem Glaspapier, welches um einen Weichholzklotz gelegt wird, mit leisem Druck geschliffen. Zuerst kann man ruhig ein paarmal quer zur Faserrichtung, dann aber muß man in der Faserrichtung schleifen, bis jeder Querkratzer verschwunden ist. Sind die zu polierenden Holzflächen vorher auf der Maschine behobelt worden, so ist es ratsam, dieselben vor dem Abputzen anzufeuchten, damit die Eindrücke der Maschine hoch kommen und mit geebnet werden können. Oft genug sieht man, wo dies unterlassen wurde, im Hochglanz der Politur noch die Druckstreifen des maschinellen Hobelns.

Jetzt erst ist die Fläche für den Polierer hergerichtet, und die Fläche wird mit gutem im Handel überall erhältlichen Schleiföl leicht eingeölt. Dieses Ölen erhöht den Farbton des Holzes sehr und ist besonders bei gefärbten Hölzern unerläßlich. Auch wird gewöhnlich die Fläche nun nochmals in dem Öl mit Natur-Bimsstein geschliffen, um noch etwaige Unebenheiten zu entfernen.

Das Öl muß nunmehr mit Sägemehl, Putzwolle oder weichen Lappen recht sorgfältig abgeputzt werden. Betont sei nochmals, daß möglichst wenig Öl zum Schleifen genommen werden soll, und daß das Ebnen der Flächen hauptsächlich in trockenem Zustande geschehen muß, weil ein Zuviel des in das Holz eingedrungenen Öles doch wieder ausschwitzt, das Polieren sehr erschwert und manchmal selbst durch die fertige Politurdecke dringt.

Die nächste Arbeit ist, die Poren des Holzes zu schließen. Das alte Verfahren, nach welchem man mit feinstgemahlenem Bimsstein oder Ziegelmehl die Poren zupoliert, bewährt sich noch immer. Hierzu wird ein alter Polierballen, der noch etwas Politur enthält, genommen. Er wird nur mit Spiritus getränkt, und ohne Öl wird damit das auf die Fläche gestreute Bimsmehl in die Poren eingerieben.

In jüngerer Zeit sind auch viele Präparate, Porenfüller genannt, in den Handel gebracht worden. Diese sind meist, dem Farbton des Holzes entsprechend, angefärbt. Auf dem rohen Holze werden die Poren damit zugerieben. Nach dem Trocknen dieser Masse muß vorsichtig geschliffen werden. Dabei beachtet man, daß außerhalb der Poren keine Masse mehr auf der Holzfläche sitzen bleibt. Hierauf muß natürlich das Holz, wie oben angegeben, wieder leicht eingeölt werden.

Nunmehr kommt man zu dem eigentlichen Grundpolieren. Dabei kommt es nun durchaus nicht darauf an, möglichst viel dicke Politur auf die Flächen zu schmieren, sondern eine leichte und dünne Politurschicht aufzubringen, welche fest mit den Holzfasern verbunden ist und so einen guten und dauerhaften Untergrund darstellt. Das Grundpolieren ist durchaus keine leichte Arbeit, und es muß Schweiß dabei rinnen. Nachdem der Grund nun einige Tage getrocknet hat und fest geworden ist, wird mit einem Filzklotz und etwas Bimsmehl nochmals leicht geschliffen. Alsdann wird weiter poliert, d. h. die Politurschicht wird verstärkt. Feine Arbeiten, wie Klaviere, Tischplatten usw. werden noch 3= bis 4 mal poliert, dazwischen wird aber jedesmal die neu aufgebrachte Politurschicht einen Tag stehen gelassen, damit sie fest wird.

Den Schluß des Polierverfahrens bildet das sogenannte Aus= oder Abpolieren. Hier handelt es sich um nichts anderes, als das zum Aufpolieren der Schellackschicht benutzte Öl wieder herunterzubringen. Man poliert deshalb mit einem neuen reinen Ballen mit gutem Spiritus so lange, bis sich keine Wolken mehr zeigen und die Fläche rein und klar ist. Um dies Verfahren abzukürzen, nimmt man auch vielfach etwas Schwefeläther dazu oder streut feinsten Wiener Kalk auf die polierte Fläche und reibt mit dem Handballen die Fläche blank. Der Kalk nimmt eben das Öl weg, doch ist dies Verfahren nur bei ganz ebenen Flächen zu gebrauchen, in denen sich der Kalk nicht in Ecken und Vertiefungen festsetzen kann.

Zu diesem Kapitel gehört auch das Mattieren. Hierunter versteht man in der Regel das Einreiben der Holzflächen mit im Handel käuflichen Mattierungspräparaten. Die feinste Mattierung wird allerdings hergestellt, indem man richtig grundpoliert und dann die hartgewordenen Flächen mit Bimsstein und etwas Terpentin mittels Filzklotzes matt schleift. Da dieses Verfahren doch sehr umständlich ist, benutzt man heute mehr das oben angegebene Einreibungsverfahren. Um damit gute saubere und glatte Flächen zu erzielen, trage man die verdünnte Mattierung mit dem Polierballen auf, indem man in der Holzrichtung Strich neben Strich setzt und vor weiteren Auftragungen stets erst trocknen läßt und schleift. Zum Schluß läßt sich auch Politur mit einem Ballen sehr gut auftragen, wodurch das streifige Aussehen vermieden wird.

Die Behandlung des Möbelinnern.

Bei der Betrachtung reicher, alter Möbel berührt es oft unangenehm, daß auf die Ausgestaltung des Innern kein Wert gelegt worden ist. Allerdings gibt es alte Schränke, wo das Innere des Oberteils in überaus reicher Weise mit Intarsien und Beschlag verziert ist, das Innere des Unterteils aber desto trostloser aussieht: roh, kaum behobelt. Man sieht daraus, daß der Schreiner diese Möbel als reine Prunkstücke gebaut hatte.

Die Besitzer waren mit dieser Vernachlässigung des Innern meist nicht einverstanden, was durch die Tatsache, daß man die Mängel der Schreinerarbeit meist hinter grellfarbigem Anstrich oder hinter Stoffbespannung verbarg, bewiesen wird.

Von jener alten, üblen Gewohnheit können manche Schreinermeister heute noch nicht lassen. Das Innere und die Rückseite des Möbels vernachlässigen sie in schlimmster Weise. Sie lassen das Holz roh, und da es in diesem Zustande schnell verschmutzt, grau und fleckig wird, so sieht das Schrankinnere bald verwahrlost und unappetitlich aus.

Der neue, frische Geist, der durch das Handwerk geht, sucht auch hierin Wandel zu schaffen. Sobald man eben von der Zweckform des Möbels ausging, bekam das Innere, der eigentliche Nutzraum, eine selbständige Bedeutung.

Nun läßt man es fein säuberlich mit Politur an oder mattiert es. Hinter Glastüren wird es in Eiche furniert oder man gibt ihm einen leichten Ton (gelb, rötlich) und poliert es an. Die besseren Schrankmöbel sieht man heute im Innern meist mit Mahagoni furniert und poliert.

Von dem Gedanken ausgehend, daß ein andersfarbiges, hinter Glastüren sichtbares Innere das Gesamtbild leicht stören kann, gibt man dem Innern auch wohl die gleiche Farbe wie dem Äußeren.

Bei einfachen und billigen Schrankmöbeln wird das Innere vielfach mit einem abwaschbaren, deckenden weißen oder zartblauen Anstrich versehen.

Die Zahnleisten ersetzt man nach Möglichkeit durch Bodenhalter aus Messing. Diese kleinen Messingwinkelchen mit dem runden Stiftansatz, welche sich in den übereinander eingebohrten runden Ösen leicht verstellen lassen, wirken entschieden schöner und dekorativer. Tritt an Stelle der Ösen eine blanke Messingleiste mit den nötigen Löchern, so bildet diese Boden-Trageinrichtung einen wirklichen Schmuck.

Diese Verstellvorrichtung bedingt aber eine andere Behand=
lung der Böden. Weil diese nun nicht mehr mit der ganzen
Kopfseite aufliegen, sondern nur mit den vier Ecken, so geraten
sie in Gefahr, hohl zu werden. Deshalb müssen breitere Böden
gesperrt oder mit Hirnleisten bezw. Hirnfedern versehen werden.
In manchen Fällen ersetzt eine schöne beschliffene Glasplatte den
Holzboden vortrefflich.

Auch der Rückseite der Möbel läßt man heute eine bessere
Behandlung widerfahren, indem man sie sauber bearbeitet und beizt.

Das alles bedeutet einen wirklichen Fortschritt, den auch das
kaufende Publikum wohl zu schätzen weiß. Hoffentlich bricht er
sich recht bald überall Bahn und bereitet der alten üblen Gewohn=
heit, das Schrankinnere zu vernachlässigen, das Grab.

Vom ornamentalen Schmuck der Möbel.

Will man den Schreinerarbeiten einen reicheren Schmuck geben,
als die bloße Ausnutzung der Materialwerte ihn darstellt, so stehen
Holzschnitzerei, Intarsia, Beschlag und Bemalung zur Verfügung.

Die Möbelkunst unserer Tage mit ihrer Bevorzugung großer
glatter Flächen ist der Schnitzerei nicht gerade günstig. In den
letzten Jahren hat die Schnitzkunst ein sehr bescheidenes Dasein
geführt. Und doch ist sie ein hervorragendes Schmuckmittel, das
eine stolze Vergangenheit hat. Wer kennte nicht die prachtvollen
Möbel der Gotik und Renaissance! Wie kommt es denn aber,
daß unsere Zeit die Schnitzerei so ganz verbannte?

Der Gründe sind mehrere. Da ist zunächst der energische Kampf
gegen alles Gesundheitsschädliche, der sich auch gegen die Schnitzerei
wendet wegen der Staubecken, die sie schafft. Da ist ferner die
scharfe Betonung des Nutzwertes der Möbel. Da ist endlich der
Widerspruch gegen die geschmacklose Verwendung minderwertiger
Maschinenschnitzereien, wie wir sie bis in die jüngste Zeit hinein
kannten.

Die beiden ersten Gründe können mit Recht geltend gemacht
werden, wo es sich um eigentliche Gebrauchsmöbel handelt.
Schnitzereien am Küchenmöbel und am Schlafzimmermöbel sind
sicherlich nicht oder wenigstens nur mit großem Vorbehalte emp=
fehlenswert.

Aber es werden doch auch heute noch Prunkmöbel geschaffen,
vor allem in Repräsentationsräumen. Da dürfte man der Schnitzerei
ein weiteres Feld einräumen, als es jetzt geschieht.

Allerdings: nach Zeiten größter Nüchternheit scheint nunmehr
die Freude am Schnitzwerk wieder zu erwachen. Das beweist ein

Blick in unsere Fachschriften, das beweisen auch die letzten bedeu=
tungsvollen Raumkunst=Ausstellungen z. B. die in Brüssel.

Gerade in solchen Zeiten aber, wo eine Technik wieder zu
neuer Bedeutung gelangen will, ist es für den Handwerker unbedingt
nötig, sich eingehend damit zu befassen. Die handwerkliche Über=
lieferung für die Schnitzerei ist so gut wie verloren gegangen. Erst
kam die Zeit, wo die Maschine sich des Ornamentes bemächtigte
und nun drauf los preßte, stanzte und schnitt. Was früher als
etwas Besonderes galt, war nun für wenige Pfennige zu haben,
und der Ungeschmack konnte die Möbel nach Herzenslust mit diesem
hundsmiserablen Zeug bekleistern. So wurde die Zeit der Schreiner=
Renaissance grauenvollen Angedenkens. Dann setzte in den neun=
ziger Jahren des letzten Jahrhunderts der Protest dagegen ein.
Die Bewegung wurde mächtig und schuf das nackte Möbel. Die
Holzbildhauer hatten nichts mehr zu tun. Ein früher blühender
Gewerbezweig ging fast unter.

Nun soll es vielleicht wieder anders werden. Aber wo sind
junge, neue Kräfte, welche die gute alte handwerkliche Überlieferung
dieses Gewerbes neu beleben können?

Deshalb die Augen auf, daß wir bei einem eventuellen Auf-
schwung der Holzschnitzerei nicht versagen!

Die Geschmacklosigkeit inbezug auf das Ornament hat ihren
Grund darin, daß man es gedankenlos und damit falsch anwendet.
Wenn das Ornament ästhetisch wirken soll, so muß es einen Zweck
erfüllen.

Welchen Zweck kann denn das Ornament haben?

Alle bildende Kunst gestaltet für das Auge und ganz beson=
ders das Ornament. Darauf beruhen Wert und Zweck des Orna=
mentes. Eine Säule z. B. hat den Zweck, etwas zu tragen. Dabei
schmückt sie hervorragend, so daß man sie sehr häufig als bloßen
ornamentalen Schmuck anwendet. Es gibt ja nun beim Möbelbau
Fälle, wo die Säule wirklich trägt, z. B. da, wo sie den Ober=
schrank eines Büffets stützt. In den meisten Fällen aber trägt sie
nicht wirklich. Es sieht nur so aus, als ob sie etwas trüge
z. B. das Gesims an einem Schranke. Das muß man aber auch
verlangen: für das Auge muß die Säule tragen, dann erfüllt sie
ihren Zweck als ornamentaler Schmuck. Damit steht aber in Wider=
spruch, wenn man beispielsweise eine Säule an einer Schranktür
anbringt. Öffnet man dann die Tür, so geht die Säule mit der
Tür auf, und alle Illusion ist zerstört.

Der ornamentale Zweck einer Säule ist also der, ein
Tragen auszudrücken.

Danach, ob die Last einen schweren oder leichten Eindruck macht,
richtet sich die Stärke der Säule.

Dies eine Beispiel möge dartun, wie der ornamentale Schmuck betrachtet werden will. Wer die Ornamentik so — mit verständigen Augen — betrachtet, wird ihre Sprache bald verstehen.

Ein großer Teil unseres ornamentalen Schmuckes drückt die Kräfte aus, die in dem Gebilde wirken: die Säule, die Konsole: das Tragen — das Band (vielfach als Beschlag): das Zusammenhalten — der Tierfuß an alten Tischen, Truhen u. dgl.: die Beweglichkeit — federndes Tragen usw.

Ein anderer Teil der Ornamentik betont wichtige Stellen, so der Schmuck am Säulenknauf die Stelle, wo die lastende und tragende Kraft aufeinanderstoßen, der Beschlag die Stelle, wo man die Tür öffnen kann.

Endlich erfüllt die Ornamentik noch den Zweck, Flächen dem Auge faßbar zu machen und zu beleben.

Von diesen drei Gesichtspunkten aus (Kräfte ausdrücken, betonen und Flächen beleben) will die Ornamentik in der Hauptsache betrachtet werden. Die Schulung des ornamentalen Sinnes ist nicht leicht aber unbedingt notwendig. An guten alten und neuen Stücken muß man das Auge üben. Bei der Anwendung lege man sich immer die Fragen vor: Hat das Ornament hier etwas zu sagen? Hat es etwas hervorzuheben? Muß ich diese Fläche beleben? —

Betrachten wir nun die verschiedenen Arten des ornamentalen Schmuckes.

Die Holzschnitzerei.

Die hauptsächlichsten Arten sind bald genannt: Kerbschnitt, Flachschnitzerei und plastische Schnitzerei.

Der Kerbschnitt ist die bekannte, auch als Liebhaberkunst weit verbreitete Technik des Auskerbens geometrischer Muster. Am Möbel kann er eine sparsame Verwendung bei kleineren Ornamenten und bei Kantenverzierungen finden. Er eignet sich besonders für das Weichholzmöbel. Reicher kann der Kerbschnitt bei Kleinmöbeln gestaltet werden, aber um des Himmelswillen nicht in der Art der Dilettanten. Lieber zu wenig als zu viel!

Der Flachschnitt läßt verschiedenartige Durchführung zu. Die einfachste besteht darin, daß das aufgezeichnete Ornament flach stehen bleibt, während man den Grund aushebt. Ihre Blüte hat diese Technik in der „Tiroler Gotik" erlebt. Den Grund ließ man rauh, wie er durch das Ausreißen wurde und legte ihn, um das Ornament noch schärfer hervortreten zu lassen, farbig an. Den Anschein einer Modellierung erhalten die Ranken, die tatsächlich flach sind, durch die mit dem Geißfuß eingeritzten Linien. (Fig. 61.) Wichtig ist bei dieser Schnitzerei das Verhältnis des Ornamentes

Fig. 61. Gotisches Flachornament. (Tiroler Gotik.)

zum Grunde. Dünne Ornamentlinien können hier nicht zur An=
wendung kommen. Wie man aus der Zeichnung ersieht, ziehen
sich die Ranken breit dahin und nehmen gegenüber dem Grunde
den größeren Raum ein. So muß es auch sein, wenn das Orna=
ment nicht ärmlich und verlassen aussehen soll.

Die Tatsache, daß diese reine Flachschnitzerei hauptsächlich in
Süddeutschland verbreitet war, während wir gleichzeitig in Nord=
deutschland kräftig modellierte Schnitzereien finden, hat ihren Grund
in der Verschiedenheit des benutzten Materials. In Süddeutschland
nutzte man die reichen Bestände der Nadelholzwaldungen aus,
während Norddeutschland das harte Eichenholz bevorzugte. Und
die Schnitzerei paßte man dem Material an. Ein gutes Beispiel
materialgemäßer Behandlung.

Wenn man heute die Flachschnitzerei anwendet, so gibt man
ihr gerne eine leichte Modellierung, wie man an den Beispielen
moderner Flachschnitzerei von Urner sieht (Fig. 62).

Die plastische Schnitzerei findet beim modernen Möbel
nur spärliche Anwendung. Allerdings scheint man ihr ja jetzt etwas
mehr gerecht werden zu wollen. Sie hat ihren Triumph in den

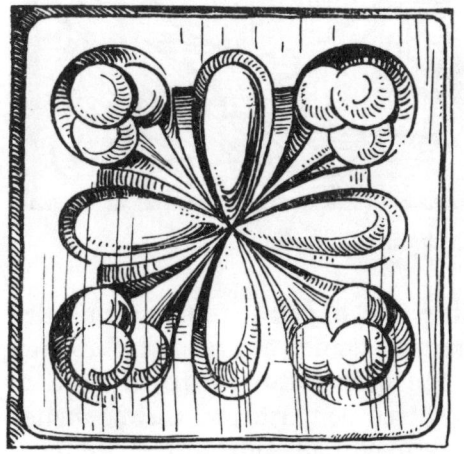

Fig. 62. August Urner, Flachschnitzereien.

Renaissancezeiten gefeiert, wo sie an den Säulen, auf den Füllungen und als figürlicher Schmuck zu reicher Anwendung kam.

Das Ornament muß den Eigentümlichkeiten des Materials und denjenigen der Werkzeuge entsprechen. Die gewählten Formen dürfen nicht wie biegsames Material als Rollen usw. behandelt werden wie es z. B. einfach im Mittelalter Gebrauch war. Die Holzschnitzerei darf nicht nur als Ornament, sie muß als Holz-Ornament wirken. Holz ist ein starres Material, der Holzschnitt hat etwas Kantiges, Flächiges. So muß sich auch die Holzschnitzerei geben. Das ist der ihr eigentümliche Reiz, der verloren geht, wenn sie mit der Steinplastik gleiches anstrebt.

Die Intarsia.

Dieser Schmuck ist von der modernen Möbelkunst sehr bevorzugt worden. Gründe dafür lassen sich verschiedene anführen. Den Forderungen der Hygiene kommt dieser eingelegte, glatte Schmuck sehr entgegen. Der Furniertechnik, welche beim modernen Möbel infolge der großen, glatten Flächen und der Verwendung von Sperrholz eine große Rolle spielt, paßt er sich gut an, und dem Verlangen nach Farbigkeit kann er Genüge leisten. (Fig. 63.)

Fig. 63. H. Wittmann, Intarsia.

Die Anfertigung der Intarsien — abgesehen von den allereinfachsten — überläßt der Schreiner heute den Spezialfabriken, welche jede gewünschte Intarsie in den gewünschten Farben tadellos herstellen können. Durch die vielen fremden Hölzer, welche neuerdings auf den Markt gekommen sind, lassen sich immer schönere Muster — schöner nach Struktur und Farbe — herstellen. Die

Möglichkeiten der Zusammensetzung sind geradezu unbegrenzt, da auch Metalle, Elfenbein, Perlmutter, Schildpatt u. a. m. benutzt werden.

Gerade wegen der Farbigkeit der Intarsia sei man in ihrer Anwendung sparsam. Beispiele der Anwendung findet man unter den Illustrationen des Werkes. (Fig. 68—71, 74.)

Nun noch ein paar Worte über das Einlassen der Intarsien in die Holzflächen. Das Einlassen der Adern in die fertig behobelten Flächen geschieht derart, daß man entweder mit dem Fräser auf der Maschine oder auch durch einen sogenannten Schaber mit der Hand eine genau passende Nute zieht und hierin die Ader nach Leimangabe einklopft. Sind die einzulassenden Intarsien geometrische Figuren, so geschieht das Einlassen auch bei furnierter Arbeit erst nach dem Furnieren und zwar gleich nach deren Losschrauben aus der Furnierpresse, weil dann der Leim noch weich ist und die Furnier= stelle, an der die Intarsia eingelegt werden soll, sich leicht aus= heben läßt. Das vorherige Einlassen empfiehlt sich nicht, weil die Furniere sich beim Anziehen der Furnierpresse leicht etwas verschieben, und die vorher eingelassene Intarsia schief zu sitzen käme, was bei geometrischen Intarsienmustern, da auch die geringste Verschiebung zu sehen ist, einen schlechten Eindruck macht.

Für Intarsien, welche in Massivholz eingelassen werden sollen, muß die Grube vorsichtig umschnitten und dann mit einem Grund= hobel sauber auf die richtige Tiefe gebracht werden.

Bei Holzeinlagen, welche sich über die Fläche verzweigen (Ranken, Figuren usw.), muß natürlich das Einlassen in das Furnier schon vor dem Auffurnieren geschehen sein. Hier wird ja auch eine kleine Verschiebung nicht so auffallen.

Bemalte Möbel.

Von der Unsitte, Möbel aus billigem Holze mit einem Anstriche zu versehen, der ein edles Material vortäuscht (Eiche, Nußbaum), kommt man glücklicherweise immer mehr ab. Statt dessen versieht man die Weichholzmöbel mit einem schönen deckenden, einfarbigen Anstrich. Diesen Anstrich kann man nun durch einfache oder reichere aufgemalte Ornamentik beleben. Die einfachste Art ist die, in schlichten, andersfarbigen Strichen und Ecken das Möbel farbig abzusetzen. Von dieser einfachen Art führen die Möglichkeiten über reichere Linienführung, geometrische Muster, Bänder und Friese zu der Bemalung mit Blumen und figürlichen Darstellungen. Ein Beispiel findet man in den Schlafzimmermöbeln Fig. 72 von Eugen Zürn.

Die Kalkulation feiner Möbelarbeiten.

Da die Preisberechnung feiner Schreinerarbeiten, besonders der polierten Arbeiten, eine wesentlich andere ist, als die der einfachen Arbeiten, so bringen wir in nachstehendem ein Beispiel dafür.

Der wesentliche Unterschied liegt hier in der vielseitigen Materialverwendung (Sperrholz, Blindholz, Umleimer, Massivholz, Furnier usw.).

Salonschrank.

1,92 m hoch, 1,10 m breit und 0,40 m tief, mit zwei großen und drei kleinen, in Holzsprossen verglasten Türen. Die oberen Türen und Seiten mit Fasettverglasung.

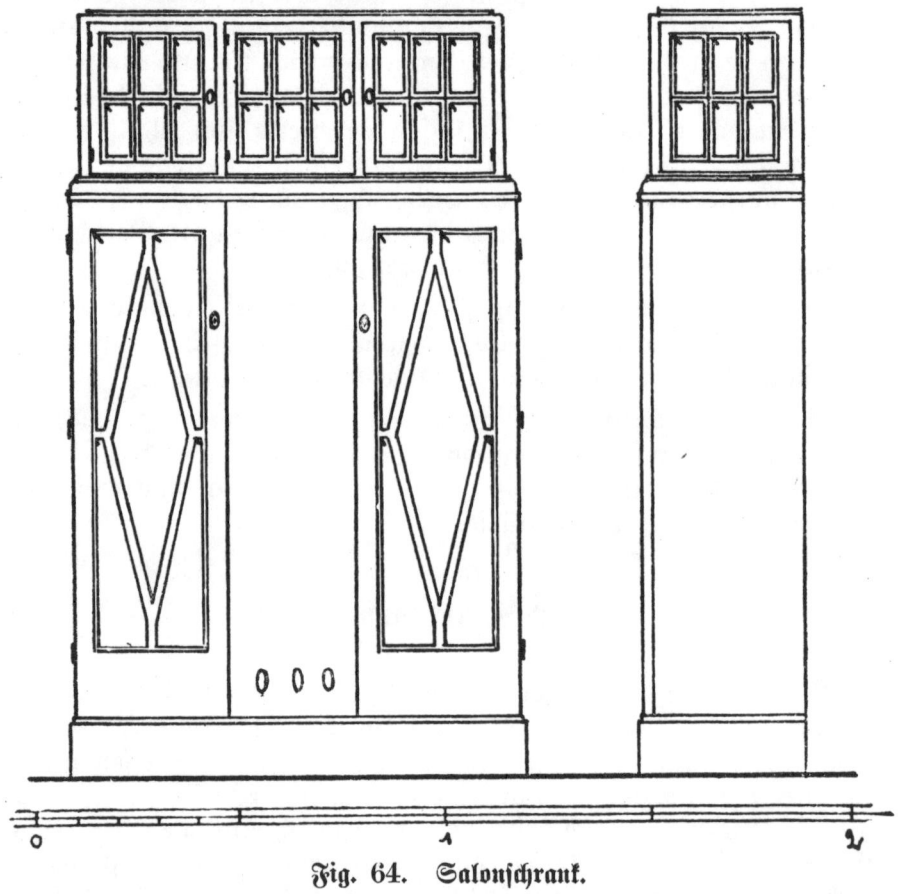

Fig. 64. Salonschrank.

Außen Kirschbaum poliert, innen Eiche mit Politur angelassen.

Bei furnierten Arbeiten rechnet man in der Regel so, daß man das Edelholz als Massivholz annimmt, denn die genaue Berechnung des Blindholzes, der Umleimer, der beiderseitigen Furniere würde zu weit führen, und das Berechnungsresultat ist ziemlich dasselbe. Da wir bei dem Salonschrank mit vielem schmalen Rahmholz und Sprossenwerk zu tun haben, so können wir der Einfachheit halber durchrechnen, d. h. wir brauchen nicht jedes einzelne Stück zu berechnen.

Für das Kirschbaumholz nehmen wir einen Einkaufspreis von Mk. 140.— pro cbm mit 40% Verschnitt an, ergibt einen Berechnungspreis von Mk. **233,—** pro cbm. Das Eichenholz berechnen wir einschl. 33¹/₃% Verschnitt mit Mk. **300,—** pro cbm.

Front, Kirschbaum

1,92 × 1,10 = 2,11 qm 32 mm stark à Mk. 7,46 = Mk. 15,74

Seiten, Kirschbaum

1,92 × 0,80 = 1,54 qm 32 mm stark à Mk. 7,46 = Mk. 11,49

Rückwand, Eiche

1,92 × 1,10 = 2,11 qm 26 mm stark à Mk. 7,80 == Mk. 16,46

7 Böden, Eiche

1,05 × 0,35 × 7 = 2,57 qm 20 mm stark à Mk. 6,— = Mk. 15,42

An Holz . . . . Mk.	59,11
Maschinenarbeit, Schneiden und Hobeln (Lohnschreinerei) „	4,50
Arbeitslohn, ohne Polieren . . . . „	55,—
Polieren und innen mit Politur anlassen . . . . . „	12,—
Beschlag: 5 Schlösser, 12 Scharniere, 5 Schilder und mess. Bodenträger . . . . „	8,65
Verglasung . . . . „	25,—
Fertigmachen, wie Scheiben einsetzen und Beschläge anbringen . . . . „	3,50
Kleinmaterial, wie Politur, Schrauben, Glaspapier usw. „	4,—
Geschäftsunkosten, 50% vom Lohn, ausschließlich Maschinenarbeit . . . . „	35,25
Selbstkosten Mk.	207,01
20% Verdienst „	41,40
Verkaufspreis Mk.	**248,41**

Weitere Möbelformen.*)

Küchenmöbel.

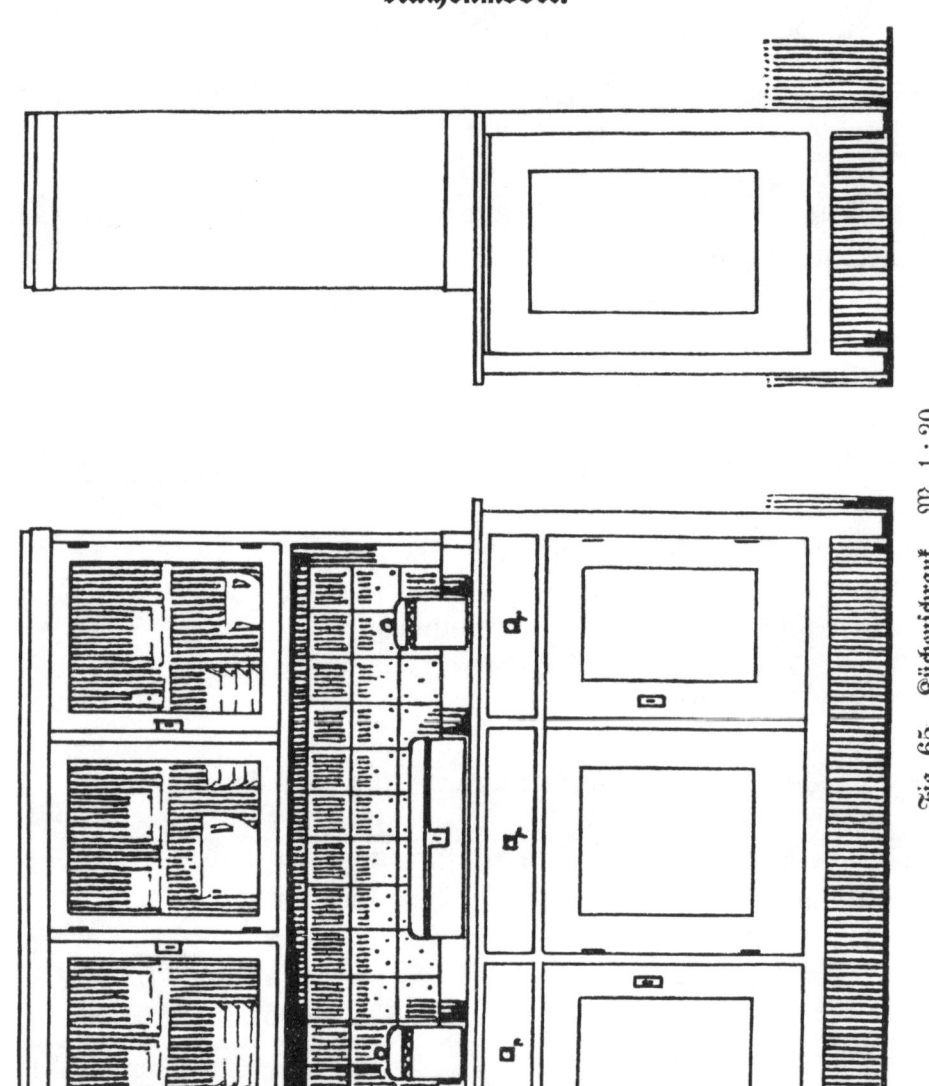

Fig. 65. Küchenschrank. M. 1 : 20.

---

*) Die mit einem Sternchen versehenen Abbildungen sind der Schreinerzeitung „Der Innenausbau" (Verlag Alb. Paul, Berlin SW 47) entnommen.

Dreiteiliger Küchenschrank (Fig. 65), Anrichte mit Aufsatz
(Fig. 66), Tisch, Stuhl, Topfschränkchen und Eimerbank (Fig. 67).
Die Möbelstücke würden am besten in Kiefer= oder Carolina-pine
hell lasiert ausgeführt, Platten weiß (Ahorn oder Weide). Die

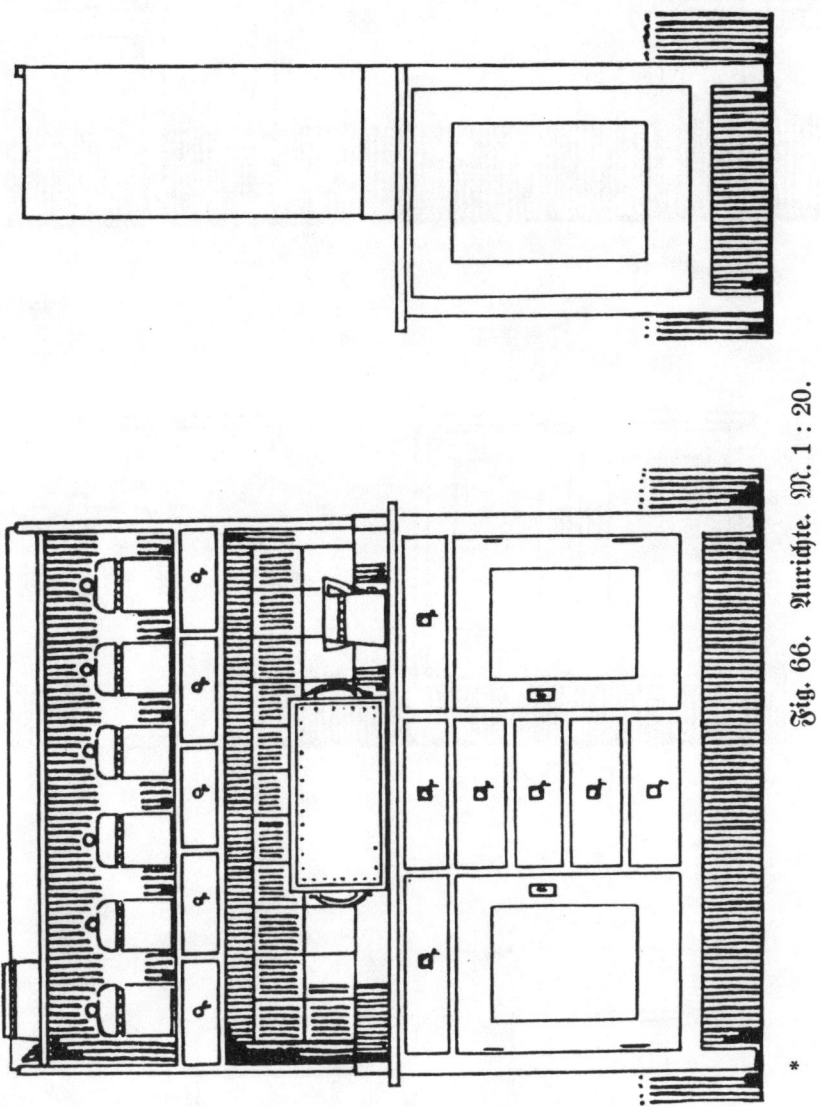

Fig. 66. Anrichte. M. 1 : 20.

Nischen am Schranke und an der Anrichte erhalten Kacheln=Ver=
kleidung. Zu erwähnen ist noch die praktische Vorrichtung an der
Eimerbank, welche durch Umklappen der halben Platte zum Leiter=
trittchen wird.

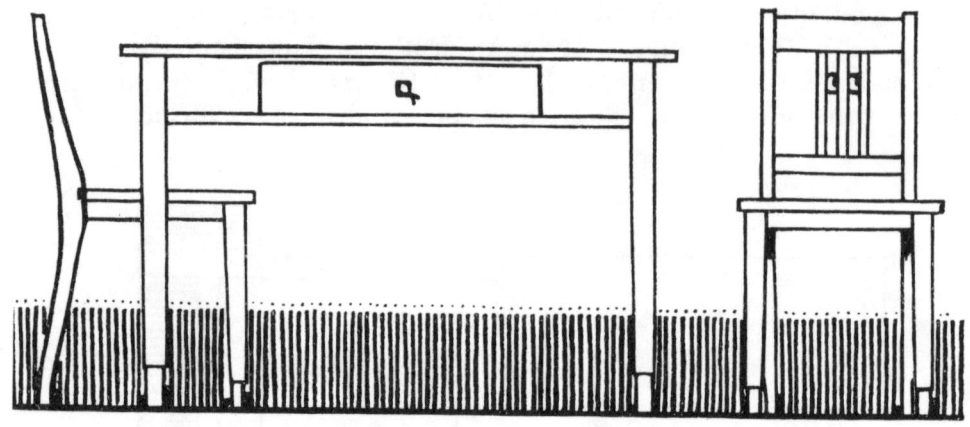

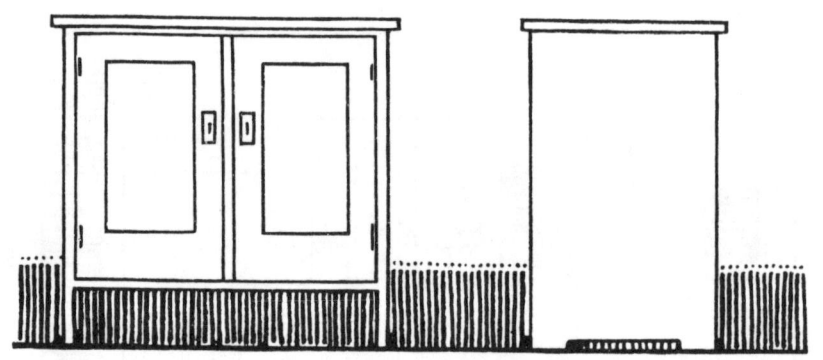

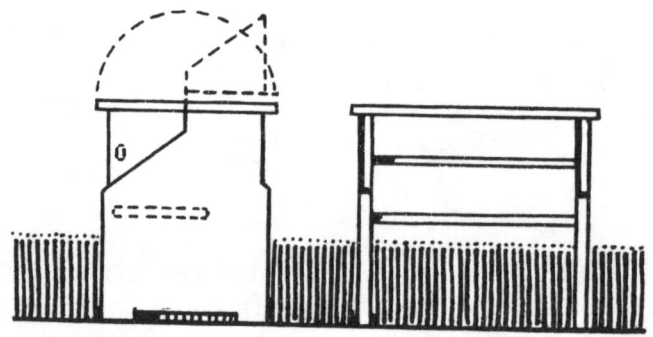

Fig. 67. Küchenmöbel. M. 1 : 20.

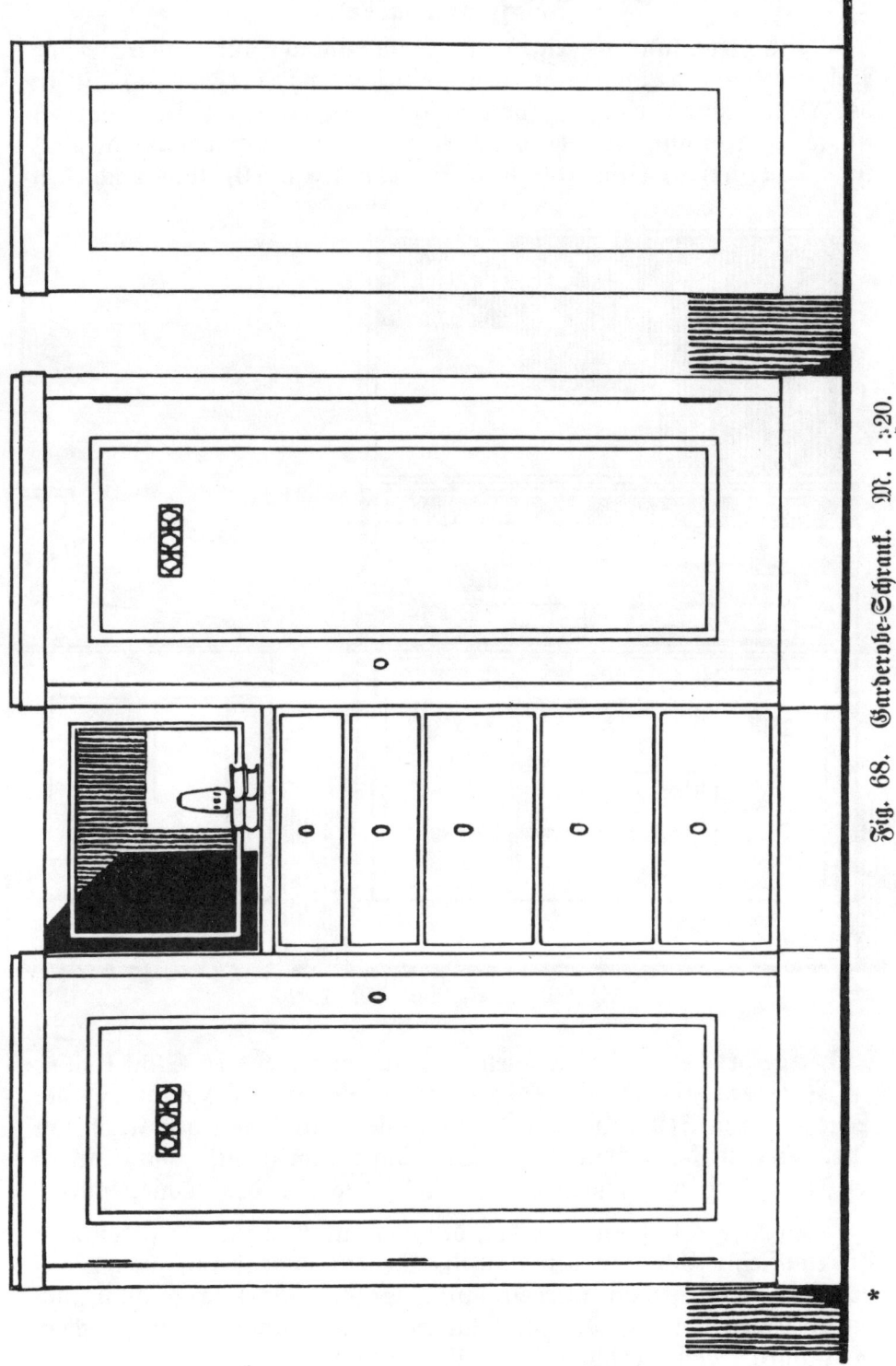

Fig. 68. Garderobe-Schrank. M. 1 : 20.

Schlafzimmermöbel.

Die Zeichnungen zeigen ein Schlafzimmer für weitergehende Ansprüche. Der dreiteilige Garderobeschrank (Fig. 68) ist in der Mitte zur Aufnahme von Wäsche eingerichtet. Der Spiegel ist so angebracht, daß er beim Aufsetzen der Damenhüte dienlich ist. Waschtisch (Fig. 69) und Betten (Fig. 70) sind nach den

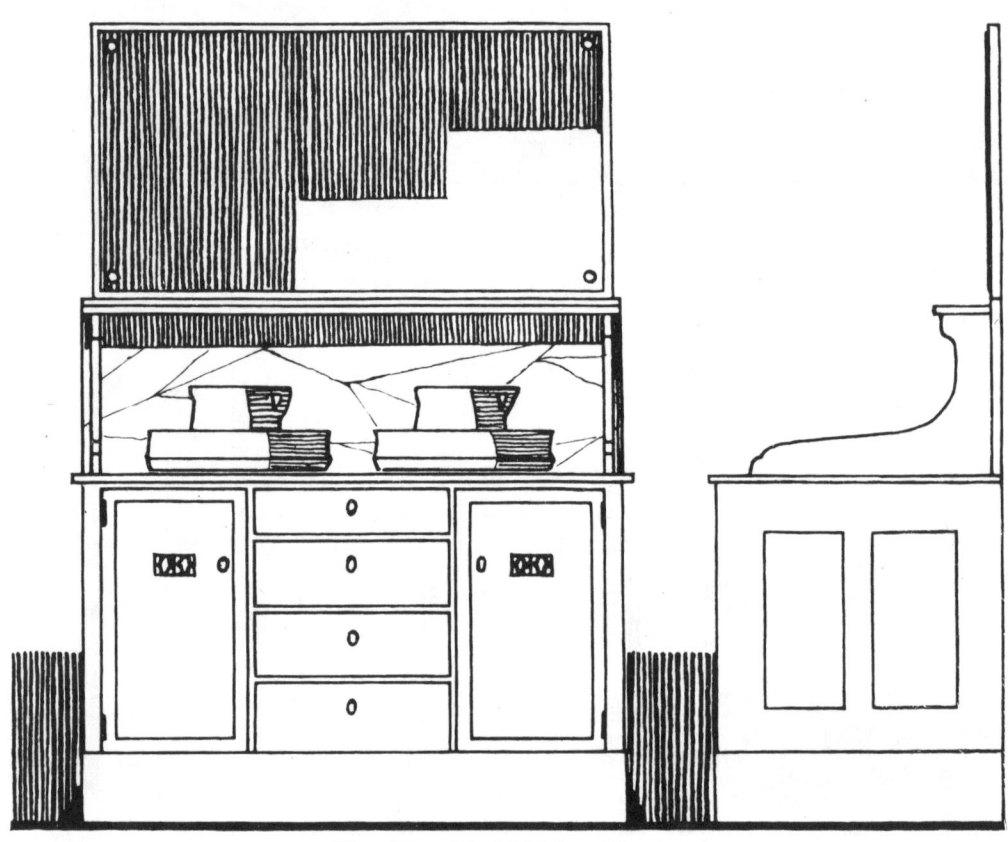

Fig. 69. Waschtisch. M. 1 : 20.

vorher besprochenen Grundsätzen gebaut. Als weiteres Stück kommt die Frisiertoilette (Fig. 71) hinzu. Hier ist die Hauptsache der Spiegel. Die Seitenflügel sind beweglich, damit man den Kopf von allen Seiten betrachten kann. Die Platte wird mit Glas belegt wegen der vielfach scharfen, das Holz angreifenden Toilettemittel.

Der geschlossene Sockel, der hier zur Anwendung gekommen ist, empfiehlt sich nur bei Möbeln für ein Eigenheim, wo er auf den Boden aufgepaßt werden kann. Solche Sockel kann man auch durch Scheuerleisten, die im Material dem Fußboden entsprechen, oder durch Metallbeschlag oder Linoleumbelag schützen.

Bei den großen, glatten Füllungen dieser Schlafzimmer= möbel kommt Sperr= holz zur Anwendung. Als Schmuck dient die Intarsia. Zur Aus= führung eignet sich jedes bessere helle Möbelholz, mattiert oder poliert.

Die Schlafzimmer= möbel von Eugen Zürn (Figur 72) stehen hier als Bei= spiel bemalter Möbel. Sie sind weißlackiert, und der Schmuck ist aufgemalt. Selbstver= ständlich muß bei diesen Möbeln die Sperrholztechnik an= gewandt werden.

Wohnzimmermöbel.

Wie schon erwähnt, sind die Formen der Wohnzimmermöbel äußerst mannigfaltig. Der eine gibt diesen einen leichten Speise= zimmercharakter, der andere richtet es sich als gleichzeitiges Ar= beitszimmer ein. Dieser wünscht sich den Schrank so, jener so.

Der erste Wohn= zimmerschrank (Fig. 73) soll den ver= schiedensten Zwecken dienen. Im Mittel= schrank kann die Haus= frau hinter der Glas=

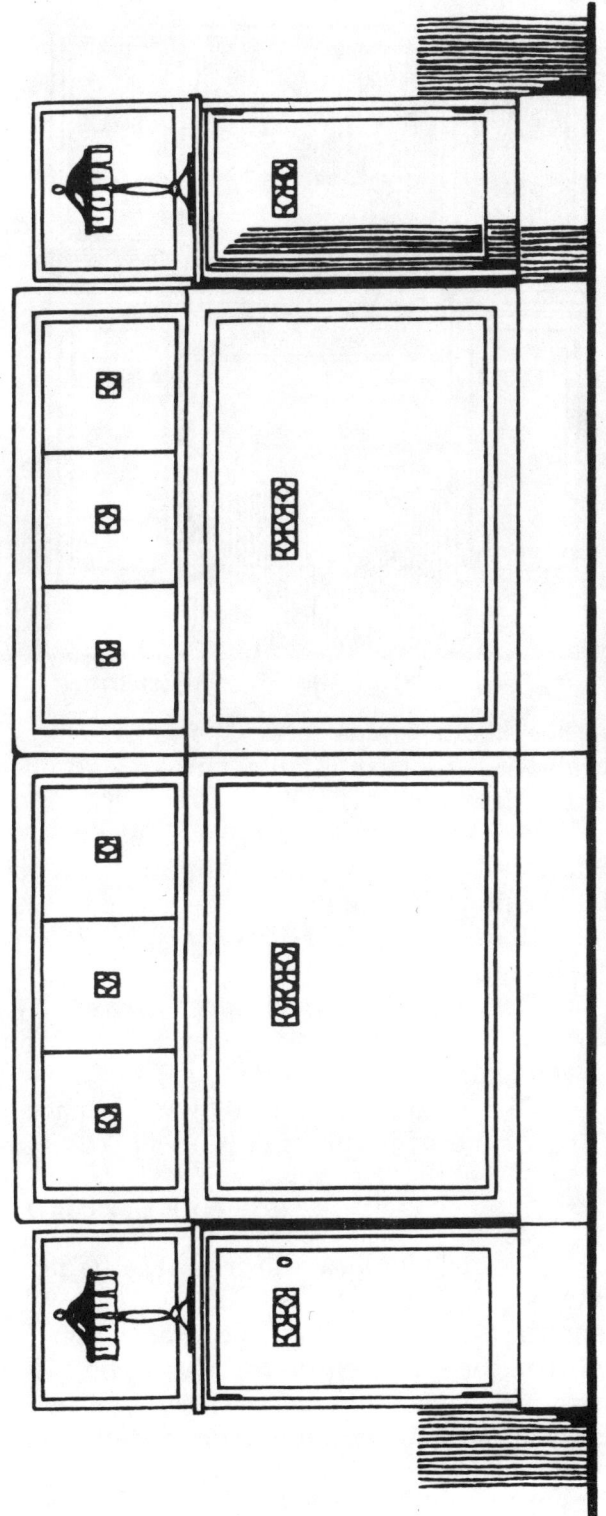

Fig. 70. Betten und Nachttischchen. M. 1 : 20.

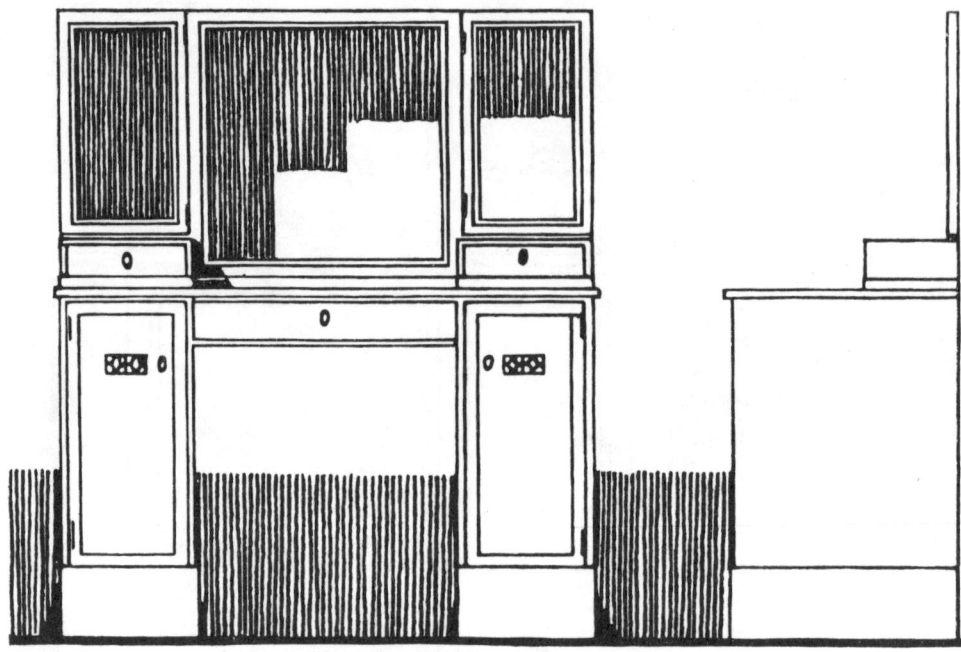

Fig. 71. Frisiertoilette. M. 1 : 20.

scheibe schöne Stücke ihres Eßgeschirres zur Schau stellen. Für die geschlossenen Seitenschränke wird sie genügend Verwendung haben. Oben ist Platz für Bücher.

Bei dem büffetartigen Schrank (Fig. 74) ist in die obere Rückwand ein Spiegel eingelassen. Die oberen Schränkchen sind in Messing verglast.

Über den Bücherschrank (Fig. 75) ist wohl weiter nichts zu sagen.

Der letzte Wohnzimmerschrank (Fig. 76) klingt an das Vertikow an und versucht, dieses Möbel durch ein ähnliches aber zweckmäßigeres zu ersetzen.

Die weiteren zwei Blätter bringen zwei Ausziehtische (Fig. 77), Sofa und Stuhl (Fig. 78).

Speisezimmermöbel.

Die Zeichnungen zeigen Büffet (Fig. 79), Kredenz (Fig. 80) und Uhr (Fig. 81). Die Möbel sind für ein größeres Speisezimmer bestimmt. Auch hier haben wir Zweckformen vor uns. Wirken sollen sie durch die Ausgeglichenheit der Verhältnisse und durch ein edles Material, welches hier, wo auf jeden ornamentalen Schmuck verzichtet ist, um so sorgfältiger behandelt werden muß. Als Material käme in Betracht: Eiche im Mittelton gebeizt oder Deutsch-Nußbaum gebeizt und behandelt wie Eiche.

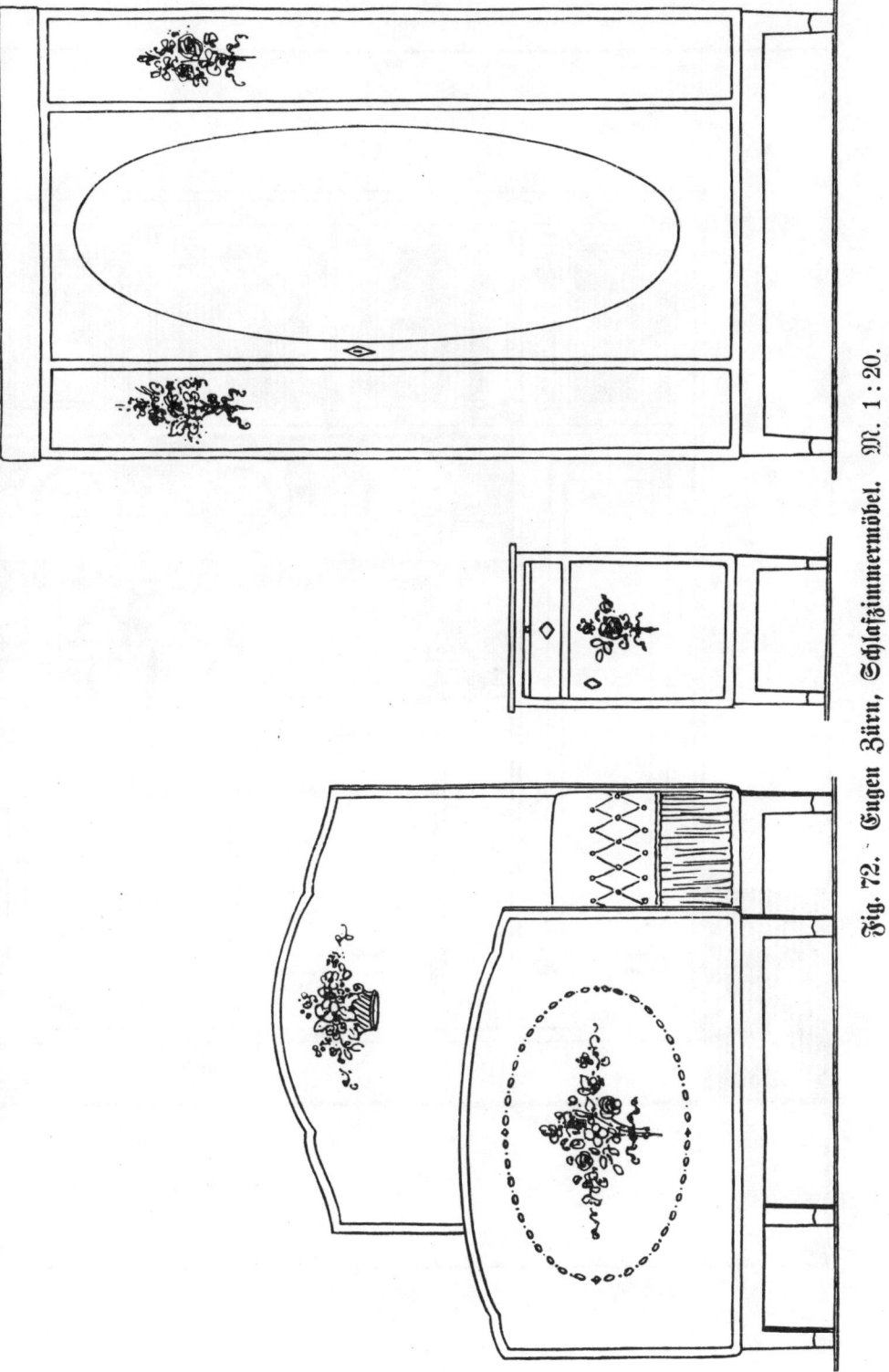

Fig. 72. Eugen Zürn, Schlafzimmermöbel. M. 1 : 20.

ffet.

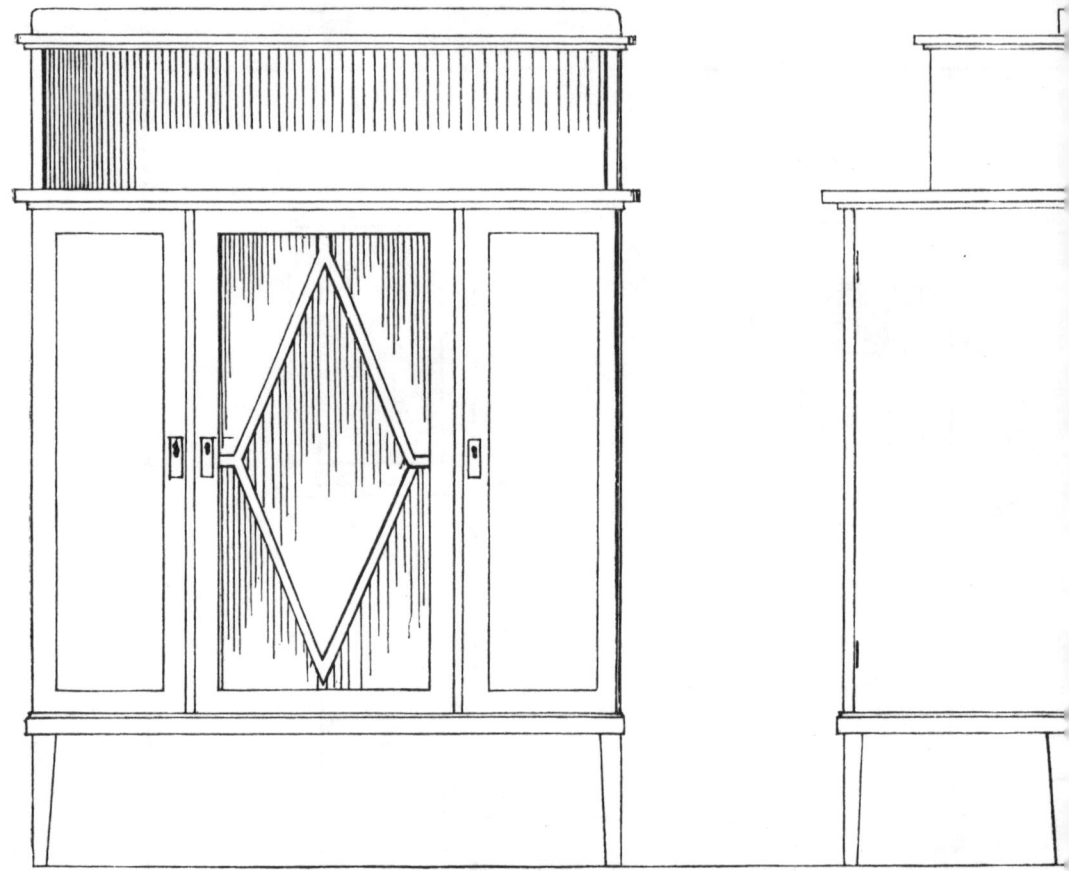

Fig. 73. Wohnzimmerschrank. M. 1 : 20.

Herrenzimmermöbel.

Die charakteristischen Möbel im Herrenzimmer sind Bücher=
schrank und Schreibtisch, von denen die folgenden Blätter Beispiele
zeigen (Fig. 82 u. 83). Die Zweckformen sind auch hier klar. Die
Verglasung am Schranke erklärt sich aus der Absicht, die Bücher,
auf deren Einband man heute ja sehr viel Wert legt, zur Schau
zu stellen.

Die Seitenschränke des Schreibtisches werden mit sog. Eng=
lischen Zügen versehen, das sind Schubladen, bei denen das Vorder=
stück nur etwa 3 cm hoch ist und die höheren Seitenstücke ent=
sprechend beigeschweift sind.

Über die innere Aufteilung eines Bücherschrankes lassen sich
keine bestimmten Anweisungen geben. Das hängt von der Art der
Bücher und Werke des Bestellers ab. Jedenfalls mache man die
Böden verlegbar. (Vergleiche dazu den Aufsatz „Die innere Aus=
stattung der Schrankmöbel.")

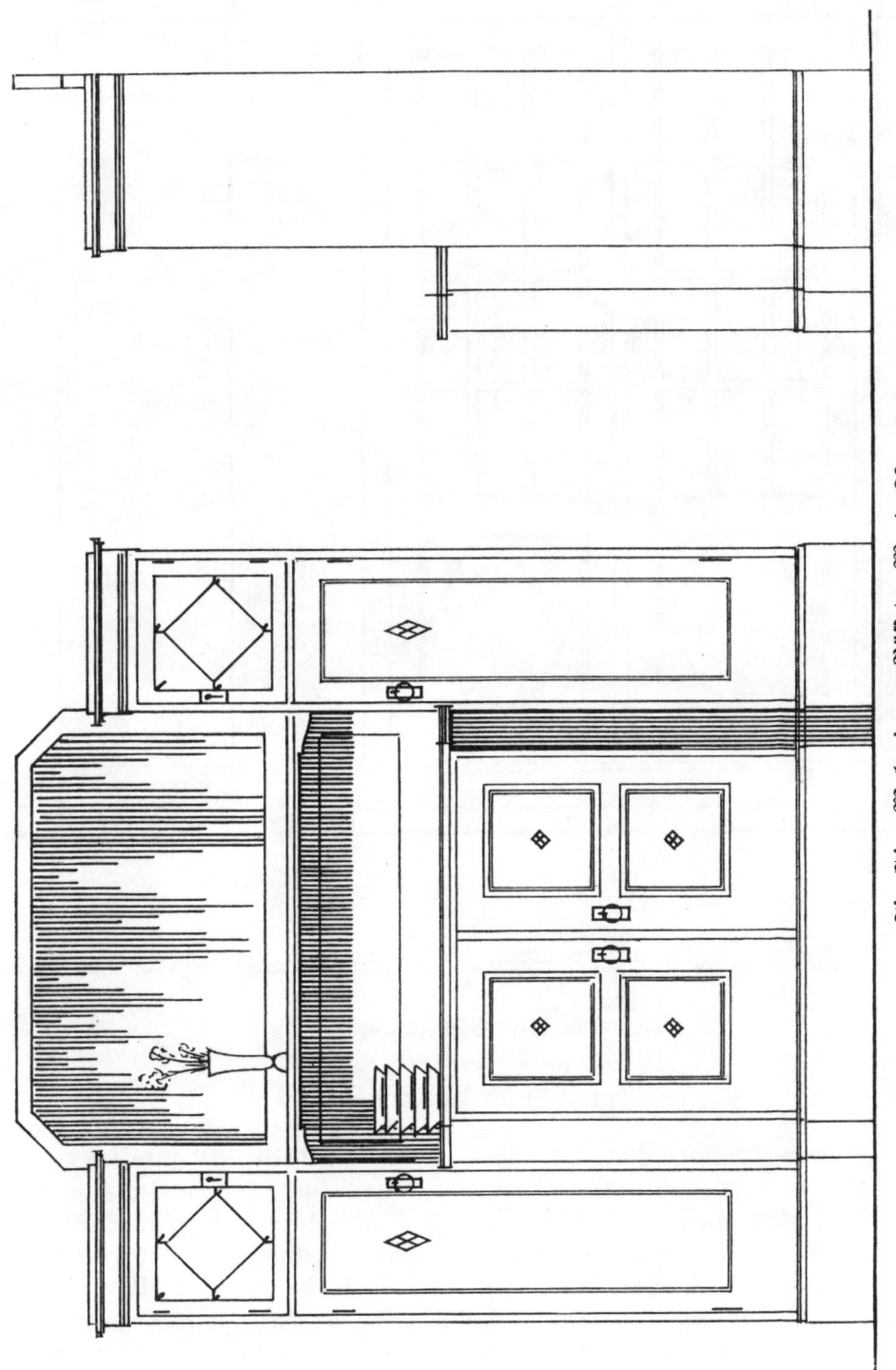

Fig. 74. Wohnzimmer-Büffet. M. 1 : 20.

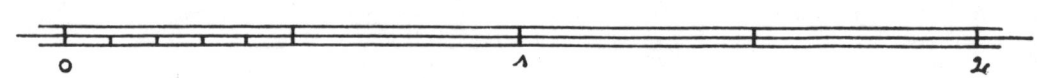

Fig. 75. Bücherschrank.

Salon= und Prunkmöbel.

Hier kommen wir zu dem Gebiet, wo die Phantasie des Kunstschreiners sich am freiesten entfalten kann. Die Zweckform fordert nicht mehr so gebieterisch ihr Recht, hier soll jedes Möbel ein Zier=, ein Schmuckstück sein. Den Meister binden in der Hauptsache nur künstlerische Rücksichten, wie wir sie in dem Abschnitte über den ornamentalen Schmuck entwickelt haben. Hier kommt das edelste Material zur Verarbeitung, und der ornamentale Schmuck findet reiche Verwendung.

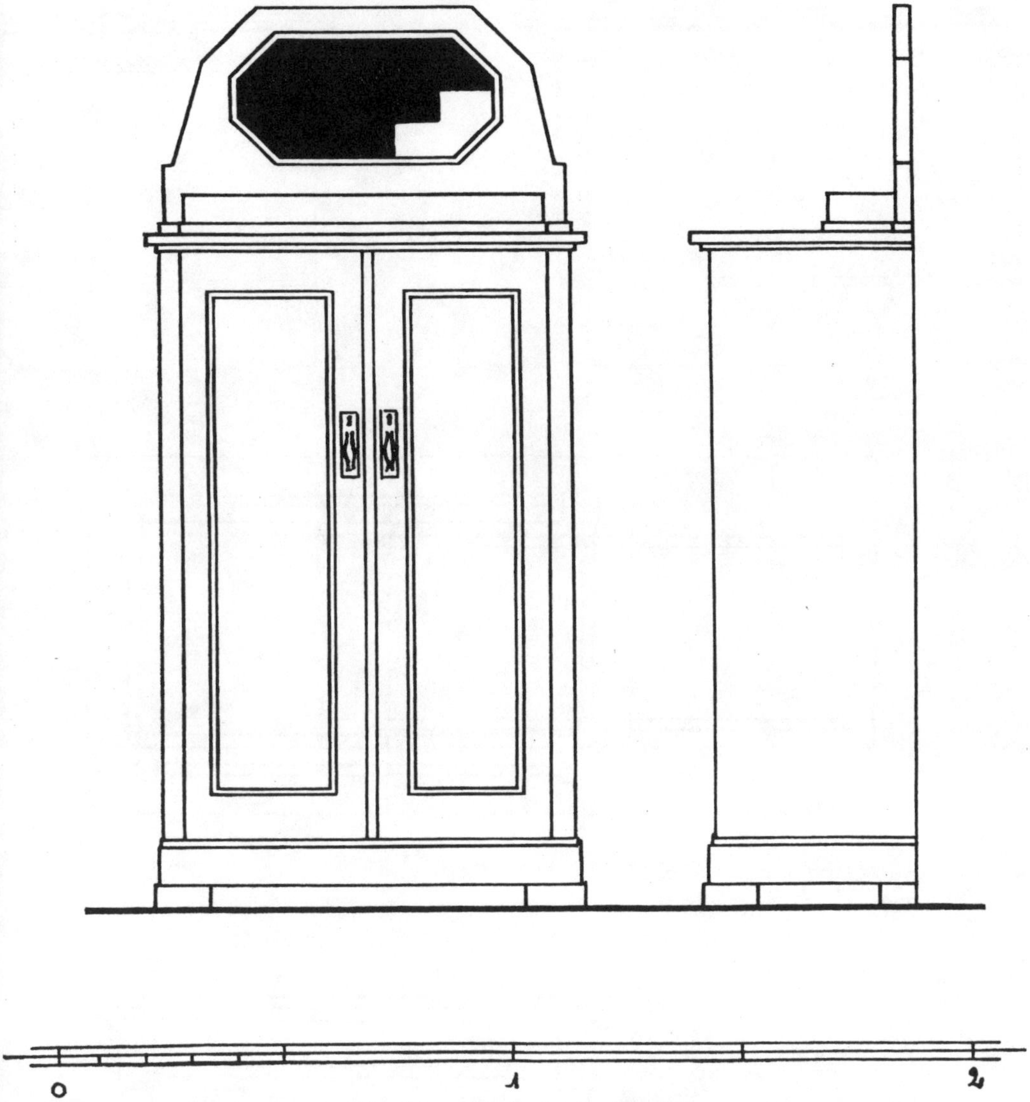

Fig. 76. Wohnzimmerschrank.

Wir bieten in der Zeichnung (Fig. 84) modern gestaltete Salonmöbel, bei denen die Sperrholztechnik, das Furnier und die Intarsie angewandt sind.

Kontormöbel.

Die Kontormöbel drohen dem Schreiner ganz verloren zu gehen. Warum? — Weil die fremden, besonders amerikanischen Kontormöbel sehr praktisch sind. Da müssen wir versuchen, durch eben so praktische Kontoreinrichtungen uns dieses Gebiet zurück zu erobern. Günstig ist da der Umstand, daß die Preise der fremden

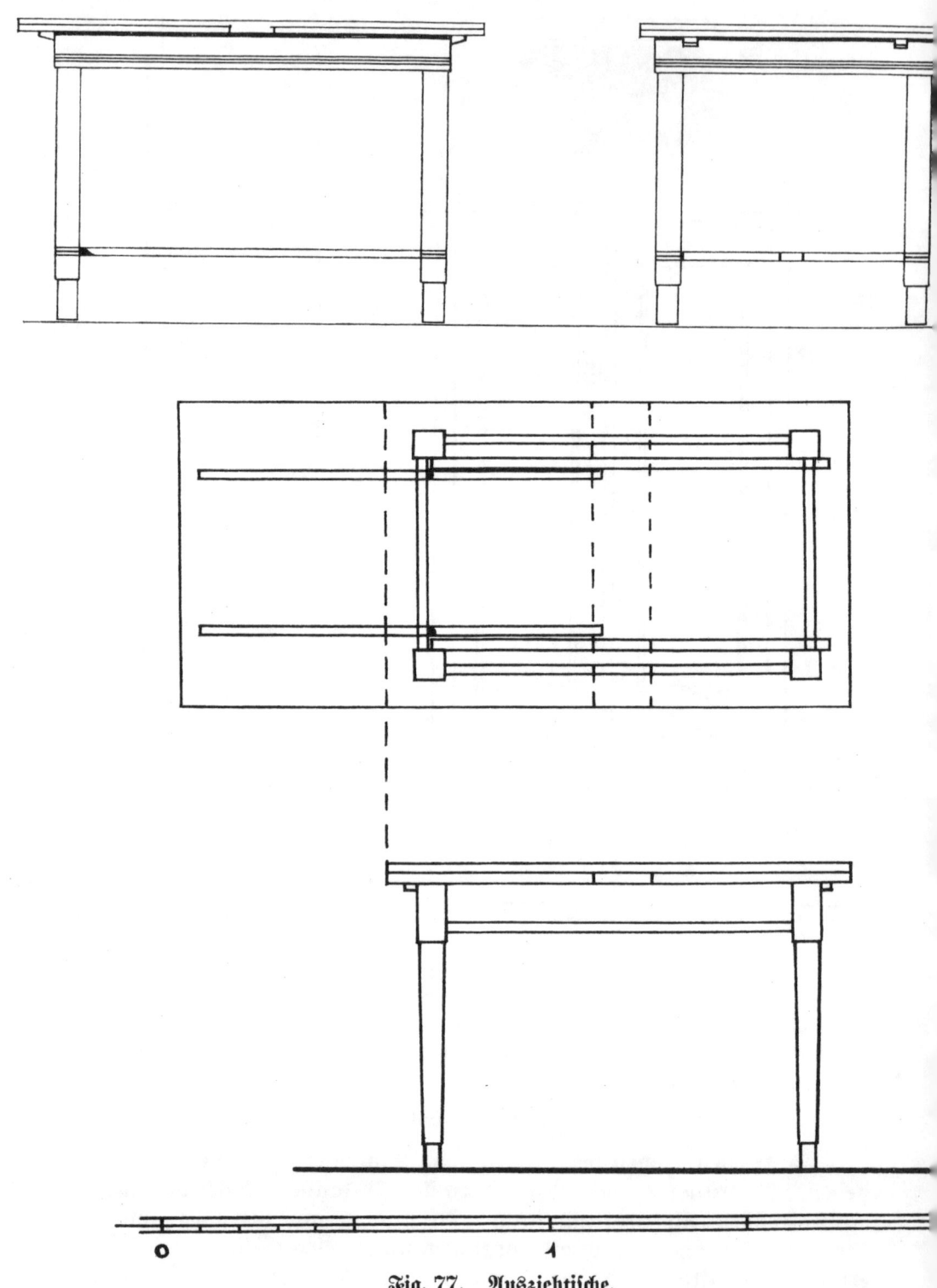

Fig. 77. Ausziehtische.

Kontormöbel so hoch sind, daß wir zum gleichen Preise Gediegenes liefern können. Der Raum gestattet uns nicht, auf Einzelheiten der Konstruktion einzugehen. Wir empfehlen dem jungen Kollegen das Studium der amerikanischen Kontormöbel und beschränken uns darauf, ein Beispiel für die Gestaltung eines Kontorpultes (Fig. 85) zu bringen.

Kleinmöbel.

Unter Kleinmöbeln versteht man kleinere Möbelstücke, die mehr oder weniger in jedes Zimmer passen, in edlem Material ausgeführt werden und häufig als Geschenke Verwendung finden. Tischchen, Nähtischchen, Rauch= und Spieltischchen (Fig. 86), Blumenkrippen (Fig. 87), Wandschränkchen (Fig. 88), Büstenständer, Notenständer, Vogelbauerständer, Schmuckkästchen, Bücherbrett (Fig. 89) u. dgl. mehr gehören dazu. In den besseren Bürgerwohnungen ist man immer mehr bestrebt, den erbreiterten Flur zu einem bewohnbaren Vorplatz (Diele) auszubilden. Hier kommt nun besonders die Flurgarderobe (Fig. 90 u. 91) zur Geltung. Hierfür gilt zur Gestaltung der Grundsatz: einfach und praktisch. Die Haken müssen in richtiger Höhe sitzen (höchstens 1,85 m), für nasse Schirme muß eine Abstellvorrichtung mit herausnehmbarem Tropfkasten

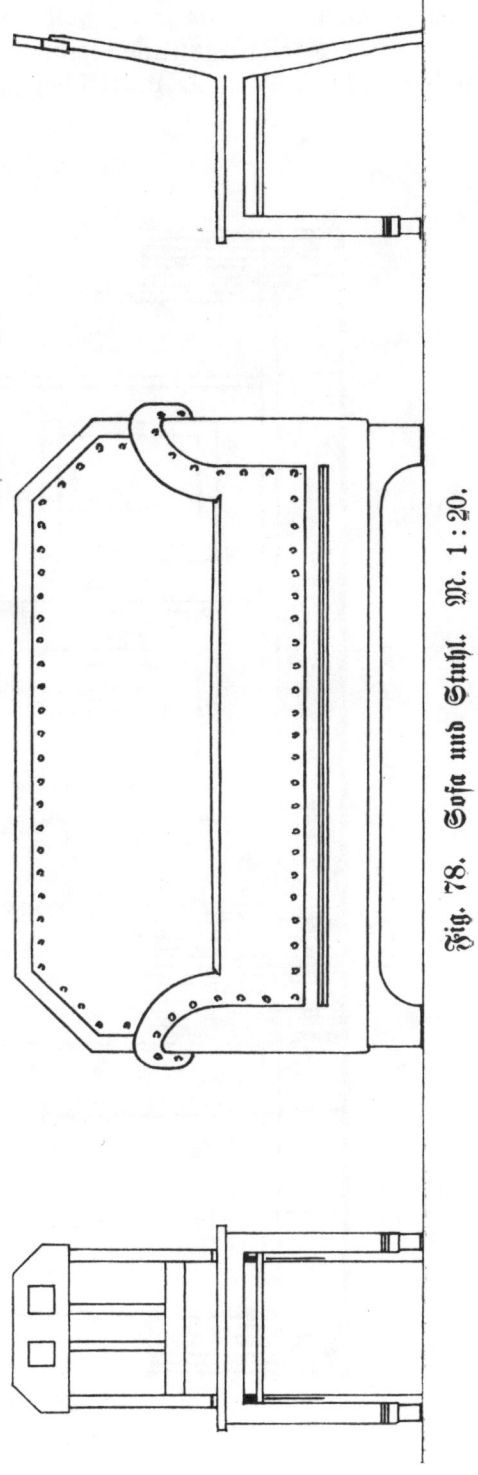

Fig. 78. Sofa und Stuhl. M. 1 : 20.

geſchaffen werden, und Spiegel und Käſtchen mit Bürſte uſw. ſind anzubringen. In neuerer Zeit wendet man ſtatt der unter der Näſſe der Kleidungsſtücke leidenden Holzfüllungen das Matten= geflecht als bedeutend praktiſcher an.

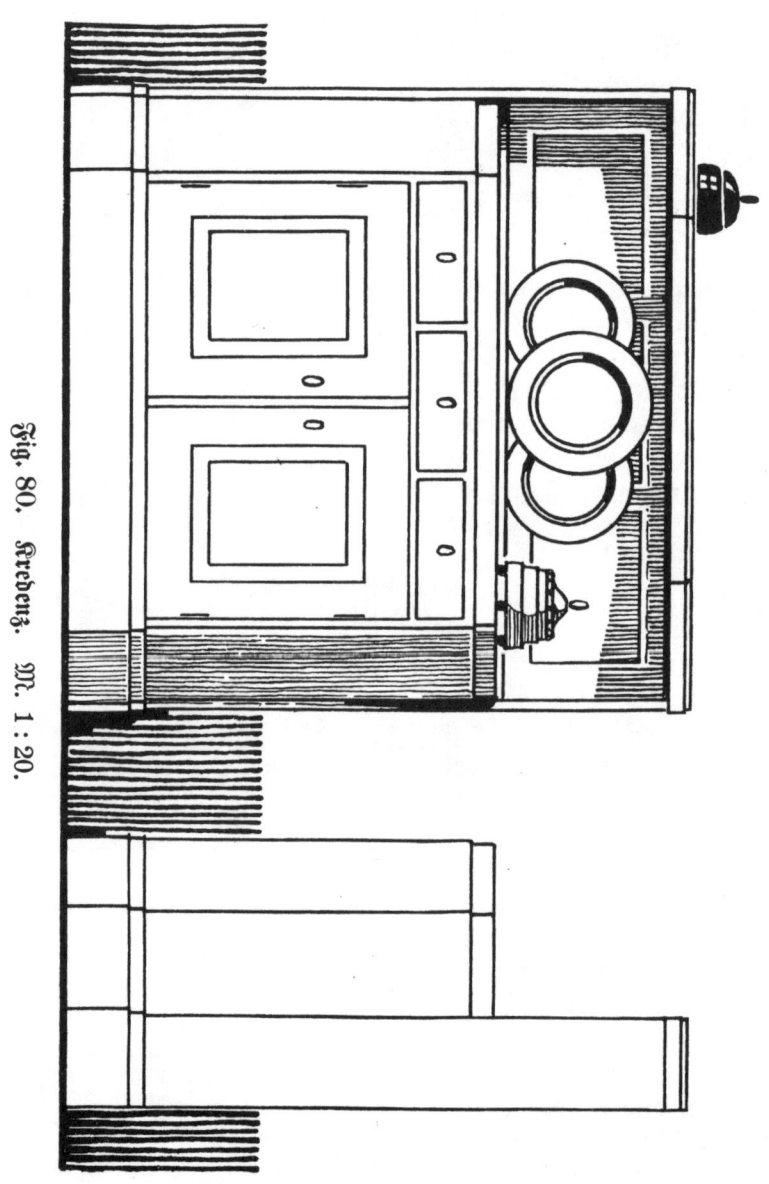

Fig. 80. Kredenz. M. 1 : 20.

Fig. 81. Uhr. M. 1 : 20.

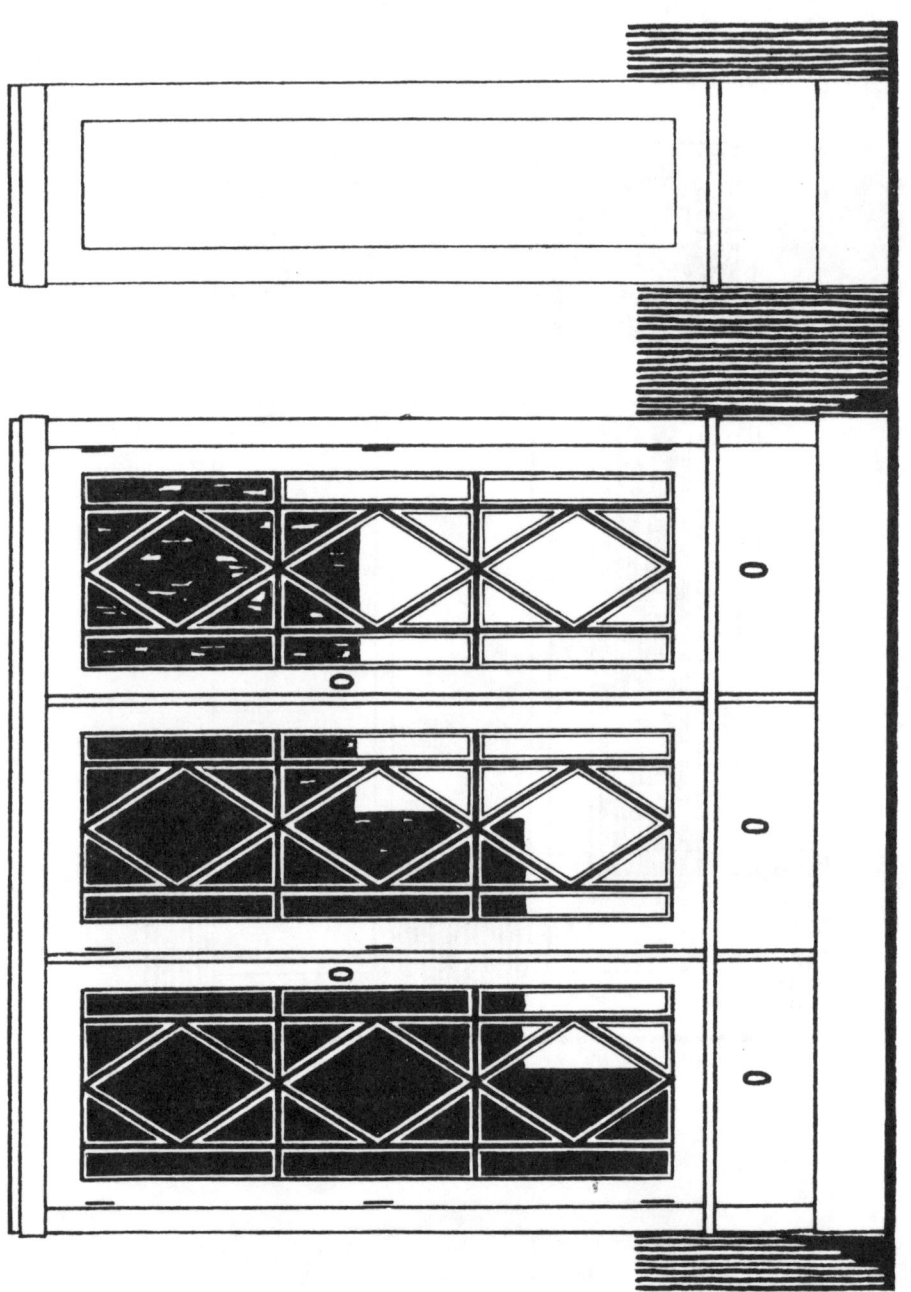

Fig. 82. Bücherschrank. M. 1 : 20.

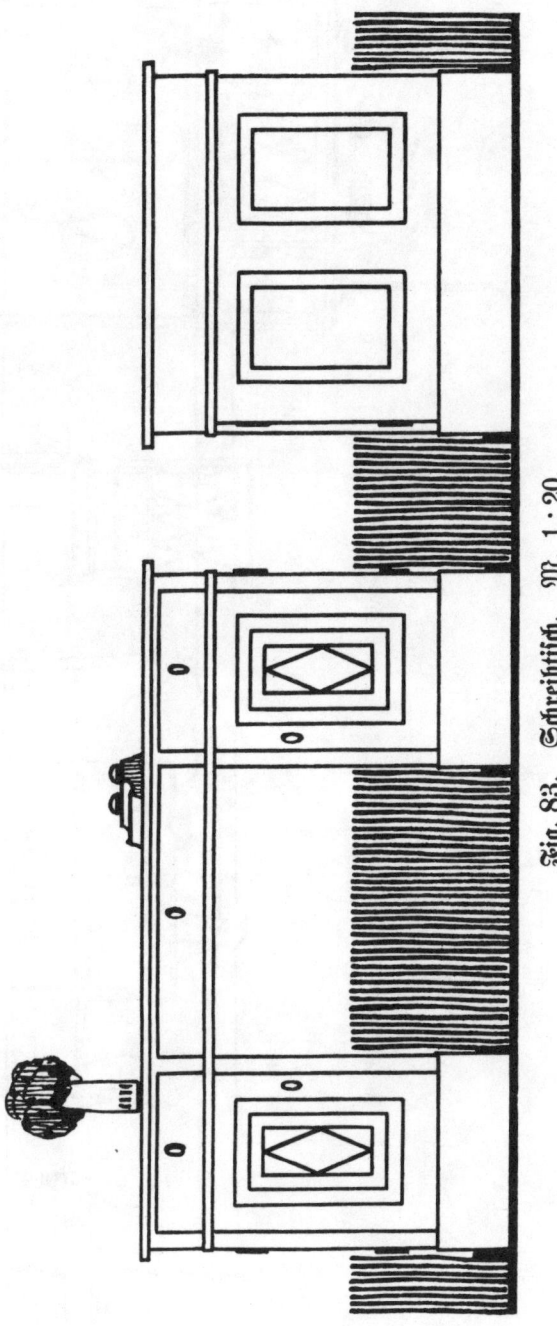

Fig. 83. Schreibtisch. M. 1 : 20.

8*

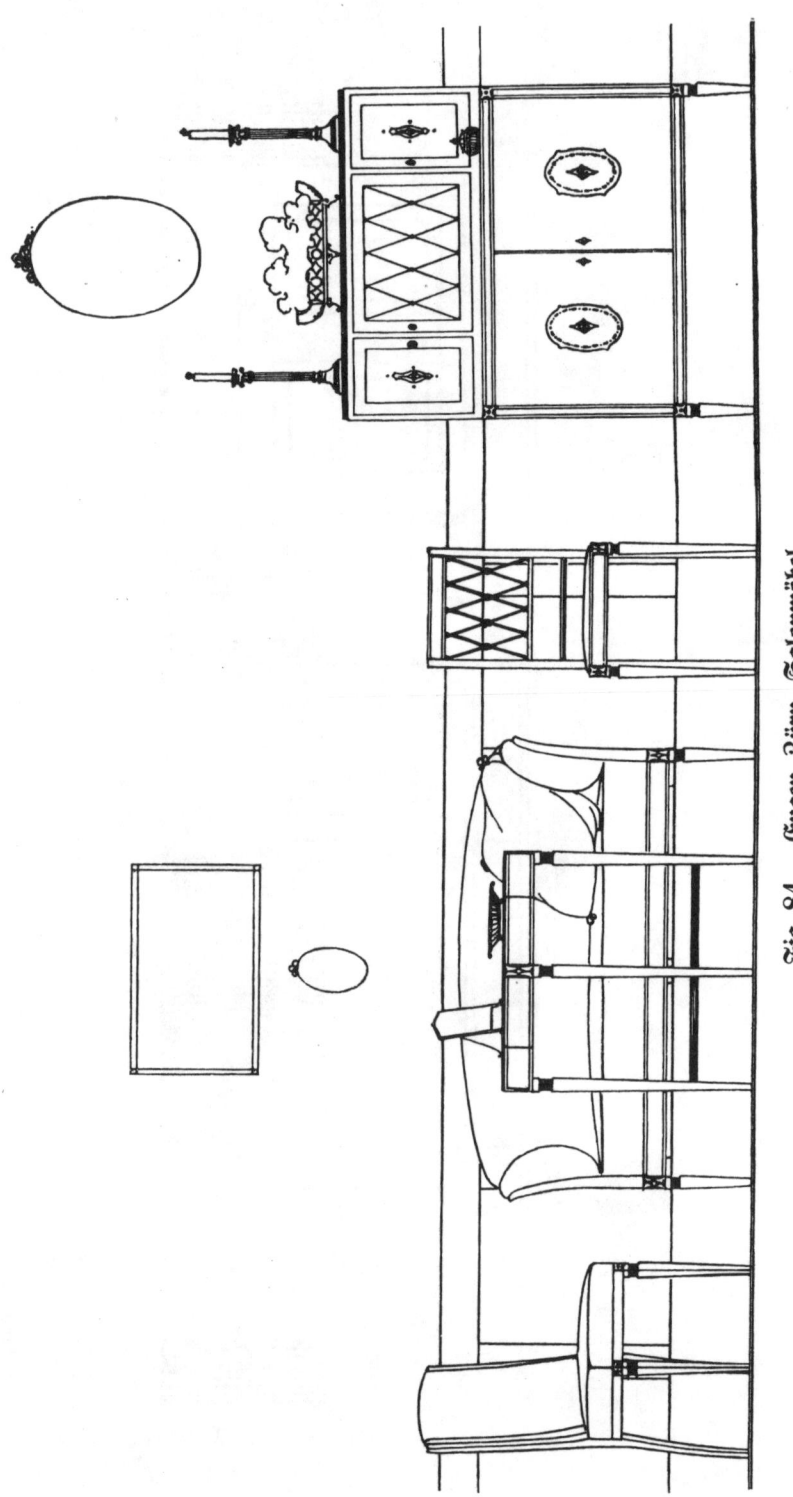

Fig. 84. Eugen Zürn, Salonmöbel.

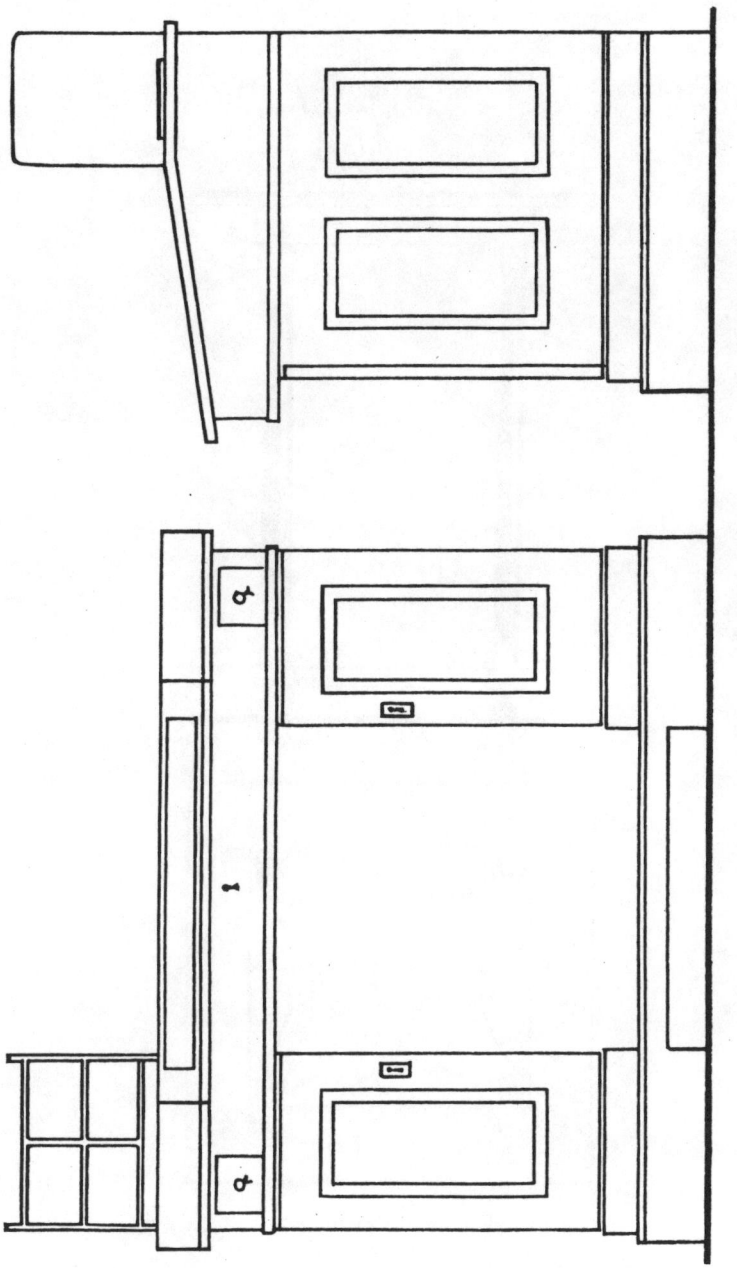

Fig. 85. Kontormöbel. M. 1 : 20.

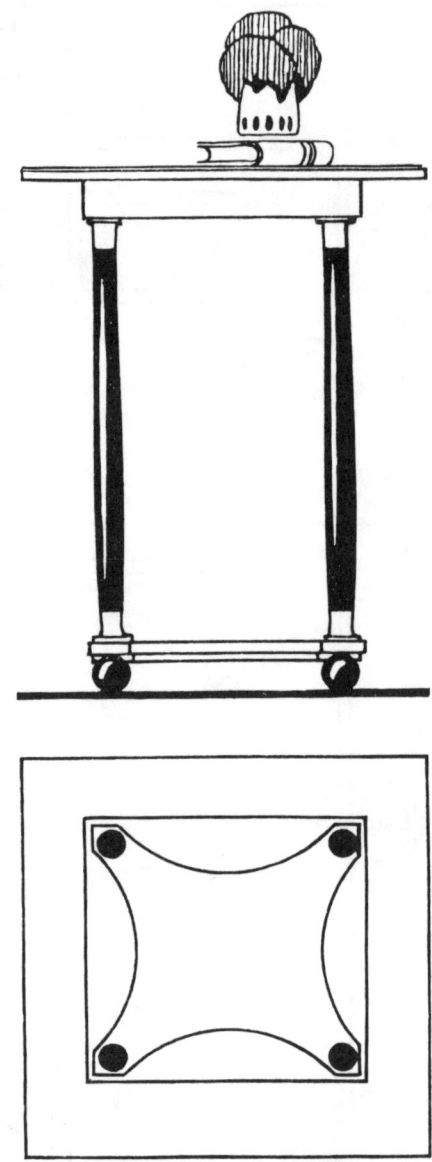

Fig. 86. Tischchen.

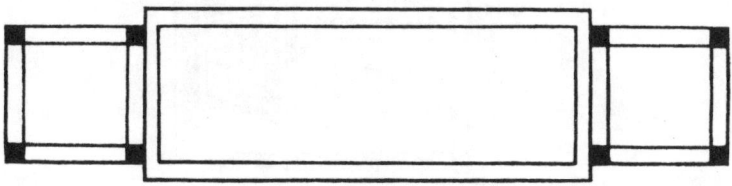

Fig. 87. Blumenkrippe.

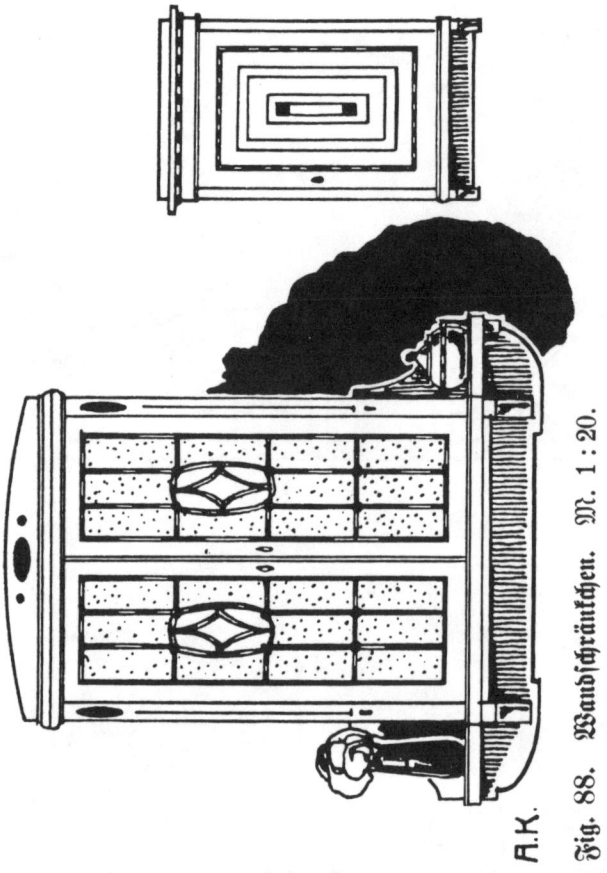

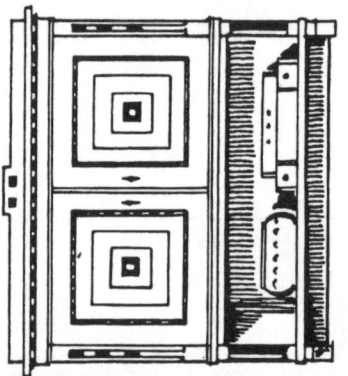

A.K. Fig. 88. Wandschränkchen. M. 1:20.

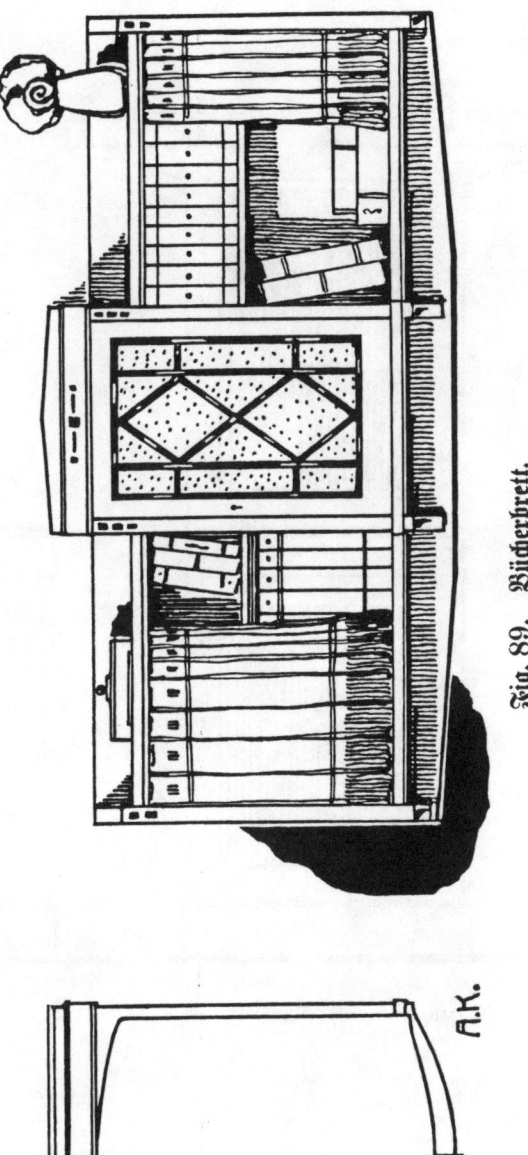

Fig. 89. Bücherbrett.

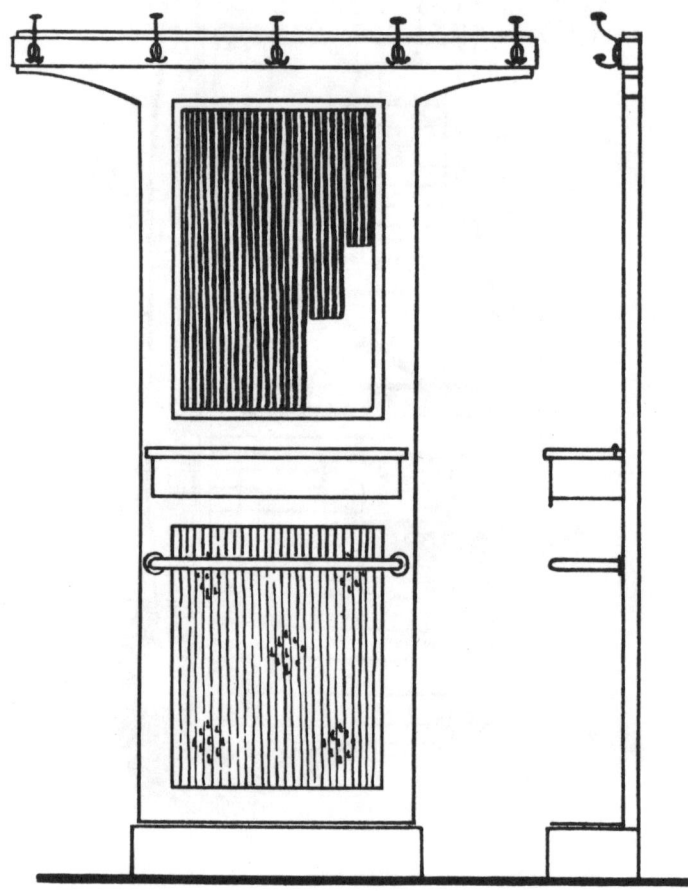

Fig. 90. Flurgarderobe. M. 1 : 20.

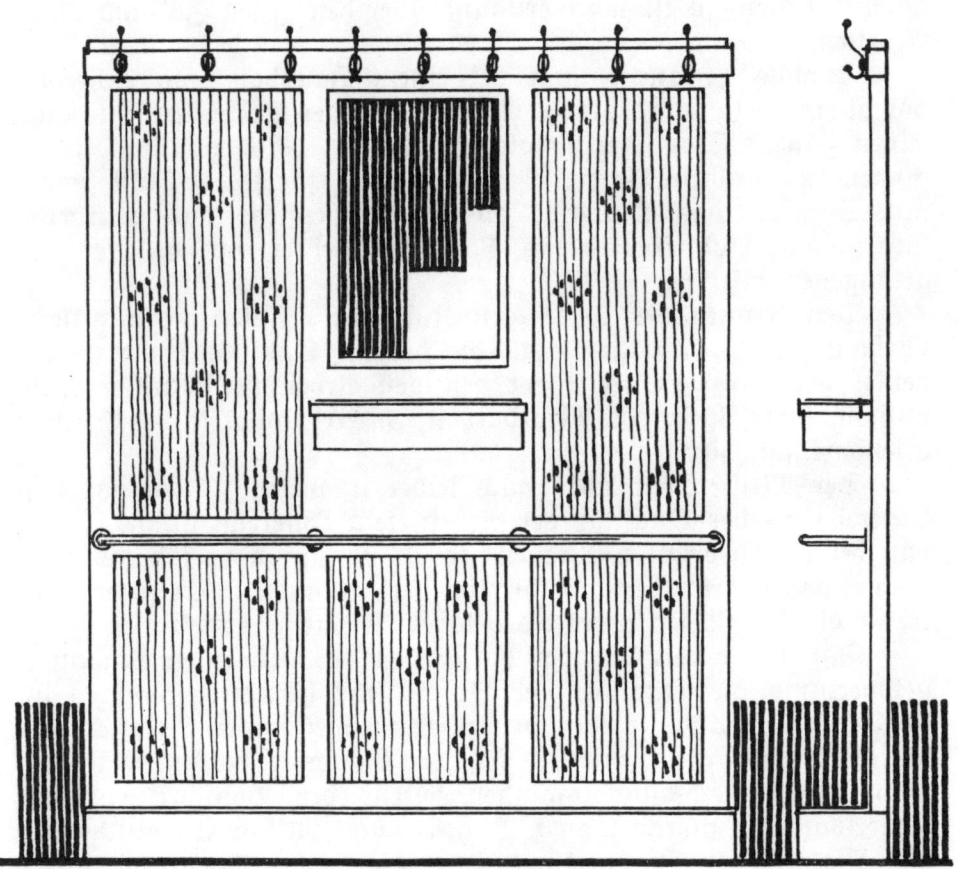

Fig. 91. Flurgarderobe. M. 1 : 20.

Bauschreinerarbeiten.

In den letzten Jahrzehnten sind die einfachen Bauschreiner= arbeiten in Qualität und Preisen arg auf den Hund gekommen. Betrachtet man in alten Häusern die oft mehrere Jahrhunderte alten Arbeiten, so ist man erstaunt über den guten Zustand dieser Arbeiten.

Damals verlangte man bei einem Hausbau vom Schreiner vor allem gute und solide Arbeit und der Schreiner setzte auch seinen ganzen Stolz darin, solche zu liefern. Meister und Gesellen gingen mit großem Interesse an die Arbeit, für jedes Stück wurde mit Sorgfalt das Material ausgesucht, gepflegt und bearbeitet und zum Schluß freuten sich Bauherr, Meister und Gesellen des gelungenen Werkes.

Den Kenner der heutigen Zustände erfüllen sie mit tiefer Wehmut, wenn er dagegen an die heutige Qualität der Arbeiten denkt; der ganze Jammer der heutigen Arbeitsverhältnisse: Sub= mission, kurze Lieferfrist, Akkordarbeit, Interesselosigkeit der Gesellen offenbart sich hier.

Der Meister hat aber auch leider in vielen Fällen gar kein Interesse an der Qualität der Arbeit, sein Interesse ist die Sorge, daß bei den gedrückten Preisen des Submissionsverfahrens auch noch einige Mark Überschuß für ihn herauskommen. Er atmet auf, wenn die Arbeit fertig und der karge Verdienst erzielt ist.

Daß unter den heutigen Zuständen des bekannten Bauunter= nehmertums die Qualität der Arbeit sehr heruntergekommen ist, liegt auf der Hand. Neben den zusammengekloppten Arbeiten aus schlechtem und meist viel zu frischem Material machen sich auch noch direkte Nachlässigkeitssünden seitens des Bauschreiners sehr bemerkbar. So nimmt man z. B. heutzutage vielfach Carolina-pine als Material zu Zimmertüren, um die schöne Maserung dieses Holzes naturlackiert zur Geltung kommen zu lassen. Durch die Nachlässigkeit des Schreiners wird sehr oft diese Materialschönheit verdorben, gedankenlos wird Stück nach Stück durch die Maschine gejagt und auch ohne Sortierung zusammengebaut und gar nicht auf die richtige Verteilung nach Farbe und Maserung geachtet. Da sieht man denn u. a. wie bei Türen mit mehreren Füllungen die Maserung der unteren Füllung auf dem Kopf steht, darüber steht die Mitte der Maserung an der Seite und die obere Füllung hat gar keine Maserung und zeigt auch noch obendrein die linke Seite des Holzes .Auch ist oft genug ein Rahmenstück ganz hell in der Farbe und die anderen alle sind tief dunkel. Bei etwas

Aufmerksamkeit und Liebe zur Sache ließen sich solche Nachlässig=
keitssünden leicht vermeiden.

Genau so werden Konstruktionen angewandt, welche das gerade
Gegenteil von dem erzielen, was man eigentlich damit will, ich
erinnere nur an die festgeleimte Hirnleiste.

Ebenso wie bei den Möbelarbeiten können wir für die Bau=
schreiner nachfolgende Grundsätze fordern:

Gestalte nach dem Zweck, überlege bei jedem Gegenstande
gründlich, welchem Zwecke er im allgemeinen, welchem Zwecke er
im besonderen dienen soll!

Sei ehrlich im Material! Wenn ein billiges Holz deinem
Zwecke genügt, so mache nicht durch Anstrich Eiche oder Edelhölzer
daraus. Nutze vielmehr die Materialwerte auch des billigen Holzes aus.
Wisse, daß z. B. das einfache Kiefernholz, richtig angewandt, Schön=
heiten zeigt, welche durch die geschicktesten Imitationen nicht zu erzielen
sind. Bedenke, daß alle Surrogate die schlimmsten Feinde der Quali=
tätsarbeit sind und nebenbei von einem schlechten Geschmack zeugen.

Sei auch offen in der Konstruktion! Es gab eine Zeit,
wo man alles Konstruktive ängstlich verdeckte. Glaube doch nicht,
daß eine Schraube, ein Band den Eindruck störe. Benutze diese
konstruktiven Sachen dekorativ. Dem gebildeten Auge ist es ein
eigener Genuß, wenn sich ihm der Aufbau offenbart.

Profiliere nicht sinnlos, wähle einfache Formen, die auch auf
die Entfernung wirken und nicht Schmutz= und Staubgruben darstellen!

Im Inneren des Gebäudes sollen sich die Holzteile leicht reinigen
lassen. An der Außenseite soll Regenwasser rasch abgeleitet werden.
Die schönsten Kehlstöße ersetzen nicht das schlechte Schließen von
Türen und Fenstern.

Die Kalkulation im Bauschreinergewerbe. *)

Sehr traurig sieht es fast überall mit der Preisberechnung der
Bauschreinerarbeiten aus. Bei den einfachen Arbeiten (Fenster,
Treppen, Fußböden usw.) hat sich der Gebrauch eingebürgert, nicht
zu berechnen, sondern zu unterbieten, einer tut's immer noch 50 Pfg.
billiger als der andere, und das Schlußresultat ist ein erschreckender
Preistiefstand. Wenn die betreffenden Meister einmal genau die
Fenster usw. nachkalkulierten, so würde ihnen oft der Schrecken in
die Beine fahren, wenn das Resultat ihnen zeigte, daß sie Geld
zu der Arbeit hinzulegten, statt solches zu verdienen. Im Nach=

---

*) Die Kalkulationen sind dem von J. H. Nicolini bearbeiteten Buche:
„Des Schreiners Kalkulation" entnommen. Herausgegeben vom Rhein.=
Westf.=Prov.=Tischler=Verband. Verlag: Hugo Spamer in Berlin. Preis
geb. 3 M.

stehenden wollen wir einige Berechnungen von einfachen Bauschreiner=
arbeiten bringen, um den Meistern eine Anregung zum Berechnen
der Arbeiten zu geben, denn hier hilft eben nichts anderes, als
rechnen und immer wieder rechnen.

Dreiflügeliges Fenster (Fig. 92a)

mit geradem Sturz, 1,20×2,20 m im lichten Mauerwerk groß, mit
Einsetzen und Anbringen des Beschlages, jedoch ohne Lieferung
desselben.

Pitch-pine. Der Berechnungspreis ist einschließlich 15%
Verschnitt mit M. 120 à cbm angenommen.

Blindrahmen:

$2×2,28 . 0,08$ aufrecht } 46 mm stark $= 0,47$ qm à Mk. $5.52 = 2,59$
$1×1,36 . 0,08$ quer } (Rohmaß)
$1×1,36 . 0,07$ Kämpfer } 80 mm stark $= 0,20$ qm à Mk. $9,60 = 1,92$
$1×1,36 . 0,08$ Sohlbank }
$1×1,36 . 0,06$ Wasserhohle 40 mm stark $= 0,08$ qm à Mk. $4,80 = 0,38$

Flügelholz:

$2×1,42 . 0,06$ aufrecht }
$2×1,42 . 0,08$ „ } 46 mm stark $= 0,40$ qm à Mk. $5,52 = 2,20$
$2×0,64 . 0,07$ quer }
$2×0,64 . 0,07$ Wasserschenkel 80 mm stark $= 0,09$ qm à Mk. $9,60 = 0,87$

Oberlicht:

$2×0,70 . 0,07$ aufrecht } 46 mm stark $= 0,18$ qm à Mk. $5,52 = 0,99$
$1×1,24 . 0,07$ quer }
$1×1,24 . 0,07$ Wasserschenkel 80 mm stark $= 0,09$ qm à Mk. $9,60 = 0,87$

Schlagleisten:

$2×1,42 . 0,05$ $\qquad$ 26 mm stark $= 0,14$ qm à Mk. $3,12 = 0,44$

An Holz . . . . Mk. 10,26

Zuschneiden und Zureißen . . . . „ 1,60
Maschinenarbeit (3 Flügel à 1 Mk. incl. Blindrahmen) „ 3,—
Bankarbeit . . . . „ 3,80
Einsetzen . . . . „ 0,60
Transportkosten zur Baustelle incl. Fuhrlohn . . . „ 0,50
Geschäftsunkosten (50% vom Lohn, ausschließlich
    Maschinenarbeit) . . . . „ 3,—
Kleinmaterial, wie Leim, Schrauben, Stifte, Glas=
    papier usw. . . . . „ 0,20

Selbstkosten Mk. 22,96
10% Verdienst „ 2,30

Verkaufspreis ohne Beschlaglieferung Mk. 25,26

Dasselbe Fenster in deutschem Eichenholz.

Der Berechnungspreis ist einschließlich 20% Verschnitt mit Mk. 216,— angenommen.

0,38 qm 80 mm stark à Mk. 17,28 = ...	Mk.	6,57
1,05 qm 46 mm stark à Mk. 9,94 = ...	„	10,44
0,08 qm 40 mm stark à Mk. 8,64 = ...	„	0,69
0,14 qm 26 mm stark à Mk. 5,62 = ...	„	0,79
An Holz	Mk.	18,49
Zuschneiden und Zureißen	„	1,80
Maschinenarbeit	„	3,30
Bankarbeit	„	4,60
Einsetzen	„	0,60
Transportkosten	„	0,50
Geschäftsunkosten	„	3,50
Kleinmaterial	„	0,50

Selbstkosten	Mk.	33,29
10% Verdienst	„	3,32
Verkaufspreis ohne Beschlaglieferung	Mk.	36,61

Beschlag (einfachste Art):

3 Paar Fensterfitschen	Mk.	0,60
12 Winkel à 2½ Pfg.	„	0,30
1 Drehstange	„	1,30
1 Wasserröhrchen	„	0,04
1 Oberlichtschlößchen und 2 Scheren	„	0,90
6 Bankeisen (Haltefaste)	„	0,18

	Mk.	3,32
10% Verdienst	„	0,33
	Mk.	3,65

Rechnet man nun den Beschlagpreis zu dem oben ausgerechneten Fensterpreis, so kostet das Fenster (Abbild. 92a) in einfachster Ausführung mit einfachstem Beschlag

in Pitch=pine	Mk.	28,91
in deutschem Eichenholz	„	40,26
in amerikanischem Eichenholz	„	35,69
oder		
pr. qm licht Mauerwerk gemessen		
in Pitch=pine	„	10,95
in deutschem Eichenholz	„	15,25
in amerikanischem Eichenholz	„	13,50

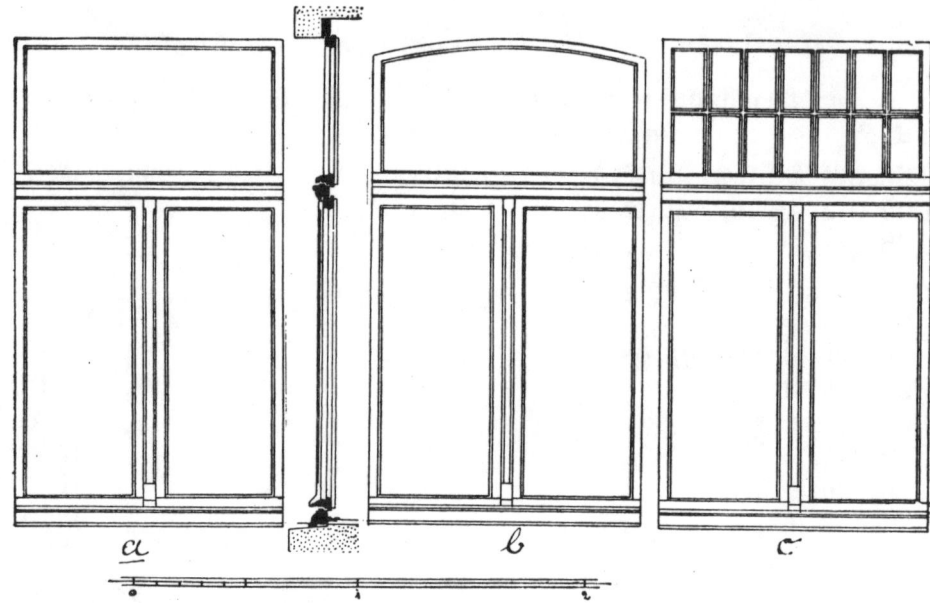

Fig. 92. Dreiflügelige Fenster.

Für Fenster mit Stichbogen (Abbild. 92b) ist pro Fenster ein Mehrpreis von Mk. 1,— für Pitch=pine und Mk. 1,50 für Eichen einzurechnen. Für Fenster mit Holzsprossenteilung (Abbild. 92c) ist pro Überkreuzung ein Mehrpreis von Mk. 0,55 für Fenster aus Pitch=pine und ein Mehrpreis von Mk. 0,85 für Fenster von Eichen= holz einzurechnen.

Zweiflügelige Hoftüre mit Oberlicht. (Fig. 93.)

2,75 × 1,20 m im Lichten groß, einschließlich Einsetzen und Anbringung des Beschlages, jedoch ohne Lieferung desselben.

Pitch-pine; der Einkaufspreis desselben ist mit Mk. 110.— angenommen, zuzüglich 15% Verschnitt ergibt einen Berechnungs= preis von Mk. 129,40 à cbm.

Blindrahmen:

$\left.\begin{matrix} 2\times2,85 \ . \ 0,12 \\ 1\times1,45 \ . \ 0,12 \end{matrix}\right\}$ 46 mm stark = 0,86 qm à Mk. 5,95 = Mk. 5,12

$1\times1,45 \ . \ 0,08$ 80 mm stark = 0,12 qm à Mk. 10,35 = Mk. 1,24

  Türholz:

$\left.\begin{matrix} 2\times2,12 \ . \ 0,12 \\ 2\times2,12 \ . \ 0,13 \\ 2\times0,64 \ . \ 0,14 \\ 2\times0,64 \ . \ 0,15 \\ 2\times0,64 \ . \ 0,35 \end{matrix}\right.$

  Sprossen:

$\left.\begin{matrix} \\ \\ \\ 46 \text{ mm stark} = 2,01 \text{ qm à Mk. } 5,95 = \text{Mk. } 11,96 \\ \\ \\ \end{matrix}\right.$

$1\times4,40 \ . \ 0,03$

Füllungen:
2×0,54 . 0,44 ⎫
   Sockel:
4×0,58 . 0,20 ⎬ 26 mm stark = 1,19 qm à Mk. 3.36 = Mk. 3,99
 Schlagleisten:
2×2,10 . 0,06 ⎭

 Oberlicht:
2×0,60 . 0,07 ⎫
1×1,25 . 0,07 ⎬ 46 mm stark = 0,17 qm à Mk. 5,95 = Mk. 0,95
1×1,25 . 0,07   80 mm stark = 0,09 qm à Mk. 10,35 = Mk. 0,93

An Holz	Mk. 24,19
Zuschneiden	„ 1,85
Zureißen	„ 1,65
Maschinenarbeit (angenommen ist die Verarbeitung in einer Lohnschreinerei)	„ 6,25
Bankarbeit	„ 8,60
Einsetzen	„ 1,75
Geschäftsunkosten 50% vom Lohn (ausschl. Maschinenarbeit)	„ 6,93
Kleinmaterial	„ 0,90
	Mk. 52,12
15% Verdienst	„ 7,82
Verkaufspreis	Mk. 59,94

Dieselbe Tür in Eichenholz.

Der Einkaufspreis des Eichenholzes ist mit Mk. 200,— angenommen, zuzüglich 25% Verschnitt ergibt einen Berechnungspreis von Mk. 266,66 à cbm.

0,21 qm 80 mm stark à Mk. 21,33 = ...	Mk. 4,48
3,04 qm 46 mm stark à Mk. 12,27 = ...	„ 37,30
1,19 qm 26 mm stark à Mk. 6,93 = ...	„ 8,25
An Holz	Mk. 50,03
Zuschneiden	„ 2,—
Zureißen	„ 1,80
Maschinenarbeit (wie oben)	„ 6,90
Bankarbeit	„ 9,50
Einsetzen	„ 1,90
Geschäftsunkosten	„ 7,60
Kleinmaterial	„ 0,90
	Mk. 80,63
15% Verdienst	„ 12,09
Verkaufspreis	Mk. 92,72

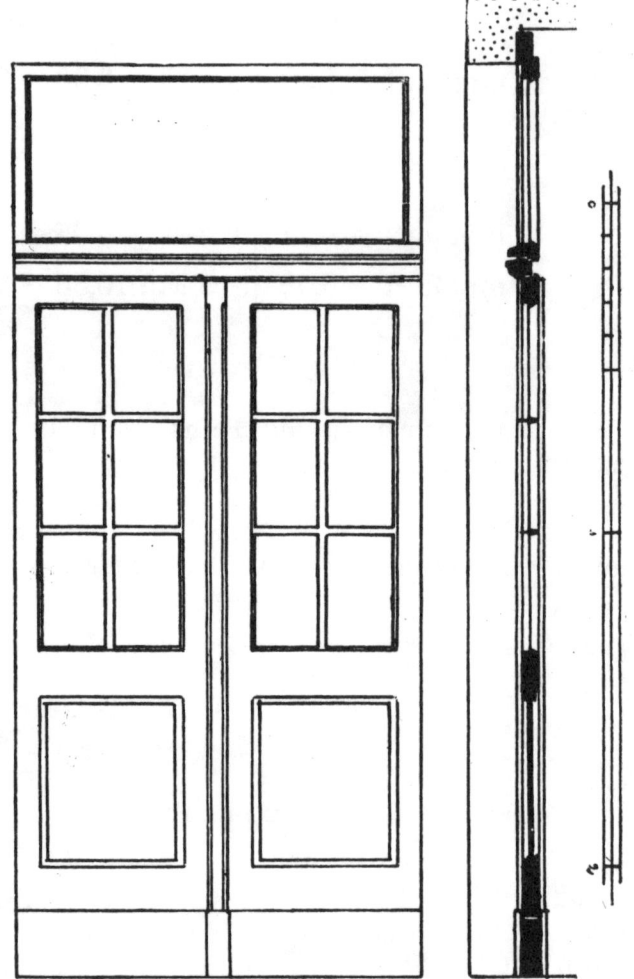

Fig. 93. Zweiflügelige Hoftür.

Zweiflügelige Haustür mit Oberlicht und geschweifter Holzsprossenteilung. (Fig. 94.)

2,75 × 1,40 m im Lichten groß, einschließlich Einsetzen und Anbringung des Beschlages, jedoch ohne Lieferung desselben.

Pitch-pine; der Einkaufspreis ist mit Mk. 110.— ange= nommen, zuzüglich 15% Verschnitt ergibt einen Berechnungspreis von Mk. 129,40 à cbm.

Blindrahmen:

$$\left.\begin{array}{l} 2\times2{,}86 \;.\; 0{,}13 \;\text{aufrecht} \\ 1\times1{,}64 \;.\; 0{,}13 \;\text{quer} \end{array}\right\} 46 \,\text{mm stark} = 0{,}96 \,\text{qm à Mk.}\; 5{,}95 = 5{,}71$$

$1\times1{,}64 \;.\; 0{,}12$ Kämpfer 80 mm stark $= 0{,}20$ qm à Mk. $10{,}35 = 2{,}07$

Türholz:

$$\left.\begin{array}{l} 2\times2{,}20 \;.\; 0{,}20 \;\text{aufrecht} \\ 2\times2{,}20 \;.\; 0{,}18 \quad\text{„} \\ 2\times0{,}72 \;.\; 0{,}15 \;\text{quer} \\ 2\times0{,}70 \;.\; 0{,}15 \quad\text{„} \\ 2\times0{,}70 \;.\; 0{,}40 \quad\text{„} \end{array}\right\} 46 \,\text{mm stark} = 2{,}66 \,\text{qm à Mk.}\; 5{,}95 = 15{,}83$$

Füllungen:

$2\times0{,}92 \;.\; 0{,}40$ 26 mm stark $= 0{,}74$ qm à Mk. $3{,}36 = 2{,}48$

Oberlicht:

$$\left.\begin{array}{l} 2\times0{,}50 \;.\; 0{,}07 \\ 1\times1{,}45 \;.\; 0{,}07 \end{array}\right\} 46 \,\text{mm stark} = 0{,}17 \,\text{qm à Mk.}\; 5{,}95 = 1{,}01$$

$1\times1{,}45 \;.\; 0{,}07$ Wassersch. 80 mm stark $= 0{,}10$ qm à Mk. $10{,}35 = 1{,}04$

Sprossen:

$$\left.\begin{array}{l} 1\times1{,}30 \;.\; 0{,}40 \\ 2\times0{,}60 \;.\; 0{,}40 \end{array}\right\} 46 \,\text{mm stark} = 1 \,\text{qm à Mk.}\; 5{,}95 = 5{,}95$$

Schlagleisten:

$2\times2{,}20 \;.\; 0{,}05$

Sockel:

$2\times0{,}70 \quad 0{,}16$

Glasrahmen:

$4\times0{,}70 \;.\; 0{,}05$

$4\times0{,}30 \;.\; 0{,}05$

$$\left.\begin{array}{l} \end{array}\right\} 26 \,\text{mm stark} = 0{,}64 \,\text{qm à Mk.}\; 3{,}36 = 2{,}15$$

An Holz	Mk. 36,24
Zuschneiden	„ 2,40
Zureißen	„ 2,75
Maschinenarbeit (angenommen ist die Bearbeitung in einer Lohnschreinerei)	„ 18,—
Bankarbeit	„ 35,—
Einsetzen	„ 3,80
Geschäftsunkosten (50% vom Lohn ohne Maschinenarbeit)	„ 21,98
Kleinmaterial	„ 1,50
	Mk. 121,67
20% Verdienst	„ 24,33
Verkaufspreis ohne Beschlaglieferung	Mk. 146,—

Dieselbe Haustür in Eichenholz.

Der Einkaufspreis des Eichenholzes ist mit Mk. 200,— angenommen, zuzüglich 25% Verschnitt ergibt einen Berechnungspreis von Mk. 266,66 à cbm.

1,38 qm	26 mm	ſtark à Mk.	6,93 = ...	Mk.	9,56
4,79 qm	46 mm	ſtark à Mk.	12,27 = ...	„	58,77
0,30 qm	80 mm	ſtark à Mk.	21,33 = ...	„	6,40

An Holz	Mk.	74,73
Zuſchneiden	„	3,—
Zureißen	„	2,75
Maſchinenarbeit (wie oben)	„	19,80
Bankarbeit	„	38,50
Einſetzen	„	4,—
Geſchäftsunkoſten	„	24,13
Kleinmaterial	„	1,50
	Mk.	168,41
20% Verdienſt	„	33,68
Verkaufspreis	Mk.	202,09

Fig. 94. Zweiflügelige Haustür.

Bei Offerten über sogen. schwedische Zimmertüren sind stets auf die Preislisten der Türenhandlungen 10 % Verdienst aufzurechnen, sowie für Anschlagen und Einsetzen einer einflügligen Tür mindestens 4,50 Mk., für eine Doppeltüre mindestens 7,50 Mk. zu berechnen. Die erforderlichen Beschläge werden mit 10 % Aufschlag auf die Einkaufspreise berechnet. Die Berechnung der Treppen erfolgt pro Stufe, und die schmalen Ausgangsstufen werden als volle Stufen berechnet. Treppensockel und Brüstungsgeländer werden besonders berechnet. Der Preis richtet sich nach Holzart und Ausführung.

Auch die Übernahme-Bedingungen und Zahlungsfristen im Baugewerbe liegen noch sehr im Argen und mancher Bauschreiner läßt sich von den Bauunternehmern übertölpeln und muß sich große Abzüge gefallen lassen oder bekommt zum Schluß gar nichts für seine Arbeiten. Abgesehen davon, daß die meisten Bauschreiner gar keine Zahlungsbedingungen bei Übernahme von Arbeiten stellen und nachher jeden Samstag wie ein Bettelmann den Bauunternehmern um Abschlagszahlungen nachlaufen müssen.

Vorbildlich ist hiergegen der Lieferungs-Vertrag, welchen der Rheinisch-Westfälische Provinzial-Tischler-Verband, Sitz Düsseldorf, herausgegeben hat:

Lieferungs-Vertrag

betr. die Übernahme der ....

....

für Herrn ....

....

      (Ort)   (Straße)

§ 1.

Der Schreinermeister ....
übernimmt die Lieferung und Ausführung der oben bezeichneten Arbeiten. Dieselben sind genau nach Zeichnung anzufertigen und erklärt der Schreinermeister sich hinsichtlich der Art und Ausführung und der Qualität der zu verwendenden Materialien, sowie der Berechnung der Preise, wie solche in beigelegtem Kostenanschlage enthalten ist, gebunden.

§ 2.

.... verpflichtet sich zur Herstellung guter, solider und sachgemäßer Arbeit und bleibt 3 Monate nach Abnahme der Arbeiten und Lieferungen für sämtliche Schäden, welche infolge mangelhafter Ausführung oder fehlerhaften Materials sich zeigen, verantwortlich. _____

ist jedoch verpflichtet, dem Schreinermeister _____ vorher Mitteilung darüber zu machen, ob die Schreinerarbeiten in Räumen mit Zentralheizung angebracht werden sollen oder nicht. Bei Feststellung mangelhafter Ausführung oder fehlerhaften Materials, worüber in Streitfällen gemäß § 9 dieses Vertrages Handwerker= sachverständige zu urteilen haben, sind die hervortretenden Schäden von dem Schreinermeister _____ zu beseitigen und evtl. auch durch neue Arbeiten und Lieferungen zu ersetzen. Die Abnahme der Arbeiten erfolgt innerhalb 14 Tagen nach der vom Schreinermeister erfolgten Anzeige der Fertigstellung. Raten=Zahlungen werden bis zu $5/6$ der im Verhältnis vorgerückten Arbeiten und Lieferungen geleistet. Der Rest wird bei Einreichung der Rechnung, welche sofort nach Fertigstellung zuzustellen ist, inner= halb der nächsten 14 Tage, in welcher die Prüfung der Rechnung stattgefunden haben muß, ausgezahlt. Die einzelnen Abschlags= zahlungen werden auf Grund eines von _____ aufzustellenden Verzeichnisses der gefertigten Arbeiten und Liefe= rungen, welches von dem betreffenden Bauleiter zu bescheinigen ist, geleistet und müssen 3 Tage vorher beantragt werden.

§ 3.

Die Ausführung der Arbeiten ist derart zu betreiben, daß die gesamten Arbeiten am _____ fertig und zur Übernahme bereit gestellt sind.

Sollte durch Verzögerung anderweitiger Arbeiten ein Aufent= halt entstehen, so verlängert sich die Lieferfrist um diese Zeit der Verzögerung. Dasselbe tritt ein, wenn es dem Schreinermeister infolge von Streik, Brand, Überschwemmung und Naturereignissen unmöglich wird, die Arbeiten zum vorgeschriebenen Termin fertig= zustellen. In letzterem Falle hat er dem Auftraggeber die Ursache und voraussichtliche Dauer der Verzögerung schriftlich mitzuteilen.

Für jeden Tag, um welchen die festgesetzte Fertigstellungsfrist überschritten wird, hat der Schreinermeister, wenn es sich um Ursachen handelt, die oben nicht erwähnt sind, und die er zu vertreten hat, nach fruchtloser Inverzugsetzung eine Entschädigung von Mk. _____ zu zahlen.

§ 4.

Preise und Art der Ausführung aller im Anschlage nicht vorge= sehenen Arbeiten und Lieferungen müssen vorher vereinbart werden. Über Tagelohnarbeiten ist wöchentlich dem Auftraggeber schriftlich zu berichten. Als Tagelohnsätze sind die Sätze in Anrechnung zu bringen, die in der am Orte befindlichen Schreiner=Innung üblich sind.

§ 5.

Der .... ist verpflichtet, Ände=
rungen der veranschlagten Arbeiten insoweit sich gefallen zu lassen,
als dieselben durch nachträgliche Bestimmungen des Auftraggebers
notwendig werden.

Bei hierdurch entstandenen Mehr= oder Minderarbeiten erhält
der Schreinermeister eine Vergütung, die durch besondere Verein=
barung vorher festzustellen ist.

§ 6.

Die der Rechnung der von .... über
geleistete Arbeiten zu Grunde zu legenden Maße ist er verpflichtet,
gemeinschaftlich mit dem Auftraggeber festzustellen.

Bei der Ausmessung ist die im folgenden Paragraphen ange=
führte Maßordnung zu benutzen.

§ 7.

Maß=Ordnung.

1) Fenster werden stets äußere Holzkante gemessen. Fenster
unter 1 qm werden als 1 qm gerechnet. (Es empfiehlt sich, Fenster
per Stück, nicht per qm zu vereinbaren.)

2) Für Blenden muß das äußere, wirkliche Maß nach dem
Anschlagen gemessen werden. Blendlatten oder Blendleisten werden
extra berechnet.

3) Bei Fußböden wird das Maß zwischen dem Mauerwerk
in Anrechnung gebracht, kleinere Pfeilervorsprünge bis zu $1/2$ qm
werden nicht abgerechnet.

4) Sockel werden überall an den längsten Stellen gemessen.

5) Wandverkleidungen gleichfalls an den längsten Stellen.
Für ausladende Gesimse und Konsolbretter über 10 cm wird die
Ausladung der Höhe zugerechnet.

6) Dachgesimse werden für das laufende Meter an den äußersten
Kanten der größten Ausladung rundum gemessen.

7) Treppen. Austrittstufen werden zu einer vollen Stufe
gerechnet. Podeste werden, wenn in einfacher Ausführung zu
2 Stufen, in reicherer Ausführung und mit Riemenboden zu je
3 Stufen als Zuschlag besonders berechnet. Wechselbretter und
Balkenbekleidungen, sowie Flur und Schutzgeländer werden per
laufendes Meter je nach Ausführung besonders in Anrechnung
gebracht.

§ 8.

Bei Streitigkeiten soll die Beschreitung des Gerichtsweges
ausgeschlossen sein.

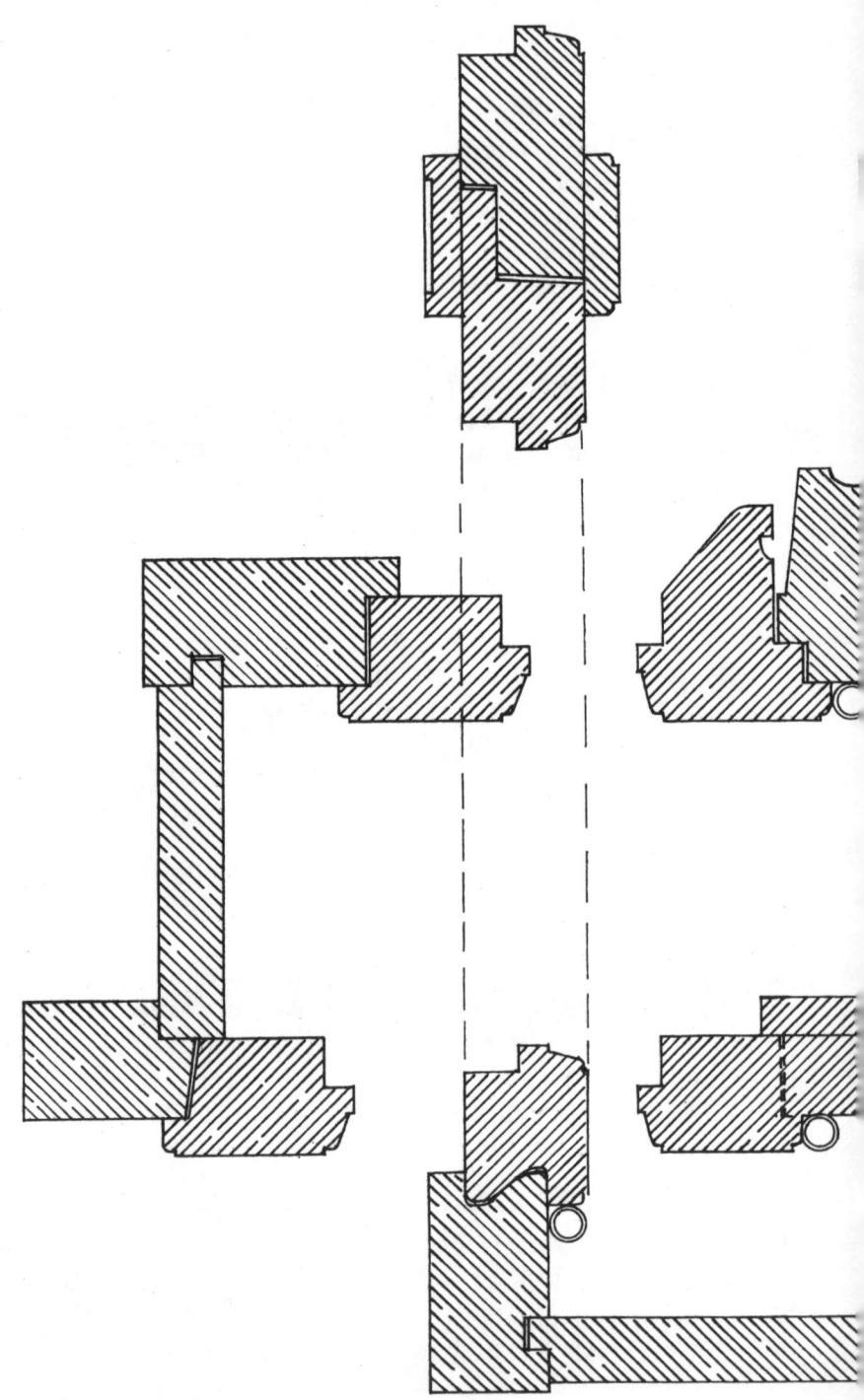

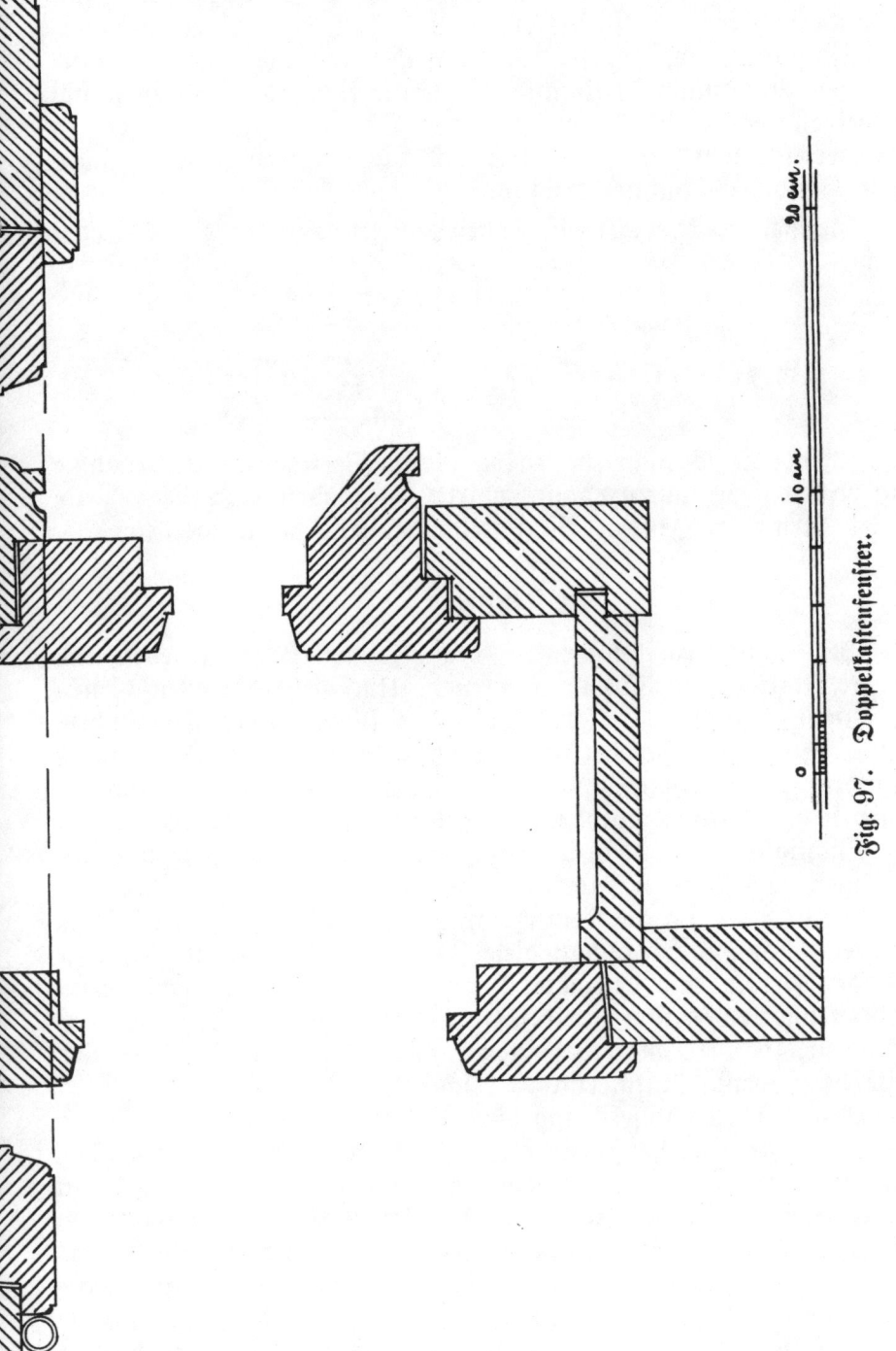

Fig. 97. Doppelkastenfenster.

Besteht am Orte keine Schutzvereinigung, so entscheiden Sach=
verständige, deren jede Partei einen zu wählen hat. Wird hierdurch
eine Einigung nicht erzielt, so entscheidet ein von den Sachver=
ständigen gemeinsam bestimmter Obmann endgültig. Können sich
die beiden Sachverständigen über den Obmann nicht einigen, so
wird derselbe von der im Bezirke der ausgeführten Arbeit zuständ=
digen Handwerkskammer ernannt.

Die Verteilung der entstehenden Kosten bestimmt das Schieds=
gericht.

...., den.................19.....

(Ort)

Der Schreinermeister: Der Auftraggeber:

....

Wenn die Bauschreiner alle diesen Vertrag bei Übernahme
von Arbeiten benutzten, dann würde es wahrlich in dem heute
so tief darniederliegenden Bauschreinergewerbe besser werden.

Fenster.

Der Zweck des Fensters ist, den Räumen Licht zu geben und
zur Ventilation der Räume zu dienen. Um diesen Zwecken dienen
zu können, muß man möglichst viel Glasfläche zu erreichen suchen,
indem man die Holzbreiten auf das erreichbare Mindestmaß
zurückdrängt, anderseits müssen die Fenster leicht und praktisch zu
öffnen sein. Daraus ergibt sich, daß die Zweckform beim Fenster
das Wichtigste ist. Doch läßt sich diese Zweckform sehr gut mit
gefälligen und schönen Formen vereinigen.

Wenn man sich die Fenstereinteilung an alten Häusern besieht,
wie freundlich und formschön diese Fensteraugen auch die einfachste
Fassade beleben, und betrachtet dann die meist furchtbar nüchterne,
schablonenhafte Fenstereinteilung unserer heutigen Durchschnitts=
architektur, so wird man bekennen müssen, daß man der formalen
Gestaltung wenig Aufmerksamkeit schenkt.

Auch der heute so sehr eingebürgten Sitte, die Fenster, besonders
die Oberlichte, durch Holzsprossen in kleine Rauten aufzuteilen,
kann man nur bedingungsweise zustimmen. Diese Teilung hat
ihre Entstehung in der Zeit, wo man keine größeren Glasscheiben
fabrizieren konnte. Man soll doch keine gefängnisartige Vergitterung
schaffen, wo es nicht nötig ist, aber andererseits sind zu große Glas=
flächen nicht überall angebracht, denn man wird hinter solchen
großen Scheiben das Gefühl nicht los, daß man auf der Straße
säße, und empfindliche Naturen frösteln im warmen Zimmer im
Winter hinter diesen Riesenscheiben.

Es ist durchaus nicht nötig, daß alle Fenster wie in Parade gleichgestaltet in der Fassade stehen. Die Fenstergestaltung soll sich nach dem Charakter des Raumes richten und die Lösung ist dann auch bald gefunden.

In der Regel teilt man die Fenster in der Höhe so ein, daß knapp $1/3$ der Lichtfläche auf das Oberlicht kommt und stark $2/3$ auf die unteren Flügel. Für normale Fenster ist diese Einteilung ja ganz gut, aber überall ist sie nicht angebracht. Am schwierigsten sind noch Einteilungen von breiten, etwa sechsflügeligen Fenstern mit Rund= und Korbbogen zu lösen (Fig. 95). Normen kann man dafür nicht angeben, es kommt eben auf die Raumgestaltung, die umgebenden Formen und nicht zuletzt auf den guten Geschmack an.

Fig. 95. Sechsflügeliges Fenster mit Korbbogen.

Die Einrichtung des Öffnens der Fenster, zwecks Ventilation der Räume, ist auf verschiedene Art gelöst worden. Man hat nach außen aufgehende, nach innen aufgehende und Schiebefenster. Das nach außen aufgehende Fenster ist nicht sehr eingebürgert, was wegen seiner vielen Mängel, wie Zerschlagen bei starkem Wind und der Gefahr des Herausfallens auch gar nicht bedauerlich ist. Wir haben fast überall das nach innen aufgehende Fenster. Daß diese Einrichtung die praktischste ist, wird wohl keine Hausfrau zugeben. Zerrissene Vorhänge, heruntergeworfene Blumentöpfe und das jedesmalige Abräumen der Fensterbänke sind einige Annehmlichkeiten dieses Systems. Gemildert werden diese Mängel durch die praktischen Öffnungskonstruktionen der Oberlichte. Eine richtige Ventilation kann da aber auch nur erzielt werden, wenn durch Öffnen der Türe Zugluft entsteht. All diese Mängel hat das Schiebefenster nicht, es nimmt durch vorstehende Flügel keinen Raum weg, die Fensterbank kann voll ausgenutzt werden, besonders zur Blumenpflege, und was das wichtigste ist, es ermöglicht eine gute Lüftung, indem man durch einen oberen und unteren Öffnungsspalt eine Luftzirkulation erzielen kann.

Das Schiebefenster ist etwas teurer als die anderen Systeme, aber seine Vorzüge sind so durchschlagend, daß man seine allgemeine Einführung nur befürworten kann.

In neuerer Zeit hat man sich der Konstruktion von Schiebefenstern (Fig. 96) sehr angenommen, und eine ganze Reihe von patentierten Systemen gibt Zeugnis davon. Darunter sind auch welche, die sich schieben und seitlich öffnen lassen. Diese Systeme einzeln durchzugehen, führt hier zuweit, da heißt es eben probieren und das Beste behalten. Bei allein oder an Wasserläufen stehenden besseren Gebäuden wird auch oft gegen Kälte und Luftzug das Doppelfenster (Fig. 97 S. 136 u. 137) angebracht. Hier ist zu beachten, daß zwischen den beiden Glasscheiben ein nicht zu schmaler Zwischenraum bleibt, weil eben diese Luftschicht das Bilden von Eisblumen und Schwitzwasser verhindert und die beiden Temperatur-Unterschiede trennt. Bei der Konstruktion dieser Fenster ist darauf zu achten, daß das äußere Fenster beim Öffnen durch den Blindrahmen des inneren gehen muß. In neuerer Zeit hat man auch versucht, Doppelfenster herzustellen, indem man besonders dichtschließende Fälze anwandte und in doppelten Fälzen die Flügel mit zwei hintereinanderliegenden Glasscheiben versah (Fig. 98), oder auch in den verglasten Flügel noch ein besonderes verglastes Rähmchen, welches sich auch öffnen läßt, einfälzte.

Als Fensterschutz ist in neuerer Zeit an Stelle der Schlagladen der Rolladen getreten. Weit bequemer ist ja der Rolladen, aber an kleinen Landhäuschen und Villen sollte man wegen der

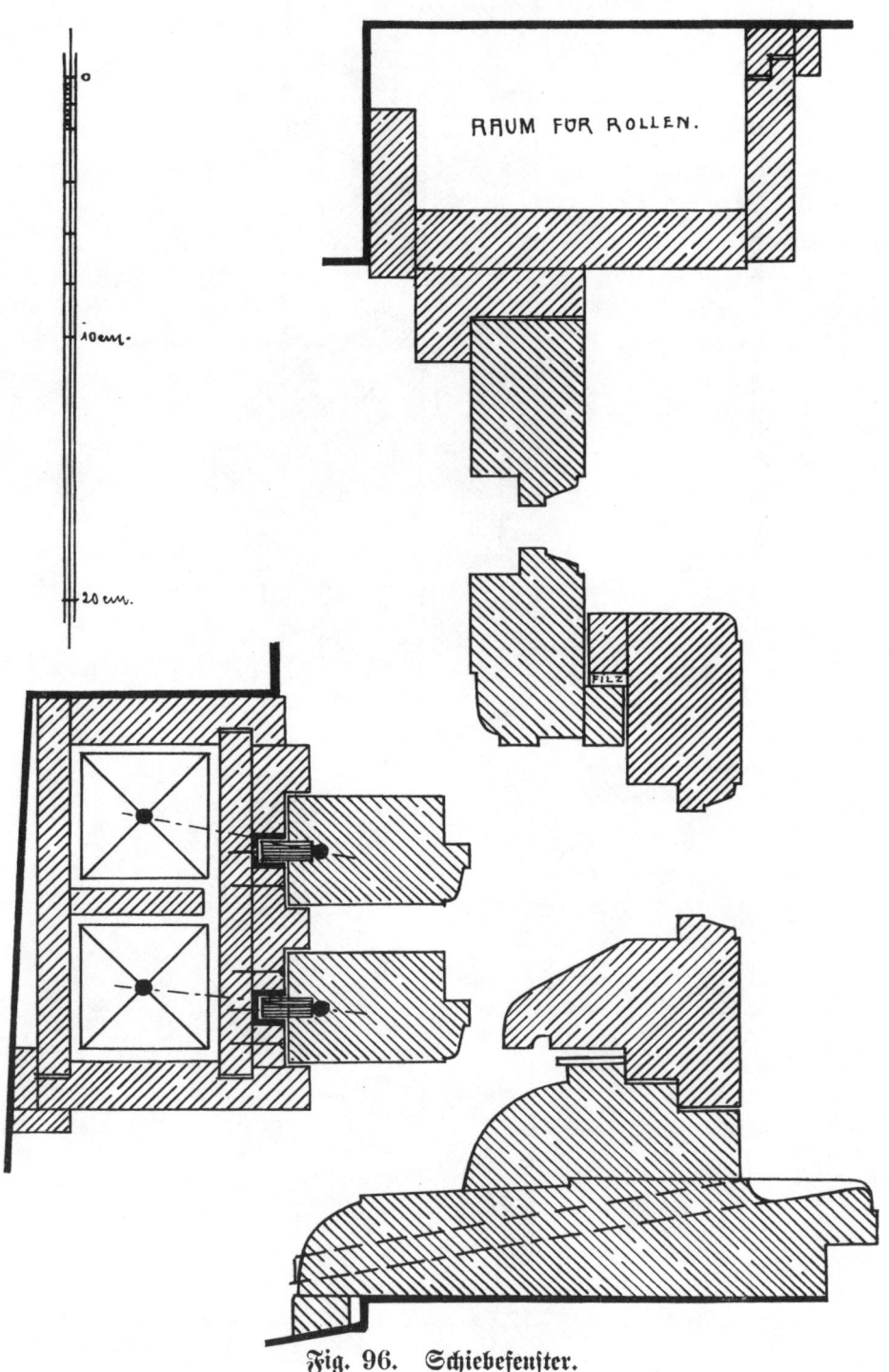

Fig. 96. Schiebefenster.

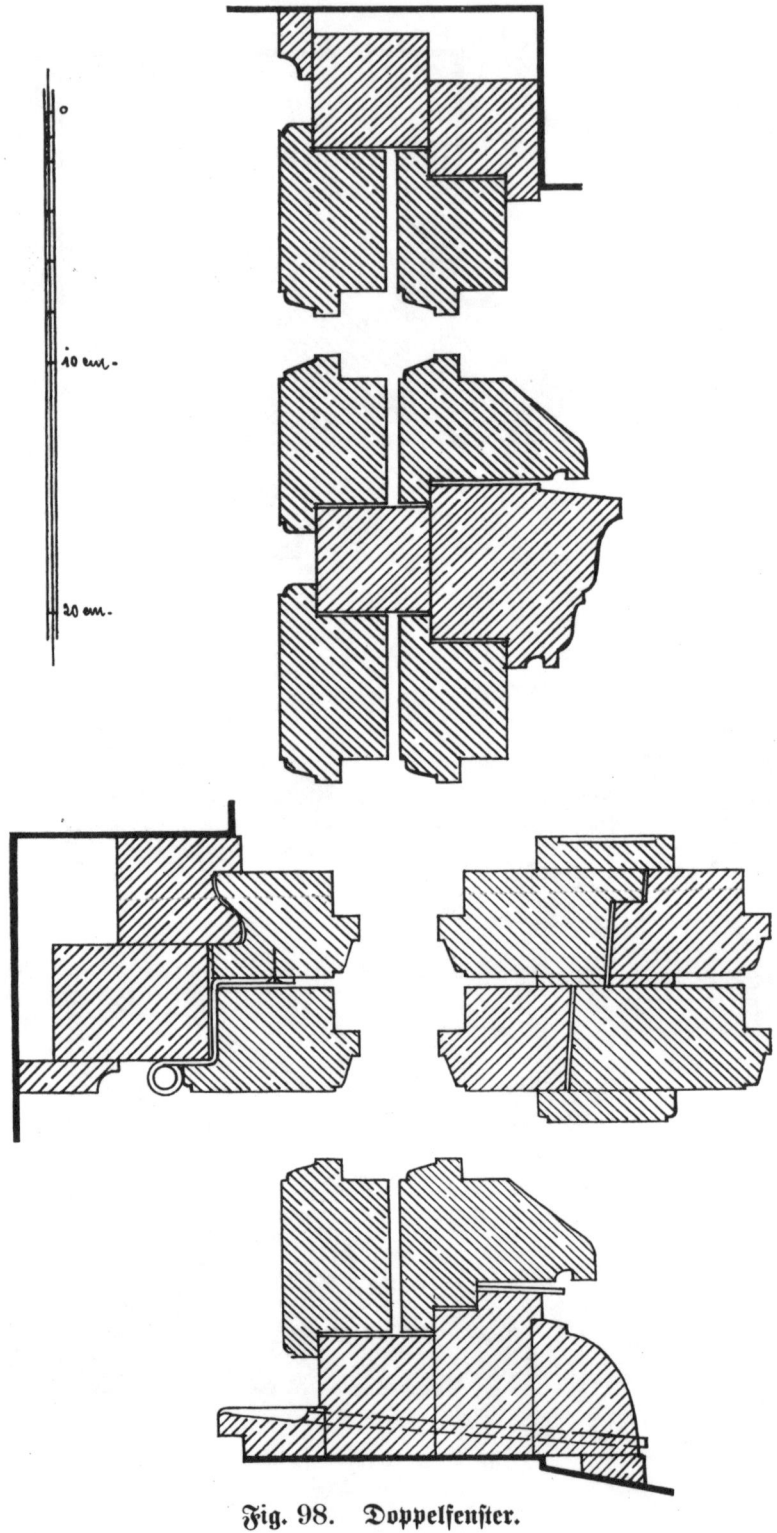

Fig. 98.   Doppelfenster.

dekorativen Wirkung in der Fassade die Schlagladen vorziehen, auch sind dieselben diebessicherer. Vielfach benutzt man auch den Rolladen durch Anbringung einer Ausstellvorrichtung als Sonnen= blende. Zu letzterem Zwecke hat man ja auch die Jalousien erson= nen, in Abständen aufeinander gereihte Brettchen, bei welchen durch Schrägstellen die Abblendung erzielt wird. Im Allgemeinen erfüllen diese Jalousien ihren Zweck sehr gut, nur müßte mehr Wert auf die Formen der oberen Deckbretter oder Lambrequins gelegt werden. Die scheußlichen gestanzten Zinkgalerien sind meist fürchterlich orna= mentiert und verderben sehr oft die ruhige Wirkung der Fassade. Auch sollte der Architekt, da wo Jalousien vorgesehen sind, möglichst Rundbogenfenster vermeiden, denn da ist die Anbringung der Jalousien geradezu häßlich.

Die Verglasung der Fenster wird gewöhnlich außerordentlich kümmerlich behandelt. Und doch ist eine gute Verglasung aus 6/4 Glas 1. Sorte oder Spiegelglas unbedingt nötig. Man vergleiche nur die Wirkung einer Fassade, die Fenster mit Spiegelglas aufweist, mit einer solchen die mit 4/4 Streifenglas verglast ist. Man wird nicht nur finden, daß die Verglasung die Schreinerarbeiten hebt, sondern auch dem ganzen Gebäude zu gute kommt. Zudem ist eine starke Verglasung für den Bestand der Fenster vorteilhaft.

Fußböden.

„Ein nebensächliches Kapitel", wird mancher Schreiner aus= rufen und doch — wenn man der Sache auf den Grund geht, wird man manches zu bemängeln finden und auch auf Abhilfe sinnen.

Den Anforderungen, welche die heutige Hygiene an die Holz= fußböden stellt, entsprechen dieselben in den wenigsten Fällen. Sehr bald entstehen trotz der schmalen Bretter durch Eintrocknen des Holzes Ritzen und Fugen, in welchen sich durch Schmutzansamm= lungen ganze Herden von Bazillen und Krankheitserregern sammeln, die bei jedem Luftzug aufwirbeln und die Gesundheit des Men= schen gefährden.

Diese gesundheitswidrigen Böden sind auch eine Errungenschaft der Neuzeit, ein Produkt der raschen und billigen Bauweise. Die vom Holzhändler fix und fertig bezogenen und lufttrockenen Dielen kommen in den klatschnassen Bau, lagern einige Tage bis zur Legung dort und nehmen während dieser Zeit die Nässe natürlich auf und quellen. Wird nun später in dem fertigen Bau tüchtig geheizt, dann ist das Malheur da. Gespundete Bord sind dann eher von Nachteil als wie von Vorteil, weil dieselben wegen der geringen Tiefe der

Fugen nicht ausgespänt werden können und den Schmutz nicht durch=
fallen lassen, sondern ihm eine flache und um so gefährlichere Ablage=
rungsstätte bieten.

Hinzu kommt, daß durch diese Feuchtigkeit sich noch der schlimmste
Holzzerstörer, der Hausschwamm bilden kann, welcher bekanntlich an
der Unterseite der Holzfußböden am meisten auftritt. Da ist es
durchaus nicht unwichtig, daß der Schreiner auch darauf sieht, daß
das Füllmaterial unter den Böden völlig trocken und frei von
fäulniserregenden Bestandteilen ist und, wo eben möglich, auch
ventiliert wird.

Der Hauptgrund des ganzen Übels liegt, wie schon vorne
erwähnt, in dem Hetzen der heutigen Bauweise. Da nützt auch
das ausgetrocknetste Material nichts. Wir haben schon Parkett=
böden gesehen, die durch die Feuchtigkeit der Wände in der Mitte
des Zimmers fast einen Meter hoch gegangen waren.

Da lobt man sich doch noch das alte Verfahren, wo der Meister
schöne bis zu 30 cm breite Bretter aussuchte und dieselben den
ganzen Winter in seiner Werkstatt trocknete und pflegte, auch, was
nicht zu verachten ist, den ganzen Winter mit seinen Gesellen und
Lehrlingen durch das Behobeln Arbeit hatte. Während der Zeit
trocknete der Bau schön aus und der Erfolg war, daß die doppelt
so breiten Bretter gegen die heutigen selten bemerkenswerte Fugen
bekamen.

Man kann die Arten der Fußböden einteilen in: Dielen=
Böden, Riemen=Böden und Tafelparkett=Böden.

Unter Dielenböden versteht man einfache Bretter möglichst in
Zimmerlänge mit glatter Stoßfuge, übereinander gefälzt, gespundet
oder gefedert. Zu erwähnen ist hierbei noch, daß stets die linke
Seite des Holzes nach oben kommen muß, um ein Absplittern zu
verhindern.

Unter Riemenböden versteht man verschiedene Arten von
Böden, die zumeist aus kürzeren, aber immer schmalen Brettern
aus edlerem Material, wie Eiche, Buche, Teak u. a., meist aus=
ländischen Holzarten bestehen. Verlegt werden dieselben entweder
mit versetzten Fugen, (d. h. die Längsstoßfuge liegt beim zweiten
Riemen in der Mitte der Länge des ersten Riemens) oder auch
als sogenannten Fischgradboden, indem die Riemen immer gegen=
einander unter 45° laufen. Meist wird in letzterem Falle als
Unterlage ein Blindboden aus unbehobelten Brettern gelegt. Sehr
oft legt man den Fischgratparkettboden, besonders in Parterreräumen
und gewerblichen Räumen in heißen Asphalt.

Der schönste Fußboden ist der Tafelparkettboden, welcher
aus einzelnen quadratischen Tafeln von 37 bis 70 cm Kantenmaß

bestehen. Hier kann durch Rahmenwerk und Einlagen in den verschiedensten edleren Hölzern eine große Mannigfaltigkeit der schönsten Muster erzielt werden. In der Regel werden diese Böden noch durch einen schönen Randfries umrahmt.

Zur Hebung der Schönheit und auch der Haltbarkeit wird die Oberfläche der Fußböden noch mit einer deckenden Schicht überzogen. So werden die einfachen Dielenböden mit Ölfarbe gestrichen und mit einem dauerhaften Lack lackiert. Die Riemen- und Tafelparkettböden werden meist gewichst, d. h. mit einer Wachssalbe eingerieben und dann mit einer Parkettbürste gewichst.

Nun hat man auch allerlei Ersatz für die Holzfußböden ersonnen, wie fugenlose Steinholzböden, Linoleumbelag auf Gipsestrich und andere mehr. Dieselben sind ja in hygienischer Beziehung vollständig einwandfrei, aber sie können doch in vieler Beziehung den wärmeren und beim Gehen viel angenehmeren Holzfußboden nicht ersetzen. Hier versprechen die neu eingeführten großen abgesperrten Fußboden-Tafeln doch mehr, wenn die Frage gelöst ist, wie die oberste dünne Holzschicht vor dem Verschleiß und Abtreten geschützt wird.

Die Fuge zwischen Wand und Fußboden wird mit einem Holzsockel gedeckt, welcher gleichzeitig zum Schutze der Wand dient.

Das einfache Annageln der Sockelleisten an die Wände ist konstruktiv nicht richtig, denn die Balkenlagen trocknen auch ein, nehmen den Fußboden mit und die Fußleiste hängt in der Luft. Da gibt es eine einfache Sockelkonstruktion, welche diesen Fehler vermeidet und zwar durch die Teilung der Leiste, wovon der untere Teil an den Fußboden, und der obere Teil, welcher durch eine Nutung sich in den unteren schiebt, an der Wand befestigt wird. Leider wird diese Sockelart fast garnicht angewendet.

Der einfache Dielenfußboden, welcher die größte Verbreitung hat und überall in einfachen Bauten zu finden ist, weist leider noch die größten Fehler auf.

Es wird wahrlich höchste Zeit, daß man diesem scheinbar so nebensächlichen Holzfußboden etwas mehr Aufmerksamkeit zuwendet, will man nicht, daß auch dieser Artikel dem Schreinerhandwerk verloren geht.

Zimmertüren.

Bis in die letzte Zeit hatte die sogenannte schwedische Zimmertüre, die aus Schweden eingeführt oder im Inlande gemacht war das Vorrecht.

Man hatte die Wahl zwischen einer Vier=, Fünf= oder Sechs=
füllungstür, zwischen eingeschobenem oder übergeschobenem Profil,
und damit war die Sache erledigt. Wer nun was anlegen wollte,
der ließ sich noch einen Aufsatz über die Türbekleidung setzen und
das Ganze prächtig in Nußbaum oder Eiche masern.

Alles andere, wie Lambris, Decken usw. wurde prächtig gestaltet,
nur die Türe saß als Normalform dazwischen, mußte auf alles
passen. Man hatte sich daran gewöhnt, daß es gar nicht mehr
auffiel.

Heute denkt man anders und gibt der Türe eine Form, daß
sie sich der Umgebung architektonisch richtig einreihen kann.

Das überschobene Profil ist beinahe ganz abgetan, und an
Stelle dieser Verzierung tritt eine schöne Einteilung und Gliederung
mit kleinem oder auch gar keinem Profil. Da sehen wir Auf=
teilungen der großen Fläche in lange schmale Füllungen, vielleicht
oben belebt durch eine sprossengeteilte Glasfüllung. Auch Rahmen=
werk mit einer großen Füllung, ja sogar ganz glatte Türen sind
heute sehr beliebt, besonders in Krankensälen usw. Diese großen
glatten Flächen bilden bei der entwickelten Sperrholztechnik ja keine
Schwierigkeiten mehr.

Diese schlichten und glatten Türformen stören keine Architektur
der Zimmereinrichtung, besonders wenn sie in einer neutralen Farbe,
wie weiß, oder lichtgrau oder blauweiß gestrichen sind, und sind
doch schön (Fig. 99, 100 u. 101).

Dieses gilt nun nicht nur für herrschaftliche Wohnungen,
sondern besonders für einfache bürgerliche Wohnungen.

In den feineren Bauten geht meist die Gestaltung der Türen
weiter, und sie werden der Ausbildung der einzelnen Räume an=
gepaßt. So findet man heute oft beiderseits verschieden
gestaltete und bearbeitete Zimmertüren; etwa auf der einen
Seite gebeizte Eiche in viele quadratische Füllungen eingeteilt und
auf der anderen Seite eine große Füllung mit oder ohne Intarsien
in Mahagoni poliert. Solche Türformen bieten durch Verwendung
des Sperrholzes gar keine technischen Schwierigkeiten.

Den naturlackierten oder leicht lasierten Türen aus Kiefern=
holz oder Carolina-pine sollte man mehr Aufmerksamkeit schenken,
denn solche Türen geben immer eine prächtige Wirkung. Leider
wird bei Verwendung solcher Hölzer, besonders bei der maschinellen
Massenanfertigung, der Ausnutzung der Materialschönheiten zu
wenig genügt. Das Holz muß eben nach Maserung und Farbe
ausgesucht und sortiert werden, und es dürfen nicht willkürlich
Maserungen auf den Kopf gestellt werden oder andere Nachlässig=
keiten vorkommen.

Auch dem Beschlag ist mehr Beachtung zu schenken. Die mit der Zeit fortschreitenden Fabrikanten bringen darin wirklich praktische Neuerungen auf den Markt. Da sind Schlösser mit Messingstulpe, die in einem Eisenrahmen sitzt, der es ermöglicht, daß man das Schloß bis zur Fertigstellung des Anstriches herausnimmt, und es so vor dem Verschmieren mit Farbe schützt. Drücker und Lang= schild dazu seien möglichst glatt und einfach. Für die Fitschen hat man eine Bronzehülse ersonnen, welche man nach dem Anstrich

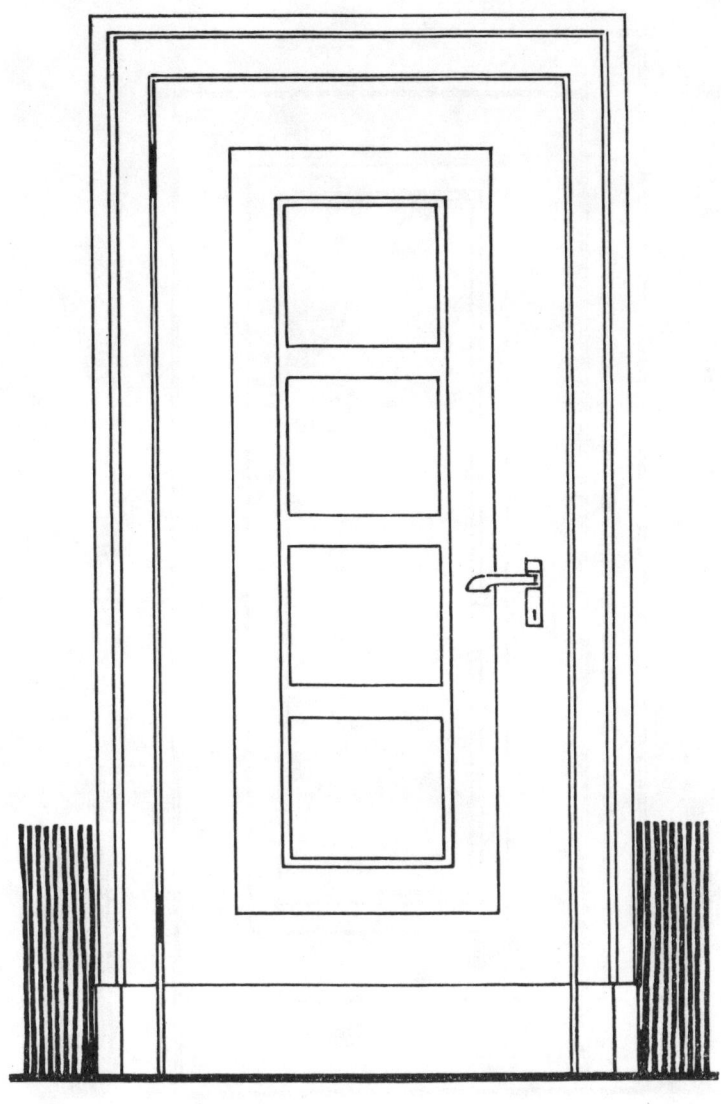

Fig. 99. Zimmertür. M. 1 : 20.

10*

einfach über die Fitsche steckt. So erzielt man ein einfaches und doch vornehm wirkendes Dekorationsmittel.

Wo Gesellschaftsräume zu trennen sind, oder wo für eine Drehtüre kein Raum vorhanden ist, da ist die Schiebetüre am Platze, als Durchgangstüre ist dieselbe zu umständlich zu handhaben und wird sich auch nie einbürgern. Soll irgendwo eine Schiebe= tür angebracht werden, so muß der Schreiner schon beim Rohbau sein Augenmerk auf die richtigen Vorbedingungen richten. Der darüberliegende Träger muß gelocht werden, um einen Balken oder ein Bohlenstück daran befestigen zu können, an dem später die

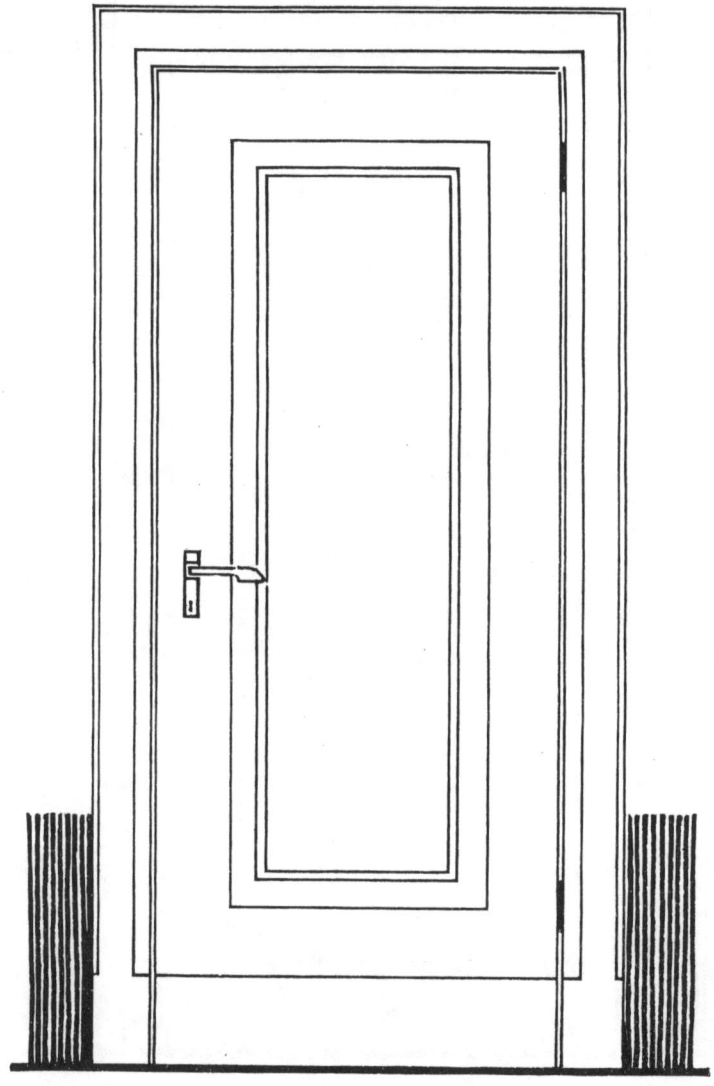

Fig. 100. Zimmertür. M. 1 : 20.

Laufschienen angeschraubt werden können. Ferner muß die Nische zum Einschieben der Türen mindestens ½ Stein tief sein und später durch Gips= oder Cementdielen geschlossen werden; nicht durch Rabitzputz, denn deren rauhe Innenseite läßt immer Brocken abfallen, welche dann die Türe zerkratzen. Über dem Türloch muß in der ganzen Breite der geöffneten Türe ein Spalt von ca. 40 cm Höhe bis nach dem Anschlagen der Türe offen bleiben. Es empfiehlt sich auch, diesen Spalt nicht durch Putz, sondern durch ein Holz=rahmwerk (ähnlich wie Rolladenkasten) zu schließen, damit man

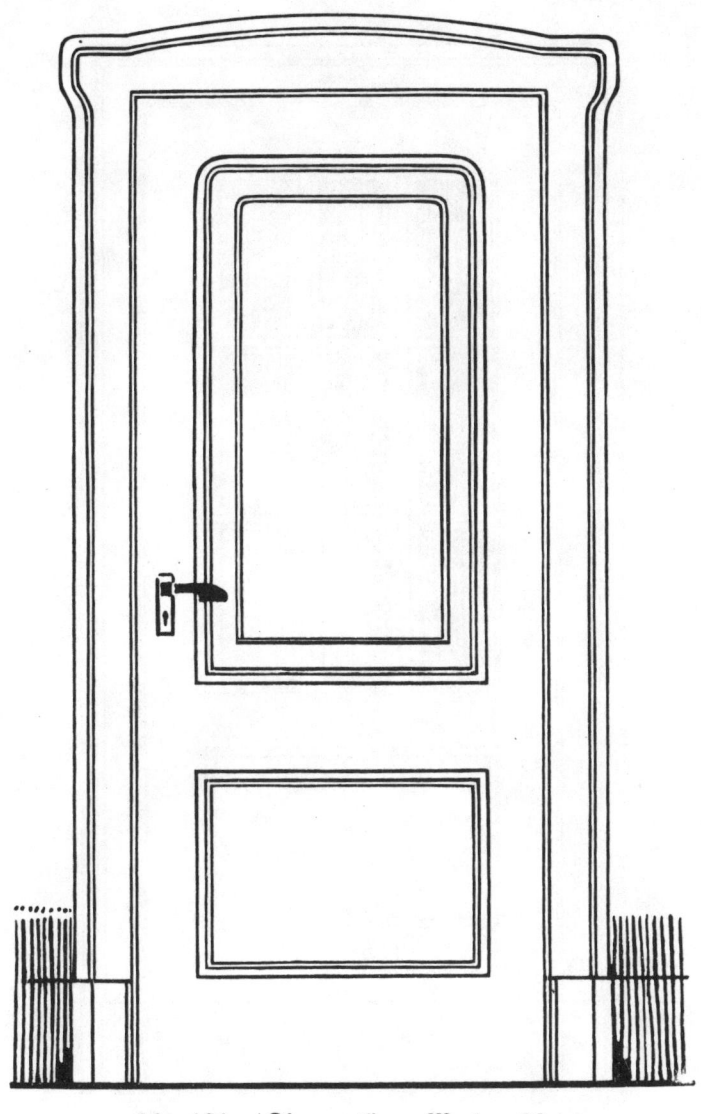

Fig. 101. Zimmertür. M. 1 : 20.

zu jeder Zeit den Beſchlag nachſehen kann. Dieſe Holzklappen ſind mit der Wand bündig zu machen, ſo daß man darüber tapezieren kann, weil das Herausnehmen derſelben ja doch ein ſeltener Notfall iſt.

An guten Beſchlägen für Schiebetüren iſt heute kein Mangel und man hat heute neben den lange den Markt beherrſchenden amerikaniſchen Beſchlägen auch eine ganze Reihe guter deutſcher Fabrikate.

Um dunkle Flure zu beleuchten oder zwei Zimmer miteinander zu verbinden kommen vielfach ſog. Glastüren zur Verwendung (Fig. 102 u. 103).

Fig. 102. Zimmertür mit Verglaſung. M. 1 : 20.

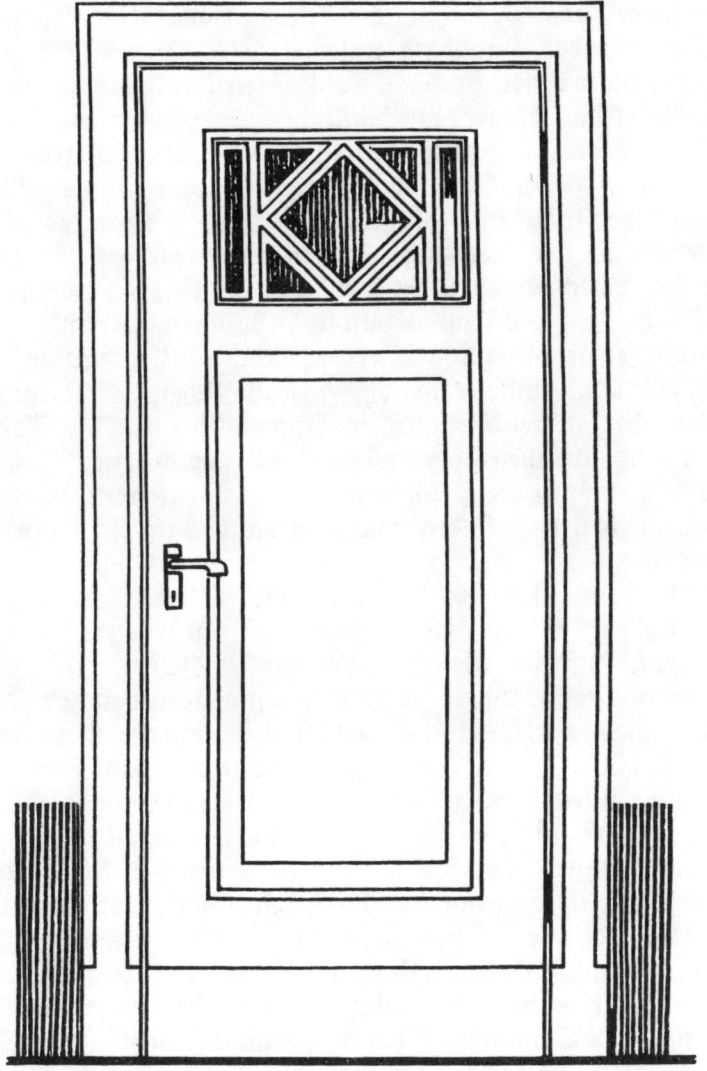

Fig. 103. Zimmertür mit Verglasung. M. 1 : 20.

Haustüren.

Der Zweck der Haustüre ist, den Hauseingang abzuschließen und das Haus vor unberechtigtem Eindringen zu schützen. Um diesem Zwecke gerecht zu werden, muß sie fest und stark sein. Damit ist aber den Anforderungen, die man heute an die Haustüre stellt, nicht Genüge geleistet, denn sie muß neben der praktischen Zweckform auch schön sein. Der Einlaßbegehrende hat Zeit und Muße genug, die Haustüre einer eingehenden Betrachtung zu unterwerfen, vielleicht auch aus den Formen der Türe Schlüsse zu ziehen über den Geschmack des Bewohners. Dies ist wahrlich Grund genug, der Gestaltung der Haustüre unser größtes Interesse zuzuwenden.

Wenn man heute in den Großstädten durch die neuen Straßen geht, so bleibt das Auge manchmal voll Freude an wirklich schönen Gestaltungen der Haustür haften. Wie eine Befreiung wirkt so eine gute moderne Tür, eine Befreiung von all dem Wust und Unfug der verflossenen Jahrzehnte. Gruseln kann es einem vor den Türen aus der Zeit der Stilhetze, wo sich der Schreiner aus Brocken der verschiedensten Stilarten einen eigenen „Stil" zurecht=gestoppelt hatte. Säulen, Konsole, Muscheln, Knöpfe, Rosetten, unverstandene ornamentale Zierden, schwere Eisengitter, mächtige Ziehknöpfe. Das waren so die gebräuchlichen Gestaltungsmittel. Dann kam der Jugendstil, der in Jugendübermut die Formen sich krümmen und wenden ließ, wie rasend gewordene Bandwürmer, der das Ganze mit dem schönsten Spinatornament überwucherte. Wer sich in dieser Zeit ein Haus gebaut hat, ist wahrlich nicht zu beneiden.

Heute haben sich die Formen geklärt, und das Ergebnis ist ein Erfreuliches. Glatte, feste und richtig konstruierte Türen, denen man ansieht, daß sie als Hausverschlüsse dienen, sind an Stelle der architektonischen Ungetüme und der jugendstilistischen Naivitäten getreten. Man verzichtet auf das schwere eiserne Gitterwerk, das meist doch seinen Zweck verfehlte, weil man das Oberlicht und die nebenliegenden Fenster ungeschützt ließ. Wenn die Tür nicht auch Lichtspender für den Flur sein muß, so macht man heute die Flügel meist ohne Öffnungen, oder verkleinert diese zu Auslugen. Diese erhalten Verglasung in Messingsprossen oder werden durch ein leichtes, zierliches Stab= oder Korbgitter geschützt. Die Tür wirkt in großen, ruhigen Flächen, deren Konstruktion durch die Sperrholztechnik ermöglicht wird. Statt der unruhigen reichen Gliederung und Ornamentik genießt man die stille, edle Schönheit des Materials. Eiche erfreut sich hier noch immer der größten Beliebtheit und ist wohl auch das geeignetste Material. Auch Macassar=Ebenholz, Rüster und Carolina-pine finden vielfach Verwendung.

Bei Einfamilien= und Landhäusern ist auch die farbige Behand=lung der einfachen Türen aus schlichtem Holze sehr beliebt, z. B. weiße Lackierung mit blanken Beschlägen (davor grüne Bäume in Kübeln) oder deckend blaugrüner Anstrich weiß abgesetzt. Das wirkt einfach und gediegen.

Sehr freundliche Wirkungen lassen sich durch eine geschickte Behandlung des Sprossenwerkes im Oberlichte erzielen. Reizende mannigfaltige Beispiele findet man dafür an den Bergischen Barock=häuschen aus dem Wuppertale, wo z. B. die Verwendung des Sprossenwerkes in Monogrammform bemerkenswert ist. Auch die

Weise, wie man hier die Laterne in das Oberlicht einbaut, verdient
Beachtung.

Die nachstehenden Entwürfe zeigen, wie man mit einfachen,
ruhigen Formen und wenigem dekorativem Beiwerk gefällige und
schöne Haustüren und Haustore gestalten kann. Nur das allerbeste
Material sei dafür gut genug, und exakteste Arbeit sei Bedingung.
Fig. 104 zeigt ein für bürgerliche Verhältnisse passende einflügelige
Tür mit einfachem aber gefälligem Oberlicht. Die Ausführung
Fig. 105 wirkt durch die feststehenden Lisenen reicher und dekora=

Fig. 104. Einflügelige Haustüre.
M. 37 mm = 1 m.

Fig. 105. Einflügelige Haustüre
mit feststehenden Lisenen. M. 37 mm = 1 m.

tiver. Der wuchtigen Hausteinumrahmung entsprechend ist die Türe Fig. 106 ruhig gehalten und kräftig gestaltet, dem auch das Ober= licht sich anpaßt:

Fig. 106. Haustür mit Sandsteinumrahmung. M. 37 mm = 1 m.

Für vornehme Hausteinfassaden eignet sich die zweiflügelige Haustüre Fig. 107 mit den ruhigen Flächen und schwarzen Einlagen ganz besonders.

Fig. 107. Zweiflügelige Haustüre mit schwarzen Einlagen.

M. 37 mm = 1 m.

Fig. 108 paßt sich bürgerlichen Verhältnissen an und Fig. 109 stellt das Haustor, das zur Einfahrt dient, vor und ist demgemäß kräftig gehalten.

Fig. 108. Zweiflügelige Haustüre. M. 37 mm = 1 m.

Ein etwas reichere Art zeigt Fig. 110.

Bei allen Türen ist auf einfache Gestaltung des Oberlichtes Wert gelegt, ebenso auf eine ruhig wirkende Verglasung aus

Spiegelglas. Dann sei noch ein Umstand erwähnt, der so manche eichene Haustüre sofort verdirbt, und dies ist das Ölen. Das Öl setzt sich gleich in den Poren fest und dunkelt nach. Das schöne klare und helle Gelb des Eichenholzes geht verloren. Der erste Anstrich von eichenen Türen sei immer ein dünner Lackanstrich, welcher die bösen Eigenschaften des Öles nicht hat und dem Holze die natürliche Farbe wahrt.

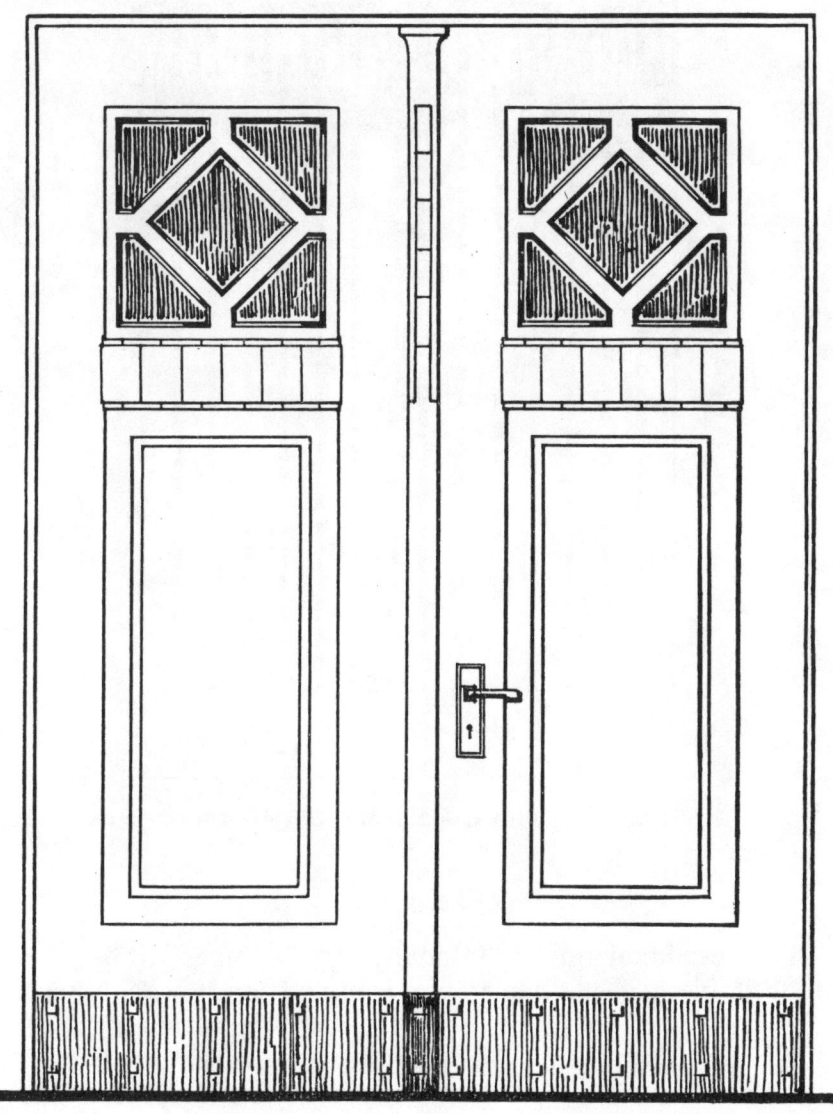

Fig. 109. Haustor. M. 37 mm = 1 m.

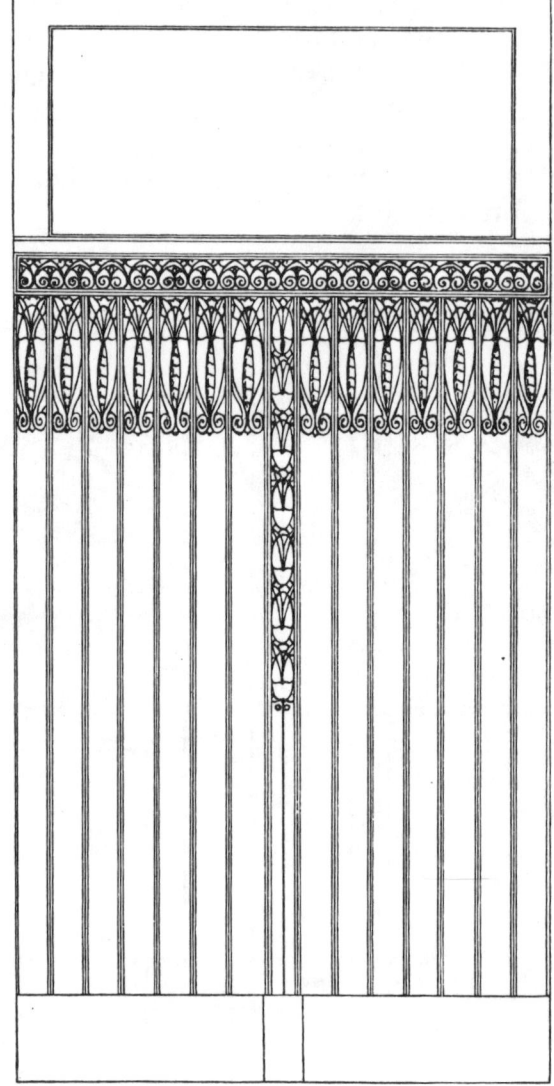

Fig. 110. Aug. Meyer, Haustor. M. 37 mm = 1 m.

Treppen.

Eine der schwierigsten Aufgaben des Schreiners ist der Treppen=
bau, weil hier neben schwierigen Konstruktionen und behördlichen
Vorschriften auch noch die anspruchsvolle Bequemlichkeit bei Be=
nutzung der Treppe und die Gestaltungsschönheit in Betracht ge=
zogen werden muß. Eine bequeme und schöne Treppenanlage ziert
das ganze Haus, doch ist deren Lösung oft ein technisches Kunst=
stück. Aus diesem Grunde ist der Treppenbau auch einer der ersten

spezialisierten Teile des Schreinerhandwerks, und zum Treppenbauer eignet sich noch lange nicht jeder Bauschreiner. Vorab ist auf gute Begehbarkeit der Treppe zu achten, und man hat auf Grund des normalen menschlichen Schrittes dafür Normen festgelegt: So sollen 1 Steigung und 1 Auftritt zusammen immer 45 cm ergeben, entsprechend der normalen Schrittlänge.

Zum Beispiel:

Steigung 16 cm $+$ Auftritt 29 cm $=$ zuf. 45 cm

„ 20 „ $+$ „ 25 „ $=$ „ 45 „

oder nach einer anderen Norm:

2 Steigungen und 1 Auftritt müssen zusammen 62 cm ergeben:

Zum Beispiel:

2×16 cm Steigung $+ 30$ cm Auftritt $= 62$

2×17 „ „ $+ 28$ „ „ $= 62$

2×18 „ „ $+ 26$ „ „ $= 62$

Diese Maße gelten ohne Überstand der Stufen.

Gewundene Stufen und Wendeltreppen müssen auf der Geh=linie, welche ca. 50 cm vom Geländer entfernt liegt, eingeteilt werden, d. h. die Auftritte müssen auf dieser Linie gleich breit sein. Kommen kurze Wendungen in Treppenläufen vor, so ist die Verjüngung der Stufenbreiten an der Freiwange auf möglichst viele Stufen zu verteilen, damit die einzelnen Stufen nicht zu spitz werden. Wo eben angängig, soll man gewundene Stufen möglichst vermeiden, weil die Gefahr des Herabstürzens besonders für Kinder, welche die Treppe ja näher am Geländer passieren, groß ist. Das Schutz=geländer der Treppe muß von Vorderkante Stufe bis Oberkante Handlauf mindestens 85 cm hoch sein; die Brüstungsgeländer auf Podesten mindestens 90 cm. Die Profilierung des Hand=laufs soll, bei vielen Formmöglichkeiten, immer so sein, daß die gleitende Hand einen Halt findet. (Fig. 111.)

Das Knacken beim Passieren der Treppen liegt stets an der unrichtigen Konstruktion seitens des Schreiners. Hier ist vor allen Dingen das Eintrocknen der Stoßbretter, welche ja auch den darauf liegenden Stufen einen Halt geben sollen, in Betracht zu ziehen. Denn trocknen dieselben ein, so liegt die Stufe nicht mehr auf, wird beim Passieren der Treppe durchgetreten und knackt dann in den Lagern der Wangen. Aus diesem Grunde wird der Stoßtritt an der oberen Kante etwas rund gehebelt, die Stufen werden in der Mitte etwas hoch gekeilt oder hoch gehebelt. Alsdann wird das Stoßbrett fest untergeschoben und an der hinteren Kante der darunterliegenden Stufe befestigt. Nun kann das Stoßbrett ruhig etwas eintrocknen, die Stufe liegt in der Mitte immer noch auf und das Knacken ist vermieden. Aus demselben Grunde soll

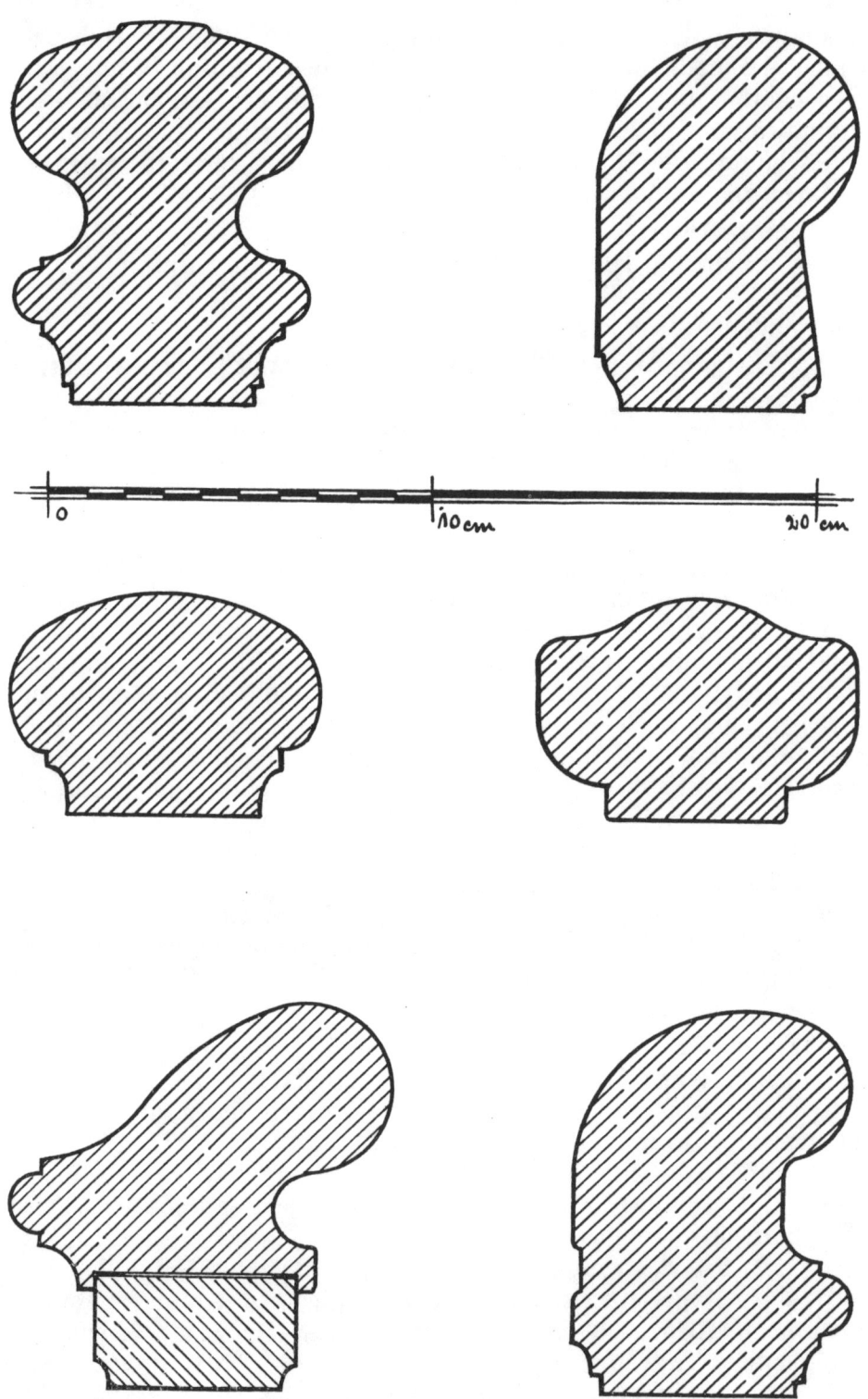

Fig. 111. Treppen-Handläufe.

die Hohlleiste vorne unter der Stufe nicht direkt an dem Stoßtritt anliegen, weil diese Reibung auch knackendes Geräusch verursacht. In den Großstädten verlangt die Baupolizei vielfach eiserne und Beton-Treppenkonstruktionen und der Schreiner hat da nur die Tritte und bei Betontreppen auch das Stoßbrett, sowie das Holz= geländer anzubringen. Hierbei kann aber auch durch Beobachtung der vorherigen Fingerzeige das Knacken vermieden werden, auch sollen unter die Auftritte dünne Leisten genagelt werden, damit der Tritt nicht ganz ausfliegt und etwas federt. Alle die Konstruktionen der verschiedenartigen Treppen, die Austragungen der Krümmlinge hier aufzuführen, geht für den Umfang dieses Buches zu weit, weil dieselben ein ganzes Buch für sich verlangen.

Doch seien noch ein paar Worte der architektonischen Aus= gestaltung der Treppen gewidmet. Besonders ist eine bessere Ge= staltung des Antrittspfostens (Fig. 112, 113, 114, 115) und des Schutzgeländers anzustreben. Der gedrechselte und reich geschnitzte Antrittspfosten im Renaissancestil und die gedrechselten reichge= gliederten Allerweltsbaluster oder Geländertraillen sollten doch längst abgetan sein und einfacheren logisch richtigeren Gestaltungen Platz gemacht haben, aber leider trifft man dieselben noch überall an. Die alten Häuser, besonders aus der Barockzeit, geben uns wirklich gute Vorbilder, wie man Treppen gestalten soll. In neuerer Zeit hat man nun doch in meist glücklicher Weise versucht, billige aber gute Modelle auch für die Massenfabrikation herzustellen. Vielfach ersetzt man auch die Traillen durch geschweifte Bretter oder Latten, deren Anwendung entschieden anzuraten ist. Es liegt da am Schreiner selbst, daß er sich umsieht und nicht immer wieder die unschönen Muster verwendet, denn für dasselbe Geld ist heute wirklich Form= schönes und Gefälligeres zu haben.

Leider liegt auch die Kalkulation und Berechnungsweise der Treppen noch sehr im Argen und die nachfolgenden Beispiele und Angaben, welche wir dem von J. H. Nicolini verfaßten, im Ver= lage von Alb. Paul & Co. in Berlin erschienenen Buche: „Des Schreiners Kalkulation" entnommen haben, sollen Anregung zur richtigen Berechnung geben:

Haustreppe (Fig. 116)

gerade Läufe, Stufen aus Eichenholz; Wangen, Stoßtritte und Geländerfelder aus Carolina=pine oder reinem Kiefernholz; Hand= lehne aus Eichenholz poliert.

Der Antrittspfosten wird besonders berechnet.

Zur Kalkulation sind angenommen 2 Etagen, also ca. 50 Stufen.

Fig. 112. Treppe.

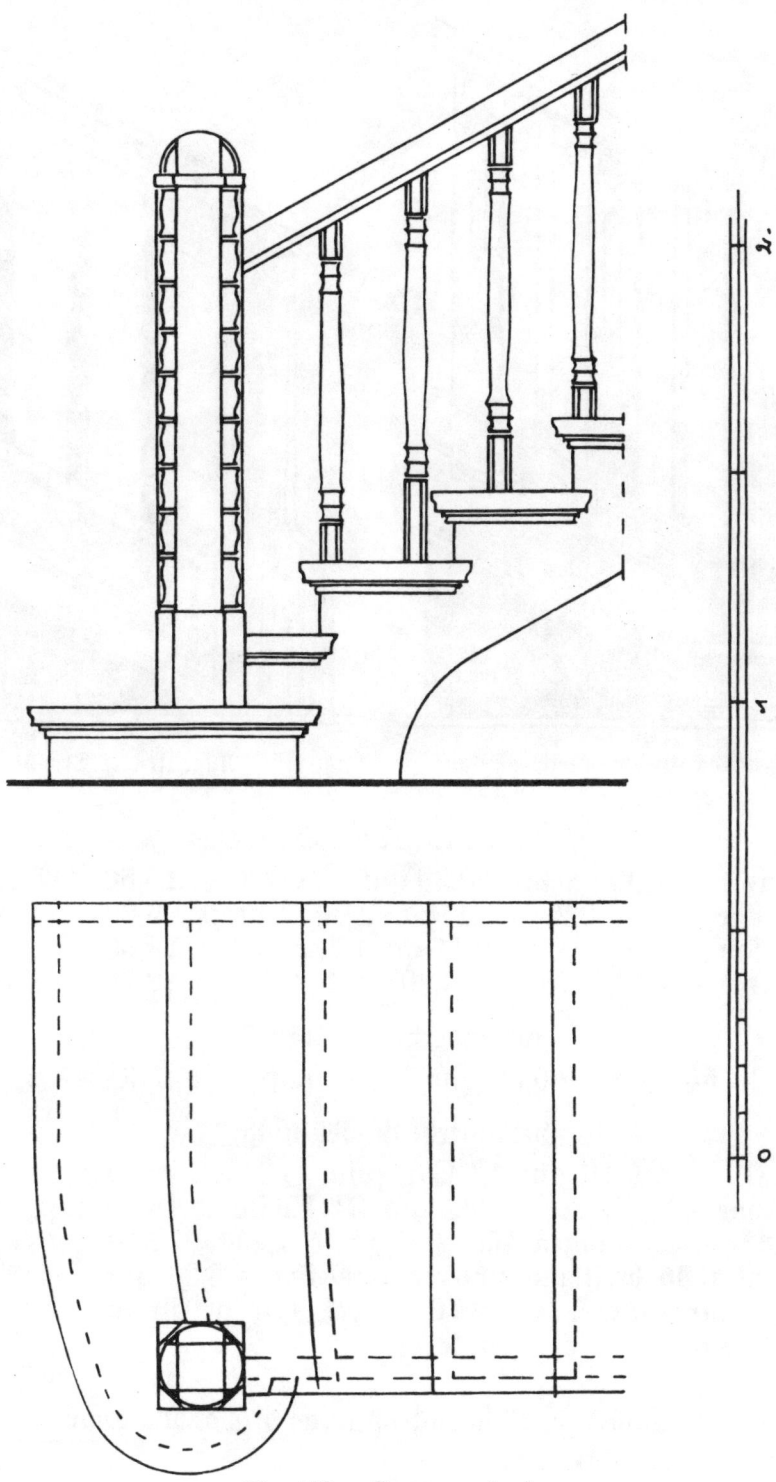

Fig. 113.   Treppenanlauf.

11*

Fig. 114. Aug. Urner, Treppenanlauf.   Fig. 115. Aug. Urner, Treppenanlauf.

Berechnung pro Stufe:

Auftrittsstufe 1,00 . 0,30 = 0,30 qm 1³/₄“ Eiche à 9,50 = Mk. 2,85
Freiwange   0,40 . 0,28 = 0,11 qm 2¹/₄“ Car. p. à 6,00 = „ 0,66
Wandwange 0,40 . 0,28 = 0,11 qm 1³/₄“ Car. p. à 4,60 = „ 0,51
Stoßtr. m. Hohle 0,96 . 0,21 = 0,20 qm 1 “ Car. p. à 2,70 = „ 0,57

Geländerbr. 2 Stäbe

0.75 . 45/55 mm = 0,08 qm 2“ Car. pine à 5,30 = „ 0,42

Geländerbrüst. Füllung

0,75 . 0,13 = 0,10 qm 1“ Car. pine . . . à 2,70 = „ 0,27
Handlehne 40 . 0,08 = 0,032 qm 3“ Eiche à 16,00 = „ 0,51
An Wechselbekleidungen für 2 Etg.: 4 Stück à 2,40
   lang 0,35 breit mit unterer Putzleiste = 3,34 qm
   1“ Car. pine à Mk. 2,70 = Mk. 9,07 geteilt in
50 Stufen = pro Stufe . . . . Mk. 0,18
                                                     Mk. 5,97
An Holz f. Geländer= u. Wangenkropfstücke 5% d. Materials „ 0,29
An Holz . . . . Mk. 6.26
Holzverschnitt 15% durchschnittlich . . . . „ 0,94

Arbeitslohn für Aufmessen im Bau und Aufreißen pro Stufe Mk. 0,20
Arbeitslohn für Zuschneiden . . . . „ 0,28
Maschinenarbeit . . . . „ 1,35
Handarbeit des Schreiners, einschließlich Aufstellen im
    Bau pro Stufe . . . . „ 4,80
50% Generalunkosten auf den Arbeitslohn . . . . . „ 3,32
Kleinmaterial, wie Leim, Schrauben, Politur usw. pro Stufe „ 0,20
Fuhrlohn pro Stufe . . . . „ 0,05

Selbstkosten Mk. 17,40
15% Verdienst „ 2,60
Verkaufspreis pro Stufe Mk. 20,00

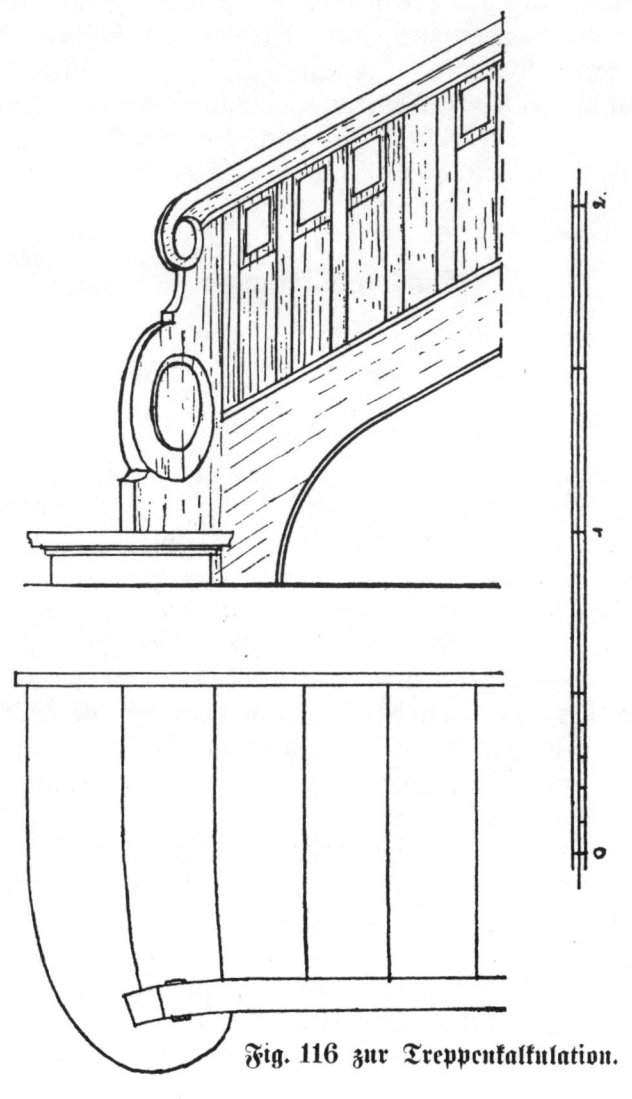

Fig. 116 zur Treppenkalkulation.

Antrittspfosten:

1,10 . 0,35 = 0,39 qm 3" Eichen à 16,00 . . . . = Mk. 6,24
Arbeitslohn . . . . „ 10,50
Bildhauerarbeit einschl. Schnecke des Handlaufs . . „ 6,50
15% Verschnitt . . . . „ 1,43
50% Unkosten vom Arbeitslohn . . . . „ 4,75
20% Unkosten auf Bildhauerarbeit . . . . . . „ 1,30
Aufstellen . . . . „ 3,50

Selbstkosten Mk. 34,22
15% Verdienst „ 4,98

Verkaufspreis Mk. 39,20

Die Berechnung der Treppen erfolgt pro Stufe, und die schmalen Ausgangsstufen werden als volle Stufen mit in Anrechnung gebracht. Podeste, sowie alle Anfangspfosten, Wechselbekleidungen, Treppen=Wandsockel und Brüstungsgeländer werden besonders berechnet und der Preis richtet sich nach der Ausführung.

Für Wendelstufen erhöht sich der Preis pro Stufe um mindestens Mk. 1.—

Wandvertäfelungen.

Die Wandvertäfelungen, auch Lambris genannt, dienen sowohl zum Schutze als auch zur Verschönerung der Wand.

Die Verkleidung der Wände mit Holz geschieht in mannigfaltiger Weise.

Als die einfachste Art kann man den 17—20 cm hohen Fußsockel hierher zählen, der zum Schutze des Wandputzes gegen Abtreten dient und gleichzeitig die Fuge zwischen Fußboden und Wand deckt.

Auch die Brüstungsleiste gehört hierher. Sie wird meist in Stuhlhöhe angebracht, um das Zerstoßen der Wände durch Stuhllehnen zu verhindern.

Die Brüstungsvertäfelungen bedecken die Wand in der Regel bis zur Fensterbankhöhe, also etwa 80—100 cm hoch. Sie dienen meist als Sockel der oberen Wandausbildung (Stoffbespannung oder Tapete).

Die meisten Lambris werden etwa in Menschenhöhe, 1,70 m — 1,80 m hoch, gemacht. Seltener bekleidet man die Wand bis zur Decke. In diesem Falle können Wandvertäfelung und Holzdecke sich zu einem Ganzen zusammenschließen. Die einfachste Ausführung ist die Nebeneinander= Reihung schmaler Bretter. So entstehen die sogenannten Stabbrettlambris. Sockel= und Abschlußleiste sind an ihrer Innenkante mit einer Nute versehen, in

welche nun Brett an Brett eingereiht wird (Fig. 117). Die Fugen
derselben sind überfälzt oder gespundet. Die Brettkante ist zur
Verzierung und Verdeckung der Fuge mit einem Profil versehen.

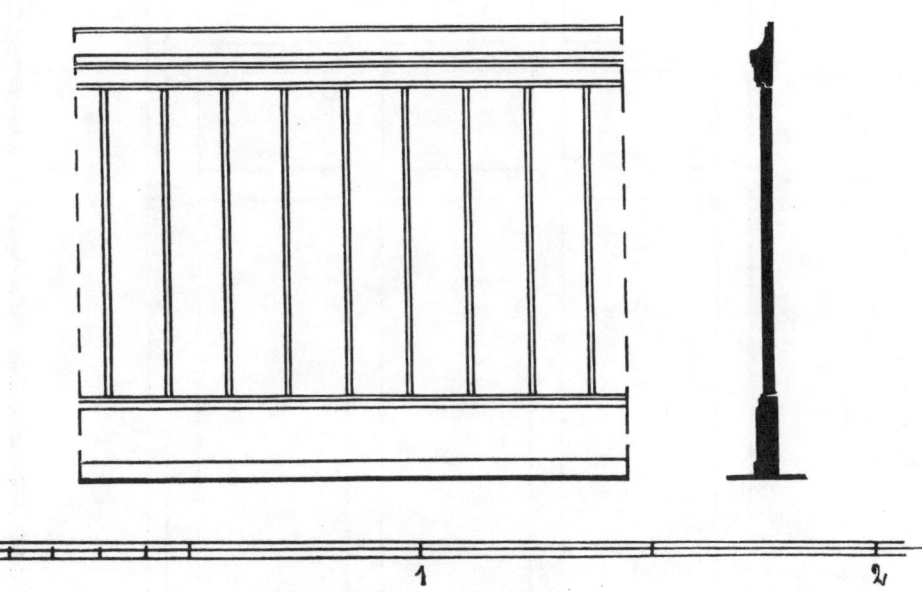

Fig. 117. Wandvertäfelung.

Am beliebtesten ist jedoch die Konstruktion im Rahmwerk
mit Füllungen. Eine gute Einteilung verleiht hier auch der
einfachsten Ausführungsart eine ansprechende Wirkung (Fig. 118).

In früheren Jahren war eine reiche Ausstattung der Lambris
mit Schnitzwerk, Profilen, Konsolen und sogenanntem Kannenbrett
(Fig. 119), mit furnierten Kreuzfugen, Rosetten und anderem mehr,
sehr beliebt; heute jedoch bevorzugt man die einfachere, möglichst
glatte Ausbildung und läßt gerne die edle Schönheit des Materials
in breiten glatten Flächen wirken. Technisch ist die letztere Ausfüh=
rung ja viel schwieriger als die reichverzierte, jedoch kommt uns
auch hier die Verwendung des Sperrholzes sehr zu statten. Als
Schmuck dieser schlichten Lambrisgestaltungen wird die Intarsia in
ausgiebigster Weise verwandt (Fig. 120).

Als beste Befestigungsweise der Lambris an die Wand
hat sich immer der in die Wand eingelassene und eingegipste Holz=
dübel, worauf nun die Rahmenteile geschraubt werden, bewährt.
Besonderen Wert muß auf den Schutz der Rückseite gegen die
Feuchtigkeit des Mauerwerks gelegt werden. Der beste Schutz ist
eine gute Luftzirkulation, welche dadurch erreicht wird, daß man
das Holzwerk mindestens 1 cm vom Mauerwerk entfernt anbringt

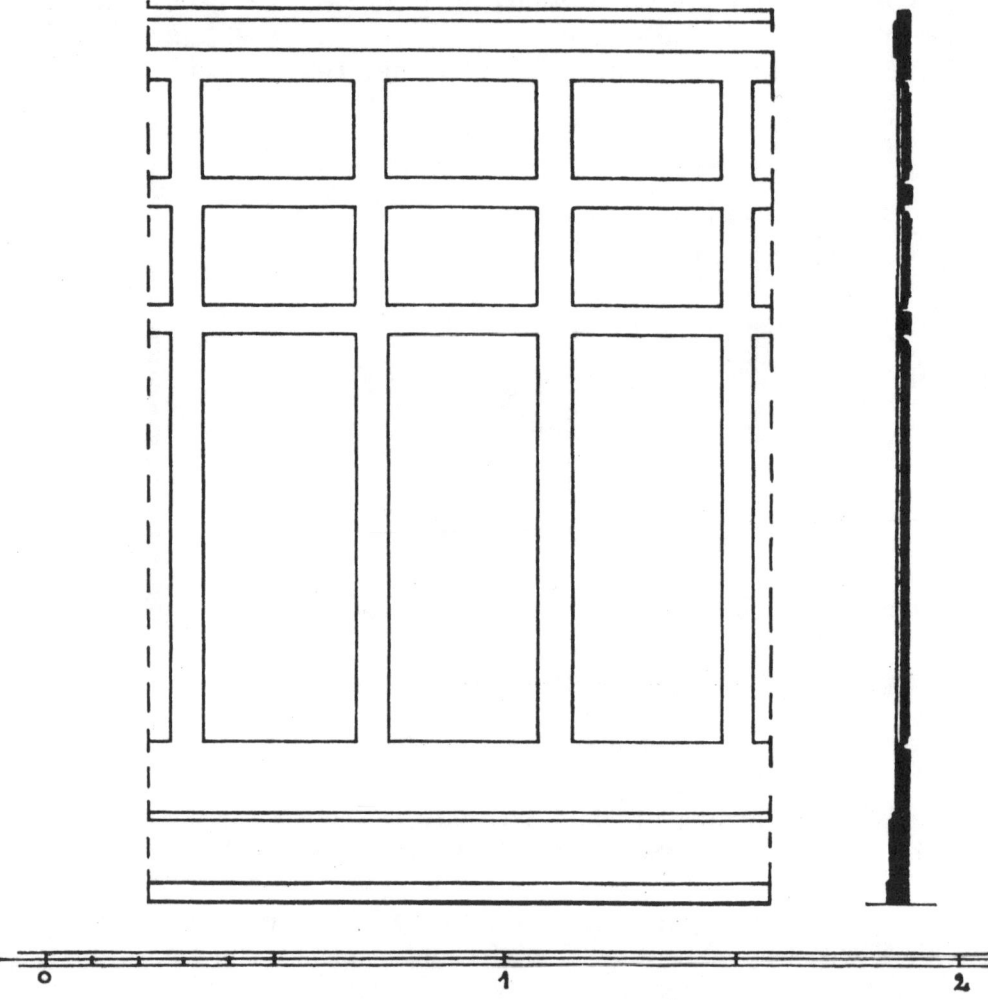

Fig. 118. Wandvertäfelung.

und durch Luftlöcher oben und unten in den Wandvertäfelungen eine Zirkulation der Luft ermöglicht. Diese Luftlöcher, welche mindestens 2¹/₂ cm Durchmesser haben müssen, werden mit einer durchlöcherten Metallrosette verdeckt.

Nicht weniger wichtig ist die Behandlung der Rückseite der Hölzer und der anstoßenden Wandflächen. Der beste Schutz ist ein deckender Ölfarbenanstrich des Holzwerkes und ein Asphaltanstrich der Wandfläche oder das Belegen derselben mit Asphaltpappe.

Erwähnt sei noch, daß man heute gar nicht so ängstlich die Befestigungsschrauben der Wandvertäfelungen zu verdecken braucht.

Fig. 119. Wandvertäfelung. M. 1 : 20.

Eine messingene Linsenkopfschraube darf ruhig zum Vorschein kommen, jedoch muß man dann auf gleichmäßige und symmetrische Abstände der Schraubenköpfe achten.

Für das gute Passen und das flotte Montieren der Wand= vertäfelungen ist ein genaues und richtiges Aufmaß unerläßlich. Hiernach muß ein genauer Grundriß des betreffenden Raumes, etwa im Maßstab 1 : 10, auf Papier aufgetragen werden, in welchen man nun die Täfelungen genau einzeichnet und einteilt. Die genauen Längen der einzelnen Lambristeile, die Füllungs= und Rahmen= breiten werden dann an den betreffenden Stellen des Grundrisses klar und deutlich eingetragen. Werden dazu dann ein Stück natur= großes Detail und eine genaue Holzliste hergestellt, dann ist die Anfertigung und das Montieren der Täfelungen ein Vergnügen.

Fig. 120. Wandvertäfelung. M. 1 : 20.

Heizkörperverkleidungen. Fig. 121 und 122.

Anschließend an die Besprechung der Wandverkleidungen (Lambris) sei auch den Heizkörperverkleidungen eine kurze Abhandlung gewidmet, weil dieselben oft in jene eingebaut werden.

Die anhaltende, das Holz förmlich ausdörrende Hitze zwingt den Schreiner zu ganz besonderer Sorgfalt bei der Konstruktion dieser Verkleidungen. Vorab achte man auf eine richtige Luft= zirkulation, welche die kalte Luft direkt am Fußboden in den Heiz= körper einströmen und die erwärmte Luft oben ausströmen läßt. Eine durchlöcherte Füllung in der Mitte, wie sie so oft gemacht wird, genügt darum durchaus nicht, kann aber noch neben den obenbenannten Zirkulationsöffnungen angebracht werden; denn der erste Grundsatz ist: möglichst wenig Holzwerk! Läßt sich dieses

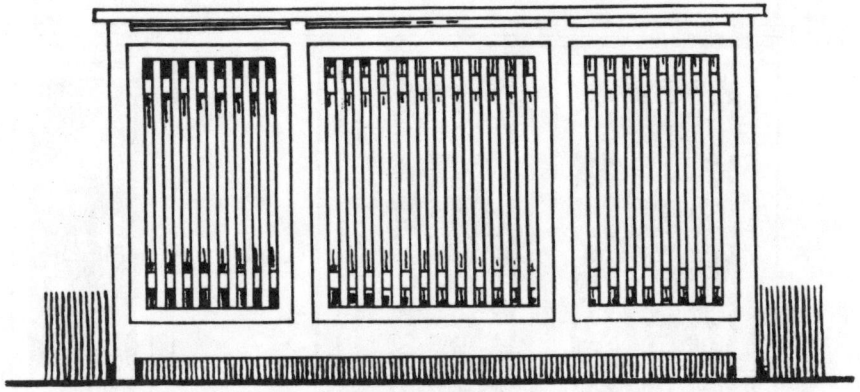

Fig. 121. Heizkörperverkleidung. M. 1 : 20.

aber nicht vermeiden, so soll man entweder das massive Rahmholz in schmalen Teilen durch Nutungen zusammenschachteln oder nur ab= gesperrtes Material verwenden. Bei letzterem hat sich jedoch der Übelstand bemerkbar gemacht, daß die Hitze den Leim mit der Zeit wegdörrt und die einzelnen Teile auseinander gehen. Empfehlens= wert ist hierfür jenes Sperrholz, welches besonders für diese Zwecke von den betr. Fabriken mit anderen Klebstoffen hergestellt wird und sich gut bewährt hat. Die Innenseiten der Holzflächen müssen zum Schutz gegen die Hitze und gegen das Verkohlen mit dicker Asbestpappe oder mit Zink= oder Weißblech benagelt werden. Die beste obere Abdeckung der Verkleidungskasten ist eine Marmor= oder Granitplatte, welche aber auch vor der direkten Berührung mit der Hitze zu schützen ist. Das Weiß= oder Zinkblech soll sich in der Form eines nach vorn offenen Viertelkreises an die Abdeckung und die Mauer anlegen.

Grabmäler aus Holz.

Auch hier kommen wir zu einem Gebiete, das dem Tischler fast ganz verloren gegangen ist, das sich aber zurückerobern läßt. Zur Friedhof= und Grabmalreform ist in den letzten Jahren viel geschehen. Der Kampf gegen die öden, langweiligen Granit= Obelisken und =Grabkreuze hat kräftig eingesetzt. Auch ist dem guten alten Holz=Grabmal kräftig das Wort geredet worden. So auf den Ausstellungen in Bremen und Düsseldorf im Jahre 1909.

In Bremen sowohl als auch in Düsseldorf waren auch die Schreiner zur Ausstellung zugezogen. Und die ausgestellten hölzernen Grabmäler wirkten vorzüglich. Sie beschränkten sich durchaus nicht auf die Kreuzesform. Im Gegenteil, es traten die mannigfaltigsten Formen hervor, und es zeigte sich, daß hier der künstlerischen

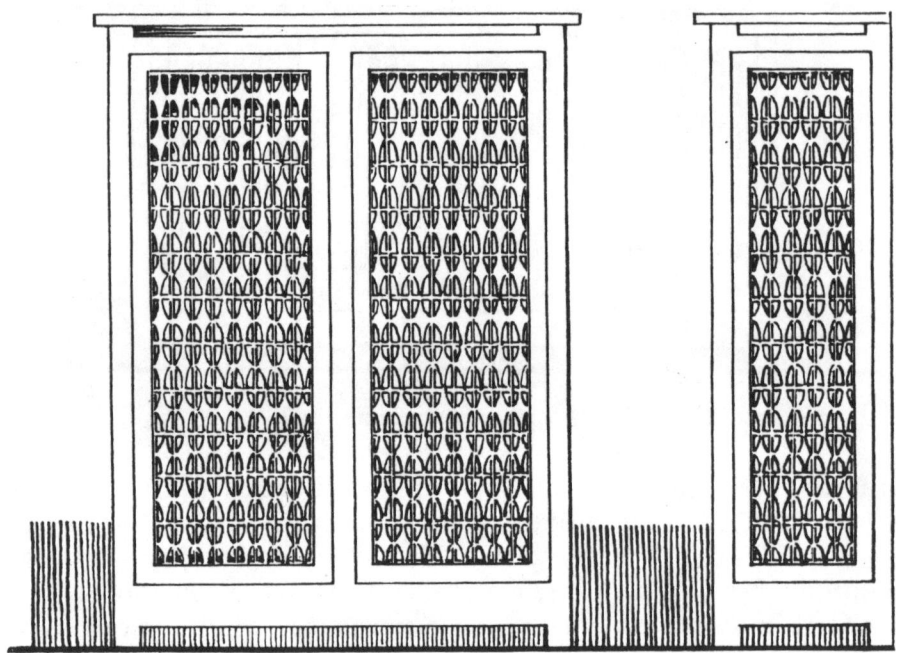

Fig. 122. Heizkörperverkleidung. M. 1 : 20.

Gestaltungskraft die Grenze durchaus nicht eng gezogen ist, daß sich gerade dem Holzgrabmal leicht eine persönliche Note geben läßt.

Das zeigen auch die folgenden Entwürfe (Fig. 123 u. 124). Die Grundlage bildet ein Zementblock mit einzementierten Bolzen, worauf das Holzwerk aufmontiert wird. So ist das Holzwerk dem verderbenden Einfluß des Erdreiches entzogen. Als Material sind natürlich nur harte Hölzer zu verwenden, also Eiche, Ulme, Pitchpine. Buche ist zu sehr der Fäulnis unterworfen. Durch eine Farbdecke muß das Holz vor den Witterungseinflüssen geschützt werden.

Wenn bei einfacheren Gestaltungen Holzteile in die Erde müssen, so sind diese zu imprägnieren.

Durch Verbindung des Holzwerkes mit umrankendem lebenden Grün läßt sich die Fülle eindrucksvoller Wirkungen noch vergrößern.

Dem oberen Abschluß gibt man als Schutz eine Metall= (Zinkblech=) Abdeckung.

Einige praktische Winke.

Leim. Die in Wasser aufgequellten Leimtafeln dürfen unter keinen Umständen nochmals abgekocht werden, weil der Leim dadurch sehr an Bindekraft verliert. Die aufgequellten Leimtafeln können gleich in den im Wasserbade stehenden Leimtopf gesteckt werden, wo dieselben sich schnell auflösen.

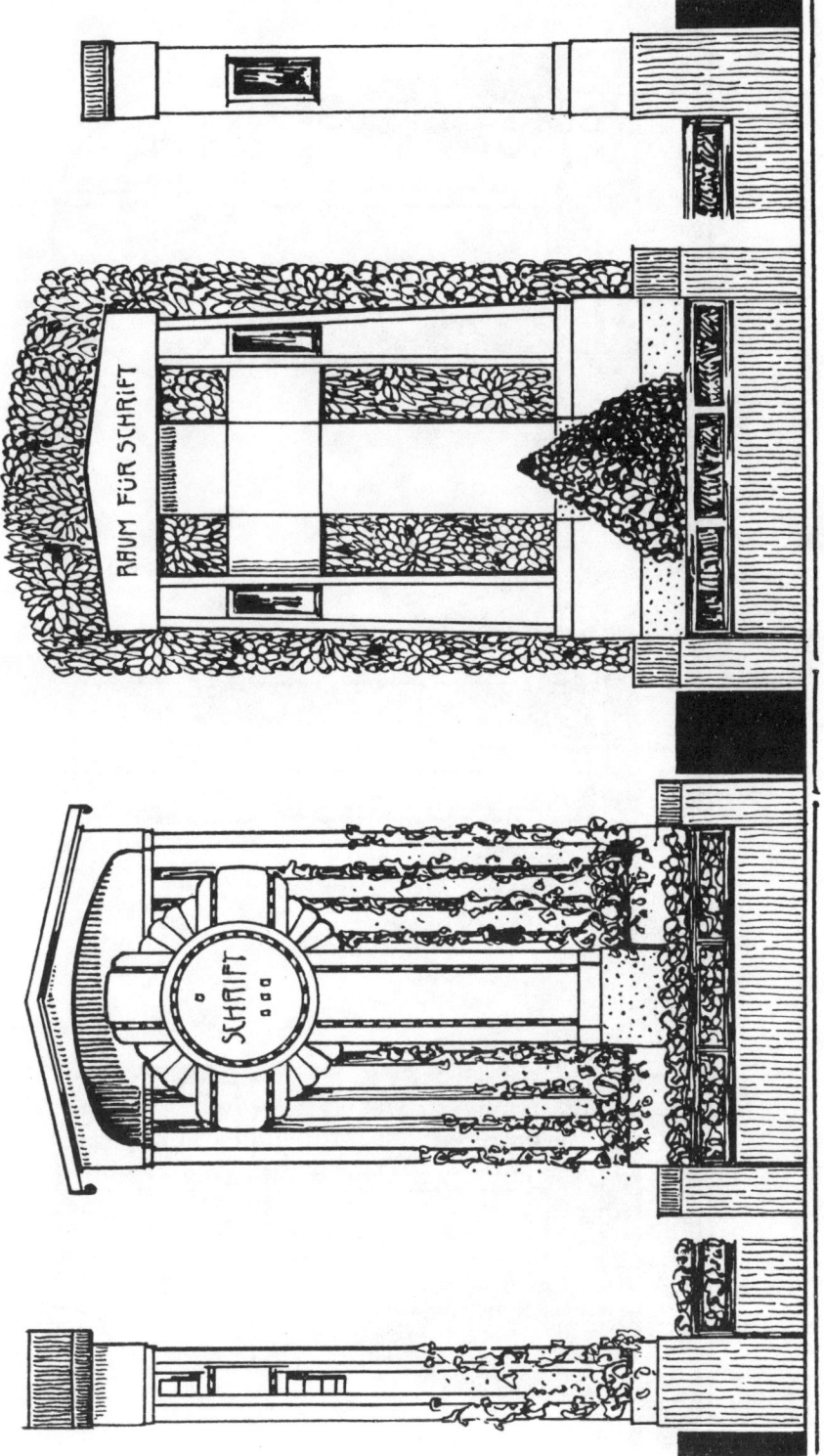

RAUM FÜR SCHRIFT

SCHRIFT

Fig. 123. Grabmäler aus Holz. M. 4 cm = 1 m.

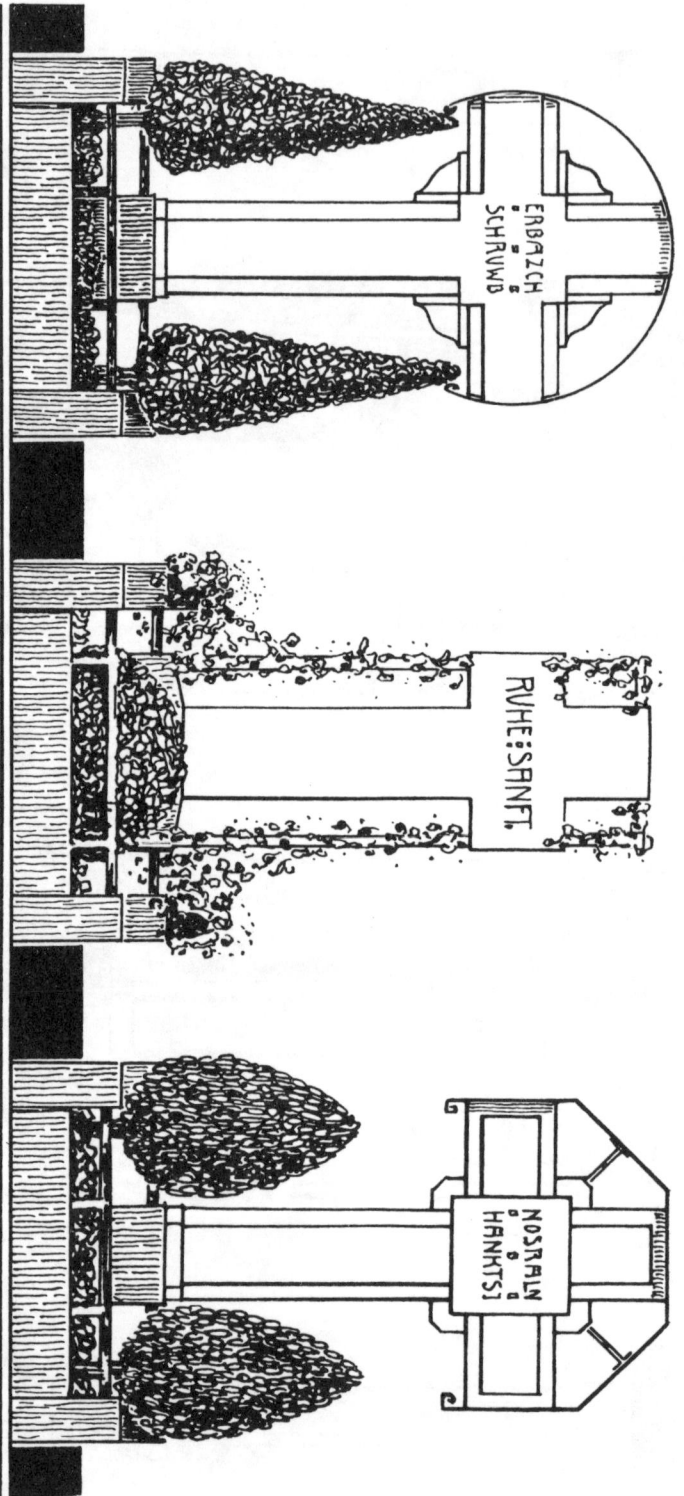

Grabmäler aus Holz.

Fig. 124. M. 4 cm = 1 m.

Furnierleim. Will man den beim Furnieren zu verwendenden Leim durch Zusätze ergiebiger machen, so nehme man nicht etwa Schlemmkreide oder Gips, wie dies so oft geschieht. Diese Stoffe dringen durch die Poren des Furniers, verursachen bei hellen Hölzern weiße Poren und stumpfen das Werkzeug beim Verputzen sehr ab. Der beste Zusatz ist Roggenmehl, welches man erst mit heißem Wasser zu einem knötchenlosen Brei anmengt und dem Leim zusetzt. Dies Mittel ist ergiebig, billig und hat auch die oben genannten Fehler nicht.

Asbest und Linoleum auf Holz aufzuleimen. Dazu setzt man dem frischen Tischlerleim Kreide oder Gips zu. Ist das Linoleum auf der Rückseite mit Ölfarbe gestrichen, so bewährt sich als Klebstoff das Dextrin, welches man mit heißem Wasser zu einer breiigen Masse anrührt, und dem man etwas venezianisches Terpentin zusetzt. Dies Mittel kann kalt angewandt werden.

Metalle auf oder in Holz zu leimen. Die aufzuleimende Metallseite muß zuerst mit schwacher Salpetersäure gereinigt und aufgerauht werden. Dem Leim setzt man ein wenig Glyzerin und etwas gepulverten Kalk oder feinste Holzasche zu. Das Glyzerin hält den Leim geschmeidig und verhindert sein Abspringen von der Metallfläche.

Käseleim. Dieser eignet sich zum Verleimen von Holzwerk, welches großer Feuchtigkeit ausgesetzt ist. Käseleim wird auf folgende Weise bereitet: frischer Käsequark wird mit in Pulverform zugesetztem, gelöschtem Kalk zu einem Brei verarbeitet, was am besten mit einer Holzspachtel geschieht. Die Verwendung muß aber gleich geschehen, weil die Masse erhärtet und dann nicht mehr zu gebrauchen ist.

Glas auf Holz zu leimen. Hierzu setzt man frischem Leim etwas Alabastergips zu.

Verschmutzte Metallbeschläge zu reinigen. Alte, ver= schmutzte Messing= oder Bronzezierbeschläge lege man in verdünnte Salzsäure, dann trockne man dieselben in Sägespänen und bürste sie dann rein. Auf diese Art werden die Beschläge wieder wie neu. Wenn man nun noch ein übriges tun will, so lackiere man sie mit wasserhellem Metalllack.

Weiße Politur. Weiße Politur wird aus gebleichtem Schel= lack hergestellt. Das Bleichen geschieht mit Chlorkalk und Salzsäure. Wird die Politur nicht gleich nach dem Bleichen des Schellacks angesetzt, so muß letzterer unter Wasser, also luftabgeschlossen, auf= bewahrt werden, weil er sonst verdirbt.

Aststellen auszuflicken. Bei dem zu furnierenden Blind= holz müssen die Aststellen mit Langholzdübel ausgeflickt werden, damit diese Stellen gleichzeitig mit dem Blindholz trocknen können.

Kleinere unebene Stellen kittet man mit Leim und Kreide, oder mit Leim und Holzasche aus und hobelt sie nach dem Trocknen mit dem Zahnhobel eben.

Schrauben stahlblau färben. Um den eisernen Schrauben einen schönen stahlblauen Glanz zu geben, gibt es ein sehr einfaches Mittel. Man nimmt weißen Sand und macht denselben in irgend einem flachen Metallgefäß auf dem Ofen heiß. In diesen glühend heißen Sand steckt man die Schrauben hinein, und man wird sehen, daß dieselben bald schön blau anlaufen.

Ölschleifsteine. Als Anfeuchtungsmittel beim Schleifen von Werkzeugen auf Ölsteinen eignet sich am besten das Glyzerin, weil es nicht wie andere Öle eintrocknet und verkrustet.

Maschinelle Anfertigung von Wellenleisten. Die Selbst= anfertigung der heute so beliebten Wellenleisten ist so ganz einfach nicht. Die Spezialfabriken liefern dieselben ja heute viel billiger und auch besser, weil Spezialmaschinen dafür da sind. Einige Maschinen= fabriken liefern auch schon Apparate, womit man auf der ge= wöhnlichen Fräse die Wellenleisten fräsen kann. Man kann diese Arbeit auch auf eine ganz einfache Art auf der Tischfräse auspro= bieren. Man macht sich eine etwa 1½ cm starke Anschlaglehne, indem man diese etwa 8 cm breite Leiste an der Kante wellen= förmig, jede Welle etwa 2 cm breit ausschweift. Hierauf befestigt man die zu wellende Leiste auf dieser Lehne, stellt den Fräskopf so hoch, daß die Lehne an der Achse oder dem eingeschobenen Ring vorbeigeht und fräst los. Einfache Sachen werden sich auf diese Art ganz nett fräsen lassen.

Der leichte Gang der Schubladen. Früher schmierte man die reibenden Stellen mit Kernseife. Ein bedeutend besseres Mittel ist Paraffin in Benzin aufgelöst. Dies Mittel schmiert nicht und hält dauernd an.

Gefärbte Holzporen. Jede Erd= oder Mineralfarbe ist, wenn sie gut mit Firnis und reichlich Sikkativ angerührt ist, als Füllmasse zu verwenden. (Terpentin setze man der Füllfarbe nicht zu.) Diese Füllmasse streicht man mit einer Holzspachtel kräftig in die Poren der gut vorpolierten Fläche ein. Nach zirka 6 Stunden wird alle überschüssige Farbe abgerieben und zwar zweckmäßig mit einem terpentingetränkten baumwollenen Lappen, welcher über einen Schleifkork gespannt ist. Damit nun die in den Poren sitzende Farbe durch das Säubern der Fläche nicht herausgerissen wird, reibe man möglichst nur quer zur Holzfaser. Ist die Oberfläche ölfarbenfrei, so kann mit farbloser bezw. heller Politur fertig poliert werden. Käuflich sind die Farben in jedem Ton zu haben, auch verschiedene Bronzen, extra für diesen Zweck präpariert.

Ausreiben innerer Möbelteile. Hierzu nehme man keines=
wegs ölhaltige Präparate oder auch nur Ölangabe zum Auftragen
von Polituren usw. Das Öl schwitzt aus und verdirbt alle in dem
Schrank liegenden Papiere und Stoffe. Auch nehme man keine
starkriechenden Präparate, wie Brunoline usw., auch keine mit Ter=
pentin und denaturiertem Spiritus angesetzten Präparate, denn in
dem geschlossenen Schranke teilen sich diese Gerüche den Speisen
usw. mit. Mit reinem Spiritus aufgelöste Politur ist und bleibt
das beste Mittel, weil sie weder riecht noch ausschwitzt. Den Grund=
anstrich dazu kann man dadurch verbilligen, daß man gewöhnliches
Harz in reinem Spiritus löst und damit vorstreicht.

Polieröl. Früher benutzte man zumeist als Polieröl das
reine Leinöl, heute zieht man die dünnflüssigen Paraffin= oder
Vaselin-Öle vor, weil man wegen deren Dünnflüssigkeit viel mehr
Öl beim Polieren verwenden kann, und was die Hauptsache ist,
weil sich dieses Öl viel leichter von der polierten Fläche entfernen
läßt, als das dickflüssige Leinöl.

Mahagoniholz lebhafter zu beizen. Um den Holzton
des Mahagoni lebhafter und wärmer zu machen, beize man das=
selbe mit folgender Mischung: 50 g Alkannawurzel und 50 g Drachen=
blut werden mit 1 Liter gutem Spiritus übergossen und einige
Tage an einen warmen Ort gestellt, dann wird das Ganze ordentlich
geschüttelt und filtriert.

Deckend weiß polieren. Die weiß zu polierenden Holz=
flächen müssen vorzüglich verputzt und geschliffen und alsdann mit
einer Mischung von Kremnitzer Weiß und weißem Leim gestrichen
werden. Dieser Grundaufstrich wird nach dem Trocknen geschliffen
und dann noch verschiedentlich wiederholt. Hat sich nun ein guter
harter Deckgrund eingestellt, so folgt das Polieren. Die Politur
wird aus feinstem gebleichten Schellack hergestellt und poliert wie
üblich, nur wird am Polieröl (namentlich beim Grundpolieren) recht
gespart. Von Zeit zu Zeit pudert man etwas Kremnitzer Weiß
auf die Flächen und poliert dann so lange weiter, bis eine tadellose,
fast porzellanweiße Politurdecke erzielt ist.

Gesetzeskunde

nebst

kurzer Einleitung in Buchführung

und Steuerwesen.

———⟶◉⟵———

12*

A. Aus der Gewerbeordnung.

1. Die Meisterprüfung und die Befugnis zur Lehrlings= anleitung.

Durch das Gesetz vom 30. Mai 1908 (betreff. den sogenannten kleinen Befähigungsnachweis) ist in den Bestimmungen über die Meisterprüfung und damit verknüpft über die Befugnisse zur Anleitung von Lehrlingen eine wesentliche Änderung gegenüber dem Gesetz vom 26. Juli 1897 eingetreten. Der § 133 der Gewerbeordnung, der die Meisterprüfung regelt, hat nunmehr folgenden Wortlaut:

„Den Meistertitel in Verbindung mit der Bezeichnung eines Handwerkes dürfen nur Handwerker führen, welche für dieses Hand= werk die Meisterprüfung bestanden und das vierundzwanzigste Lebensjahr zurückgelegt haben.

Die Befugnis zur Führung des Meistertitels in Verbindung mit einer anderen Bezeichnung, die auf eine Tätigkeit im Baugewerbe hinweist, insbesondere des Titels Baumeister und Baugewerksmeister, wird durch den Bundesrat geregelt. Bis zum Inkrafttreten des Bundesratsbeschlusses darf ein solcher Titel nur dann geführt werden, wenn die Landesregierung über die Befugnis zu seiner Führung Vorschriften erlassen hat, und nur von denjenigen Personen, welche diesen Vorschriften entsprechen. Der Bundesrat kann ferner Vor= schriften über die Führung des Meistertitels in Verbindung mit sonstigen Bezeichnungen erlassen, die auf eine Tätigkeit im Hand= werke hinweisen.

Zur Meisterprüfung (Abs. 1) sind in der Regel nur solche Personen zuzulassen, welche eine Gesellenprüfung bestanden haben und in dem Gewerbe, für welches sie die Meisterprüfung ablegen wollen, mindestens drei Jahre als Geselle (Gehilfe) tätig gewesen, oder welche nach § 129 Abs. 6 zur Anleitung von Lehrlingen in diesem Gewerbe befugt sind. Die Abnahme der Prüfung erfolgt durch Prüfungskommissionen, welche aus einem Vorsitzenden und vier Beisitzern bestehen.

Die Entscheidung der Prüfungskommission, welche die Zu= lassung zur Meisterprüfung (Abs. 1) ablehnt, kann binnen zwei Wochen durch Beschwerde bei der höheren Verwaltungsbehörde an= gefochten werden. Diese hat, bevor sie der Beschwerde stattgibt, die Handwerkskammer zu hören.

Die Errichtung der Prüfungskommissionen erfolgt nach Anhörung der Handwerkskammer durch Verfügung der höheren Verwaltungsbehörde, welche auch die Mitglieder ernennt; die Ernennung erfolgt auf drei Jahre.

Die Prüfung hat den Nachweis der Befähigung zur selbständigen Ausführung und Kostenberechnung der gewöhnlichen Arbeiten des Gewerbes sowie der zu dem selbständigen Betriebe desselben sonst notwendigen Kenntnisse, insbesondere auch der Buch- und Rechnungsführung, zu erbringen.

Das Verfahren vor der Prüfungskommission, der Gang der Prüfung und die Höhe der Prüfungsgebühren werden durch eine von der Handwerkskammer mit Genehmigung der Landes-Zentralbehörde zu erlassende Prüfungsordnung geregelt.

Die Kosten der Prüfungskommissionen fallen der Handwerkskammer zur Last, welcher die Prüfungsgebühren zufließen.

Die Prüfungszeugnisse sind kosten- und stempelfrei.

Der Meisterprüfung im Sinne der vorstehenden Bestimmungen können von der Landes-Zentralbehörde die Prüfungen bei Lehrwerkstätten, gewerblichen Unterrichtsanstalten oder bei Prüfungsbehörden, welche vom Staate für einzelne Gewerbe oder zum Nachweise der Befähigung zur Anstellung in staatlichen Betrieben eingesetzt sind, gleichgestellt werden, sofern bei denselben mindestens die gleichen Anforderungen gestellt werden, wie bei den in Abs. 1 vorgesehenen Prüfungen."

Die gesetzlichen Bestimmungen über die Befugnis zur Anleitung von Lehrlingen sind durch das Gesetz vom 30. Mai 1908*) ebenfalls wesentlich abgeändert. Kurz gefaßt haben sie nunmehr folgenden Inhalt:

Welcher Handwerker darf Lehrlinge anleiten?

Derjenige, der das 24. Lebensjahr vollendet und die Meisterprüfung bestanden hat.

Wer hatte bisher die Befugnis zur Anleitung von Lehrlingen?

Derjenige Handwerker, der ein Alter von **24 Jahren** erreicht hatte und entweder eine **Lehrzeit von drei Jahren** und die **Gesellenprüfung** nachweisen konnte, oder aber das Handwerk **fünf Jahre selbständig** persönlich oder als Werkmeister ausgeübt hatte.

Wem muß das Recht der Lehrlings-Anleitung verliehen werden?

Die untere Verwaltungsbehörde (in Städten über 10000 Einwohner das Bürgermeisteramt, im übrigen der Königliche Landrat)

---

*) In Kraft getreten am 1. Oktober 1908.

muß denjenigen Meiftern und Gefellen die Befugnis zur Anleitung von Lehrlingen in ihrem Gewerbe erteilen, die am 1. Oktober 1908 mindeftens **fünf Jahre hindurch** mit diefer Befugnis tätig ge= wefen find.

Wem kann das Recht zur Lehrlings=Anleitung verliehen werden?

Denjenigen Handwerkern, die die Befugnis zur Anleitung von Lehrlingen bereits vor dem 1. Oktober 1908 befaßen. Wider= ruflich kann dasfelbe Recht die höhere Verwaltungsbehörde (Königliche Regierung) nach Anhörung der Handwerkskammer bezüglich der Innung folchen Perfonen verleihen, die das 24. Lebensjahr noch nicht vollendet, auch die Meifterprüfung nicht abgelegt haben.

Weitere Beftimmungen.

1. Lehrlinge, die vor dem 1. Oktober 1908 in die Lehre getreten find, dürfen von folchen Handwerkern ausgelehrt werden, die das Recht der Lehrlingsanleitung zur Zeit der Annahme des Lehrlings befaßen.
2. Beim Tode des Lehrherrn **muß** die untere Verwaltungsbehörde, wenn der Betrieb für Rechnung der Witwe oder der minder= jährigen Erben fortgefetzt wird, auch folchen Perfonen als Ver= tretern des Lehrherrn die Befugnis zur Anleitung von Lehr= lingen zuerkennen, die die Meifterprüfung nicht beftanden haben, fofern fie fünf Jahre hindurch das Handwerk perfönlich felbftändig ausgeübt haben oder während einer gleich langen Zeit als Werk= meifter oder in ähnlicher Stellung tätig gewefen find.
3. Bei Behinderung des Lehrherrn durch längere Abwefenheit, Krankheit 2c. **kann** die untere Verwaltungsbehörde den unter 2 bezeichneten Perfonen als Vertretern des Lehrherrn die Befugnis zur Anleitung von Lehrlingen verleihen.
4. Diefe Befugnis (fiehe 2 und 3) darf die untere Verwaltungs= behörde nicht über die Dauer eines Jahres verleihen. Die Frift kann von der höheren Verwaltungsbehörde nach An= hörung der Handwerkskammer verlängert werden.

Sind in einem Betriebe mehrere Gewerbe vereinigt, fo gelten folgende Beftimmungen:

1. Wer für einen gefondert betriebenen Zweig eines Gewerbes Lehrlinge anleiten darf, ift berechtigt, auch in den übrigen Zweigen diefes Gewerbes Lehrlinge anzuleiten.
2. Wer in einem Gewerbe Lehrlinge anleiten darf, ift berechtigt, auch in den diefem verwandten Gewerben Lehrlinge anzuleiten. Welche Gewerbe als verwandte Gewerbe im Sinne diefer Be= ftimmung anzufehen find, beftimmt die Handwerkskammer.

3. Dem Unternehmer eines Betriebes, in welchem mehrere (also nicht verwandte) Gewerbe vereinigt sind, kann die untere Verwaltungsbehörde nach Anhörung der Handwerkskammer die Befugnis erteilen, in allen zu dem Betriebe vereinigten Gewerben oder in mehreren dieser Gewerbe Lehrlinge anzuleiten, wenn er das Recht hat, in **einem** dieser Gewerbe Lehrlinge anzuleiten. Für Arbeiten in denjenigen Gewerben seines Betriebes, für welche er zur Anleitung von Lehrlingen nicht befugt ist, darf er die Lehrlinge nur insoweit heranziehen, als es dem Zweck der Ausbildung in ihrem Gewerbe nicht widerspricht.

Zu unterscheiden ist immer zwischen dem Rechte Lehrlinge **anzuleiten** und Lehrlinge zu **halten.** Während in den obigen Darlegungen die wichtigsten Grundsätze, die das Recht der Lehrlingsanleitung betreffen, auseinandergesetzt sind, zeigen sich die gesetzlichen Bestimmungen über das Halten der Lehrlinge als wesentlich einfachere.

Welcher Handwerker ist befugt, den

Meistertitel in seinem Gewerbe

zu führen? Der § 133 der Gewerbe-Ordnung (Gesetz vom 26. Juli 1897) ist am 1. Oktober 1901 in Kraft getreten.

Gemäß den Übergangsbestimmungen konnten den Meistertitel ohne den Nachweis einer Meisterprüfung weiterführen diejenigen Handwerker, die das Handwerk für eigene Rechnung betrieben (selbständig waren) und am 1. Oktober 1901 zugleich das Recht zur Anleitung von Lehrlingen besaßen, also mindestens ein Alter von 24 Jahren erreicht hatten und eine Lehrzeit von wenigstens zwei Jahren nachweisen konnten.

2. Der Lehrvertrag.

Sobald ein Handwerker einen Lehrling eingestellt hat, muß er daran denken, mit diesem und dessen gesetzlichen Vertreter einen Lehrvertrag abzuschließen. Auch hier schreibt das Gesetz vor, „daß der Lehrvertrag binnen 4 Wochen nach Beginn der Lehrzeit abzuschließen ist", aber eine Versäumnis dieser Vorschrift war bis zur Errichtung der Handwerkskammer nicht unter Strafe gestellt, weshalb ihr auch in vielen Fällen nicht entsprochen wurde. Es bedurfte erst der Einwirkung der Handwerkskammern, um hierüber bindende Vorschriften zu erzielen. Es wird infolgedessen als Norm zu betrachten sein, daß eine Versäumnis in dieser Richtung strafbar ist, und die Handwerkskammern haben dadurch, daß ihnen ein Exemplar des Lehrvertrages eingereicht werden muß, ein Mittel in der Hand, die Ausführung dieser Bestimmung zu überwachen. Wenn der Lehrmeister einer Innung angehört, muß an Stelle der Handwerks= kammer dem Vorstand der Innung eine Abschrift des Vertrages übermittelt werden. Die Punkte, die in dem Lehrvertrag berück= sichtigt werden müssen, sind ebenfalls im Gesetz vorgesehen. Ein Lehrvertrag muß danach enthalten:

1. Bezeichnung des Gewerbes oder des Zweiges der gewerblichen Tätigkeit, in welchem die Ausbildung erfolgen soll;
2. die Angabe der Dauer der Lehrzeit;
3. die Angabe der gegenseitigen Leistungen;
4. die gesetzlichen und sonstigen Voraussetzungen, unter welchen die einseitige Auflösung des Vertrages zulässig ist.

Man wird indes bei Abschluß eines Lehrvertrages gut tun, die von der Handwerkskammer vorgeschriebenen Vertragsformulare zu benutzen, da diese allen Ansprüchen genügen. Der Lehrvertrag ist kosten= und stempelfrei.

Besondere Aufmerksamkeit wird dann anzuwenden sein, wenn ein Vormund sein Mündel in die Lehre gibt oder wenn ein Vor= mund oder Vater sein Mündel oder seinen Sohn in die Lehre nimmt. Will ein Vormund sein Mündel in die Lehre geben, so bedarf es dazu der besonderen Genehmigung des vorgesetzten Vor= mundschaftsgerichtes. Ebenso wenn ein Vormund sein Mündel in die Lehre nehmen will. Im letzteren Falle wird seitens des Vor= mundschaftsgerichtes ein besonderer Pfleger zu bestellen sein, der an Stelle des Vormundes den Lehrvertrag mitunterzeichnet, da ja gesetzlich ein Vormund nicht im Stande ist, mit seinem Mündel einen Vertrag abzuschließen.

Nimmt ein Vater seinen Sohn in die Lehre, so genügt eine Anmeldung mittels einer Lehranzeige, für die Formulare bei den Handwerks= und Gewerbekammern zu haben sind.

Während der ersten 4 Wochen der Lehrzeit steht es dem Lehr= herrn sowohl als dem Lehrling frei, von dem Vertrage zurückzutreten. Diese vierwöchige Frist tritt dann ein, wenn eine andere Verein= barung nicht getroffen ist, die zwischen 4 Wochen und einem Viertel= jahre schwanken kann. Die kürzeste Dauer der Probezeit wird danach 4 Wochen, die längste ein Vierteljahr betragen, während Vereinbarungen, die sich unter oder über diesem Zeitraum bewegen, ungültig sind.

Ist die Probezeit verstrichen, so muß ein gesetzlicher Grund vorhanden sein, wenn der Lehrmeister oder der Lehrling von dem Vertrage zurücktreten wollen, ohne daß die andere Partei sich damit einverstanden erklärt. . . .

Der Lehrherr ist verpflichtet, den Lehrling in den bei seinem Betriebe vorkommenden Arbeiten des Gewerbes dem Zwecke der Ausbildung entsprechend zu unterweisen, ihn zum Besuche der Fortbildungs= und Fachschule anzuhalten und den Schulbesuch zu überwachen. Er muß entweder selbst oder durch einen geeigneten, ausdrücklich dazu bestimmten Vertreter die Ausbildung des Lehrlings leiten, den Lehrling zur Arbeitsamkeit und zu guten Sitten anhalten und vor Ausschweifungen bewahren, er hat ihn gegen Mißhandlungen seitens der Arbeits= und Hausgenossen zu schützen und dafür Sorge zu tragen, daß dem Lehrling nicht Arbeitsverrichtungen zugewiesen werden, welche seinen körperlichen Kräften nicht angemessen sind. Er muß weiter dem Lehrling Zeit geben, den Gottesdienst an Sonn= und Feiertagen zu besuchen. Der Lehrling hat dagegen die Verpflichtung, in jeder Weise seinem Lehrherrn Treue und Gehorsam zu leisten.

Kommt der Lehrling seinen Verpflichtungen nicht nach, so hat der Lehrmeister das Recht ihn zu entlassen und, für den Fall dies im Lehrvertrage vorgesehen war, eine Entschädigung in vereinbarter Höhe zu verlangen. Von seiten des Lehrlings darf das Lehrverhältnis dagegen aufgelöst werden:

1. Wenn er zur Fortsetzung der Lehre unfähig wird;
2. wenn der Lehrherr oder sein Vertreter oder Familienangehörige derselben den Lehrling zu Handlungen verleiten oder zu verleiten suchen oder mit Familienangehörigen des Lehrlings Handlungen begehen, welche wider die Gesetze oder guten Sitten sind;
3. wenn der Lehrherr dem Lehrling den schuldigen Lohn (Kostgeld) nicht in der bedungenen Weise auszahlt, bei Stücklohn nicht für ausreichende Beschäftigung sorgt, oder wenn er sich widerrechtlicher Übervorteilungen gegen ihn schuldig macht;
4. wenn bei Fortsetzung der Lehre das Leben oder die Gesundheit des Lehrlings einer erweislichen Gefahr ausgesetzt sein würde, welche bei Eingehung des Lehrvertrags nicht zu erkennen war;
5. wenn der Lehrherr seinen gesetzlichen oder vertraglichen Verpflichtungen gegen den Lehrling in einer die Gesundheit, die Sittlichkeit oder die Ausbildung des Lehrlings gefährdenden Weise vernachlässigt oder das Recht der väterlichen Zucht mißbraucht oder zur Erfüllung der ihm vertragsmäßig obliegenden Verpflichtungen unfähig wird;
6. wenn von dem gesetzlichen Vertreter des Lehrlings für den Lehrling, oder sofern der letztere volljährig ist, von ihm selbst dem Lehrherrn die schriftliche Erklärung abgegeben wird, daß der Lehrling zu einem anderen Gewerbe oder anderen Berufe

übergehen will, so gilt das Lehrverhältnis, wenn der Lehrling nicht früher entlassen wird, nach Ablauf von vier Wochen als aufgelöst. In diesem Falle darf der Lehrling innerhalb der nächsten neun Monate in demselben Gewerbe ohne Zustimmung des früheren Lehrherrn nicht beschäftigt werden. Verläßt der Lehrling unbefugt die Lehre, so kann er zur Rückkehr nur gezwungen werden, wenn der Lehrvertrag schriftlich abgeschlossen war. Ein Antrag auf Zurückführung des Lehrlings kann bei der Polizei nur innerhalb einer Woche nach dem Austritt des Lehrlings gestellt werden. Ebenso können Ansprüche auf Entschädigung nur geltend gemacht werden, wenn der Lehrvertrag schriftlich abgeschlossen war. In allen Fällen, außer in dem, daß der Lehrling die Lehre unbefugt verläßt, muß die Höhe der beanspruchten Entschädigungssumme im Lehrvertrage genau angegeben sein. Wenn der Lehrling unbefugt entläuft, so hat der Lehrmeister einen Betrag zu beanspruchen (vorausgesetzt, daß eine anderweite Entschädigungssumme nicht festgesetzt war), der für jeden auf den Vertragsbruch folgenden Tag der Lehrzeit, höchstens aber für sechs Monate, bis auf die Hälfte des in dem Gewerbe des Lehrherrn den Gesellen oder Gehilfen ortsüblich gezahlten Lohnes sich belaufen darf. Haftbar für die Zahlung der Entschädigung sind der Vater des Lehrlings, sowie derjenige, der den Lehrling etwa zu dem Vertragsbruche verleitet oder ihn in Arbeit genommen hat. Der Anspruch auf Entschädigung muß indes innerhalb vier Wochen geltend gemacht werden. . . .

3. Die Gesellenprüfung.

Der Lehrmeister hat die Verpflichtung, den Lehrling zur Ablegung der Gesellen-Prüfung anzuhalten, **keinesfalls** aber darf er ihn unter irgend welchen Vorhaltungen von der Prüfung **zurückhalten**, wenn er sich nicht einer hohen Strafe aussetzen will. Das Gesuch um Zulassung zur Prüfung ist entweder direkt an den zuständigen Prüfungsausschuß zu richten oder durch Vermittelung der Handwerkskammer zu befördern. Dem Gesuch muß ein eigenhändig vom Prüfling geschriebener Lebenslauf beigefügt sein, sowie ein von dem Lehrmeister ausgestelltes Lehrzeugnis. Hat der Lehrling Gelegenheit gehabt, eine Fortbildungsschule zu besuchen, so muß auch hierüber ein Zeugnis beigefügt werden.

Die Abnahme der Prüfungen erfolgt durch die Prüfungsausschüsse, die aus mindestens drei Handwerkern bestehen müssen, einem Vorsitzenden, einem Meister- und einem Gesellenbeisitzer. Man unterscheidet zweierlei Prüfungsausschüsse: solche, die von der Handwerkskammer und solche, die von den Innungen gebildet werden. Betreffs der Prüfungsausschüsse der **Zwangs**innungen ist zu bemerken, daß es zu den Pflichten dieser Innungen gehört, Ausschüsse zur Abnahme der Gesellenprüfungen zu bilden. Bei diesen Ausschüssen wird der Vorsitzende von der Handwerkskammer bestimmt, die Meisterbeisitzer werden dagegen von der Innung, die Gesellenbeisitzer von dem Gesellenausschusse gewählt. Freien Innungen dagegen **kann** das Recht auf Bildung von Prüfungs= ausschüssen auf Antrag von der Handwerkskammer gewährt werden. Den Prüfungsausschüssen der Innungen sind die Lehrlinge unter= stellt, wenn die Lehrmeister der betreffenden Innung angehören, den Ausschüssen der Handwerkskammern, wenn der Lehrmeister keiner Korporation angehört, die zur Bildung eines Prüfungsaus= schusses verpflichtet oder berechtigt ist.

Das Verfahren vor den Prüfungsausschüssen wird durch Prüfungsordnungen geregelt, die von der höheren Verwaltungs= behörde im Einverständnis mit der Handwerkskammer erlassen werden.

Die Prüfung hat den Nachweis zu erbringen, daß der Lehr= ling die in seinem Gewerbe gebräuchlichen Handgriffe und Fertig= keiten mit genügender Sicherheit ausübt und sowohl über den Wert, die Beschaffung, Aufbewahrung und Behandlung der zu verarbeitenden Rohmaterialien, als auch über die Kennzeichen ihrer guten oder schlechten Beschaffenheit unterrichtet ist. Außerdem kann durch die Prüfungsordnung bestimmt werden, daß die Prüfung auch in der Buch= und Rechnungsführung zu erfolgen hat. Die Kosten der Prüfungen werden von der Stelle getragen, die den Prüfungsausschuß errichtet hat. Dieser fließen auch die Prüfungs= gebühren zu. —

4. Gesetzliche Vorschriften bei Eröffnung eines Handwerksbetriebs.

In Deutschland ist auf Grund der Gewerbeordnung der Betrieb eines Gewerbes jedermann gestattet, soweit nicht durch dieses Gesetz Ausnahmen oder Beschränkungen vorgeschrieben oder zugelassen sind. Es geht hieraus hervor, daß von einer unbedingten Gewerbefreiheit keinesfalls die Rede sein kann, und, wie wir weiter sehen, sind die gewerblichen Beschränkungen sehr zahlreich. Ein Unterschied zwischen Stadt und Land in Bezug auf den Gewerbe= betrieb und dessen Ausdehnung besteht nicht mehr; ferner ist der gleichzeitige Betrieb verschiedener Gewerbe, sowie desselben Ge= werbes in mehreren Betriebs= oder Verkaufsstätten gestattet, auch eine Beschränkung der Handwerker auf den Verkauf selbstgefertigter Waren nicht mehr vorgeschrieben. Das erste Erfordernis jedoch bei Eröffnung eines stehenden Gewerbes ist, daß die nach dem Landesgesetze zuständige Ortsbehörde gleichzeitig von der Inbetrieb= setzung in Kenntnis gesetzt wird. Auch, wenn eine besondere Genehmigung für das Gewerbe nicht gefordert wird, muß eine Anzeige stattfinden. Ebenso ist die Ortsbehörde davon zu benach= richtigen, wenn neben dem bisher betriebenen Gewerbe die Aus= dehnung auf ein zweites oder drittes vorgenommen wird. Dies schließt ein, daß auch Zweigniederlassungen an verschiedenen oder an den gleichen Orten zur Anmeldung gelangen müssen.

Ist das Gewerbe konzessionspflichtig und die Konzession für den Betrieb erteilt, so muß diese Anmeldung trotzdem noch statt= finden. Eine Unterlassung dieser Pflicht wird auf Grund der Gewerbeordnung mit Geldstrafe bis zu 150 Mark oder mit Haft bis zu vier Wochen bestraft. Eine Verpflichtung zur Anmeldung des Geschäftsbetriebes besteht auch für diejenigen Agenten, welche Feuerversicherungen für Mobilien oder Immobilien vermitteln. Verschärft ist die Anmeldungspflicht bei Buch= und Steindruckereien, Buchhandlungen, Verkäufern von Druckschriften und dergleichen. Diese haben nicht nur das Lokal des Gewerbes, sondern auch jeden späteren Wechsel desselben am Tage des Eintritts der zu= ständigen Behörde anzumelden. Eine Unterlassung dieser Ver= pflichtung wird in gleichem Maße bestraft, wie vorher angegeben. Der Empfang der Anzeige wird binnen drei Tagen von der Behörde bescheinigt. Von der Ablegung einer Prüfung abhängig sind die Betriebe der Hufschmiede und Schornsteinfeger. Außer= dem ist der Befähigungs=Nachweis auf die Berufe der Seeschiffer, Seesteuerleute, Maschinisten und Lotsen ausgedehnt. Konzessions= pflichtig sind Betriebe wie Kliniken, Gast= und Schankwirtschaften, Schauspielunternehmungen, Pfandleihgeschäfte, Fuhrbetriebe und andere mehr. Gewisse Beschränkungen bestehen auch für den Gewerbebetrieb im Umherziehen, die jedoch an dieser Stelle nicht weiter erörtert werden können.

Gewerbetreibende, die einen offenen Laden haben, müssen ihren Familiennamen mit mindestens einem ausgeschriebenen Vor= namen an der Außenseite des Lokales oder am Eingang desselben anbringen lassen.

5. Innungswesen.

Man hat nach der Reichsgewerbeordnung zu unterscheiden zwischen freien Innungen und Zwangsinnungen. Während die freien Innungen ihre Mitglieder auf dem Boden der Freiwilligkeit finden, kann bei den Zwangsinnungen die etwa widerstrebende Minderheit von der Mehrheit zum Eintritt in die Innung und zur Übernahme der damit zusammenhängenden Verpflichtungen gezwungen werden. Beide Arten von Innungen sind Korporationen des öffentlichen Rechts, das heißt, sie haben beide Korporations= rechte und sind mit gewissen Vorzügen der Selbstverwaltung aus= gestattet worden, die sie befähigen, das in ihnen organisierte Handwerk unter Wahrung der gesetzlichen Vorschriften vollkommen selbständig zu vertreten. Während nun die Zwangsinnungen nur dem Handwerke ausdrücklich vorbehalten sind, können sich in den freien Innungen auch sonstige Gewerbetreibende organisieren.

a. Freie Innungen.

Zu den Aufgaben der freien Innung, die diesem durch Gesetz vorgeschrieben sind, gehören:

1. Die Pflege des Gemeingeistes, sowie die Aufrechterhaltung und Stärkung der Standesehre unter den Innungsmitgliedern;
2. die Förderung eines gedeihlichen Verhältnisses zwischen Meistern und Gesellen (Gehilfen), sowie die Fürsorge für das Herbergs= wesen und den Arbeitsnachweis;
3. die nähere Regelung des Lehrlingswesens und die Fürsorge für die technische, gewerbliche und sittliche Ausbildung der Lehr= linge, vorbehaltlich der Bestimmungen der §§ 103c, 126—132a der Gewerbeordnung;
4. die Entscheidung von Streitigkeiten der im § 3 des Gewerbe= gerichtsgesetzes vom 29. Juli 1890 (jetzt Gewerbegerichtsgesetz § 4) und im § 53a des Krankenversicherungsgesetzes bezeichneten Art zwischen den Innungsmitgliedern und ihren Lehrlingen.

Nach § 81b der Gewerbeordnung sind die freien Innungen jedoch befugt, ihre Wirksamkeit auf andere, den Innungsmitgliedern gemeinsame gewerbliche Interessen auszudehnen. Insbesondere steht ihnen zu:

1. Veranstaltungen zur Förderung der gewerblichen, technischen und sittlichen Ausbildung der Meister, Gesellen (Gehilfen) und Lehrlinge zu treffen, insbesondere Schulen zu unterstützen, zu errichten und zu leiten, sowie über die Benutzung und den Besuch der von ihnen errichteten Schulen Vorschriften zu erlassen;
2. Gesellenprüfungen zu veranstalten und über die Prüfungen Zeugnisse auszustellen;
3. zur Unterstützung ihrer Mitglieder und deren Angehöriger, ihrer Gesellen (Gehilfen), Lehrlinge und Arbeiter in Fällen der Krankheit, des Todes, der Arbeitsunfähigkeit oder sonstiger Bedürftigkeit Kassen zu errichten;
4. Schiedsgerichte zu errichten, welche berufen sind, Streitigkeiten der im § 3 (jetzt § 4) des Gewerbegerichtsgesetzes und im § 53a des Krankenversicherungsgesetzes bezeichneten Art zwischen den

Innungsmitgliedern und ihren Gesellen (Gehilfen) und Arbeitern an Stelle der sonst zuständigen Behörden zu entscheiden;

5. zur Förderung des Gewerbebetriebes der Innungsmitglieder einen gemeinschaftlichen Geschäftsbetrieb einzurichten.

Das für die Innung zu errichtende Statut, dessen Haupterfordernisse ebenfalls im Gesetz ausgeführt sind, bedarf der Genehmigung der höheren Verwaltungsbehörde, in deren Bezirk die Innung ihren Sitz hat. Die Vermittelung des Statutentwurfs an die höhere Verwaltungsbehörde übernimmt die Aufsichtsbehörde.

Als Mitglieder können in eine Innung nur aufgenommen werden:

1. Diejenigen, welche das Gewerbe, für das die Innung errichtet ist, in dem Innungsbezirk selbständig betreiben;
2. diejenigen, welche in einem dem Gewerbe angehörenden Großbetriebe als Werkmeister oder in ähnlicher Stellung beschäftigt sind;
3. diejenigen, welche in dem Gewerbe als selbständige Gewerbetreibende oder als Werkmeister oder in ähnlicher Stellung tätig gewesen sind, diese Tätigkeit aber aufgegeben haben und eine andere gewerbliche Tätigkeit nicht ausüben;
4. die in landwirtschaftlichen oder in gewerblichen Betrieben gegen Entgelt beschäftigten Handwerker.

Andere Personen können außerdem als Ehrenmitglieder aufgenommen werden.

Hierzu mag bemerkt werden, daß den freien Innungen keineswegs das Recht der Entscheidung über die Aufnahme zusteht, denn das Gesetz bemerkt ausdrücklich, daß den Gewerbetreibenden, die den gesetzlichen und statutarischen Vorschriften entsprechen, die Aufnahme in die Innung nicht versagt werden darf. Doch kann der Eintritt in eine freie Innung von einem Eintrittsgelde abhängig gemacht werden, dessen Höhe das Statut bestimmt. Einer **Zwangs**innung steht das letztere Recht nicht zu.

Der Austritt aus einer freien Innung steht jedem Mitglied mit Ablauf des Rechnungsjahres zu, wenn es seinen Austritt rechtzeitig dem Vorstand anzeigt.

Aufnahmefähig in eine Innung sind auch Frauen und minderjährige Personen, denen aber ein Stimmrecht nicht zusteht.

Die Festsetzung der Beiträge geschieht durch das Statut. Werden von einzelnen Innungsmitgliedern die Beiträge nicht rechtzeitig gezahlt, so erfolgt die Beitreibung durch die Behörde, die die Gemeindeabgaben einzieht. Dies ist einer derjenigen Vorzüge, die auch die freien Innungen vor den Handwerker- und Gewerbevereinen haben und die Innungen in jeder Gestalt vor den genannten Einrichtungen empfehlenswert erscheinen lassen. Daneben sind aber die freien Innungen auch berechtigt, den Mitgliedern im Interesse der Standesehre die Festsetzung von Preisen für Waren und Arbeiten vorzuschreiben, während dies Recht den Zwangsinnungen nicht zusteht. Ähnlich verhält es sich mit dem Zwang, der auf die Mitglieder einer freien Innung bei Errichtung von Kranken= und Sterbekassen usw. ausgeübt werden kann. Errichten die freien Innungen derartige Unterstützungskassen, so muß ihnen jedes Mit= glied beitreten, während eine Zwangsinnung zwar auch das Recht hat, solche Kassen zu errichten, aber nicht die Mitglieder zum Ein= tritt zwingen kann.

Was die im Gesetz vorgesehene Entscheidung von Streitig= keiten anbelangt, so sind danach Streitigkeiten zwischen einem Meister und einem Lehrling stets dem betreffenden Innungsaus= schuß zunächst zur Entscheidung vorzulegen. Das Innungsstatut kann sogar bei einer Versäumnis dieser Verpflichtung Strafen ver= hängen. Dagegen müssen zur Schlichtung anderer Streitigkeiten, die sonst unter die Befugnisse der Gewerbegerichte fallen, besondere Innungsschiedsgerichte durch Nebenstatut errichtet werden. Hierunter fallen namentlich Streitigkeiten zwischen Gehilfen und Meistern, sowie alle die Fälle, die wir bei Gelegenheit der Betrachtung des Gewerbegerichtsgesetzes zu erwähnen haben.

Die Vertretung der Innung erfolgt: 1) durch die Innungs= versammlung; 2) durch den Innungsvorstand; 3) durch die von der Innung errichteten Ausschüsse. Die Innungsversammlung wird entweder von allen stimmberechtigten Innungsmitgliedern (volljährig, im Besitz der bürgerlichen Ehrenrechte, nicht durch gericht= liche Anordnung in der Verfügung über ihr Vermögen beschränkt, nicht wiederholt mit der Zahlung der Innungsbeiträge im Rückstand, wenn das Statut dies vorsieht) gebildet, oder von einer durch das Statut festgesetzten Anzahl von Vertretern, die durch die Innungs= mitglieder gewählt werden. Die Wahl derartiger Vertreter wird sich nur dann empfehlen, wenn die Zahl der Innungsmitglieder eine so große und der Innungsbezirk ein so ausgedehnter ist, daß eine häufigere Zusammenberufung der Innungsmitglieder Schwierig= keiten bieten würde.

Der Vorstand wird von der Innungsversammlung mittels geheimer Wahl gewählt, doch ist eine Wahl durch Zuruf zulässig, wenn niemand widerspricht. Die erste Vorstandswahl kann erst nach Genehmigung des Statuts stattfinden. Zu derselben muß ein Vertreter der Aufsichtsbehörde hinzugezogen werden, der die Wahl leitet. Die späteren Wahlen werden unter Leitung des jeweiligen Vorstandes vorgenommen. Alle Vorstandswahlen müssen der Auf= sichtsbehörde innerhalb 8 Tagen bekanntgegeben werden. Die Obliegenheiten des Vorstandes sind mannigfaltiger Art. Er haftet den Innungsmitgliedern für eine pflichtgemäße Verwaltung, wie ein Vormund seinem Mündel. Zur Durchführung seiner Amts= obliegenheit ist dem Vorstand die Befugnis erteilt, Strafen gegen Innungsmitglieder bis zu 20 M. zu verhängen, doch muß das Statut genaue Bestimmung darüber treffen, unter welchen Voraus= setzungen und in welcher Form derartige Strafen verhängt werden sollen. Jedenfalls wird dem Mitgliede stets sofort bekanntgegeben werden müssen, wenn eine Strafe auch in geringerer Höhe verhängt worden ist. Über Beschwerden entscheidet die Aufsichtsbehörde. Der Betrag der Strafen fließt in die Innungskasse.

Wählbar zu Mitgliedern des Vorstandes und der Ausschüsse sind nur solche wahlberechtigte Innungsmitglieder, welche zum Amt eines Schöffen fähig sind. Hierzu merkt das Gesetz die §§ 31 und 32 des Gerichtsverfassungsgesetzes an und will damit sagen, daß nur die in diesen Paragraphen niedergelegten Bestimmungen maß= gebend sein sollen, nicht aber die Vorschrift, daß zum Amt eines Schöffen Personen unter 30 Jahren nicht berufen werden sollen, ferner solche Personen nicht, die noch nicht zwei Jahre in der Gemeinde ansässig sind usw.

Es können mithin auch solche Personen in den Vorstand berufen werden, die den letztgenannten Ansprüchen, die das Schöffen= amt stellt, nicht genügen. Ein Innungsamt, ob es sich nun auf den Vorstand, oder einen Ausschuß, oder das Amt eines Beauf= tragten bezieht, kann nur dann abgelehnt werden, wenn der Ge= wählte das Amt bereits 6 Jahre hintereinander verwaltet hat. Außerdem kommen noch die Gründe in Betracht, die auch zur Ablehnung des Amtes eines Beisitzers am Gewerbegericht zu= lässig sind.

Die Innung bildet in der Regel verschiedene Ausschüsse, denen die Verpflichtung obliegt, die Ausführung gewisser Aufgaben der Innung anzuordnen und zu überwachen. Das ist zunächst der Ausschuß für das Gesellen= und Herbergswesen, der auch den Arbeitsnachweis zu regeln hat. Er besteht in der Regel aus dem Obermeister und im übrigen zur Hälfte aus Beisitzern, die von der Innungsversammlung, zur anderen Hälfte vom Gesellenaus= schuß gewählt worden sind. Ferner ist zu beachten der Ausschuß für das Lehrlingswesen, der in gleicher Weise zusammengesetzt wird, und der bereits erwähnte Gesellenausschuß. Der Gesellen= ausschuß wird indes nicht, wie die anderen Ausschüsse, gemeinsam aus den Innungsmitgliedern und den bei diesen beschäftigten Ge= hilfen ernannt, sondern nur aus dem Kreise der großjährigen Gehilfen. Auch ist zu beachten, daß der Innungsvorstand nicht das Recht besitzt, die Mitglieder des Gesellenausschusses mit Ord= nungsstrafen zu belegen, wie bei den Mitgliedern der anderen

Ausschüsse und überhaupt bei den Innungsmitgliedern Dadurch wird die Aufsicht über den Gesellenausschuß und die Überwachung seiner gesetzmäßigen und statutarischen Betätigung sehr erschwert, aber man muß anerkennen, daß überhaupt die Beteiligung der Gehilfenschaft an den Innungsgeschäften ein bedeutsamer Fortschritt war und daß von ihm für das Handwerk mancherlei zu erhoffen ist, mag auch vielfach unter den Gesellen selbst sich ein Widerstand gegen die Einrichtung bemerkbar machen. Wie auch die Zeit= strömung sein mag, das gesamte Handwerk ist auch heute noch als eine Einheit zu betrachten, in der Meister, Gesellen und Lehr= linge gleich bedeutsame Faktoren darstellen. Nur eine Wahrung dieser Einheit kann dem Handwerk von Segen sein, und es wird nicht zum wenigsten eine Aufgabe der Innung sein, alle gegen= sätzlichen Strömungen zum Stillstand zu bringen.

Zur Überwachung der von der Innung erlassenen Vor= schriften dienen im wesentlichen die Beauftragten. Den Beauf= tragten der Innung sind, wie auch denjenigen der Handwerks= kammer bedeutsame Aufgaben zugewiesen und zu deren Erfüllung weitgehende Befugnisse erteilt. Den Beauftragten ist auf Erfordern Zutritt zu den Betriebsräumen und den Unterkunftsräumen der Lehrlinge zu gewähren, auch muß ihnen über alle Punkte Aus= kunft erteilt werden, welche für die Erfüllung ihres Auftrages von Bedeutung sind. Nur in dem Falle, daß der Betriebsunter= nehmer von der Besichtigung des Betriebes durch den Beauftragten eine Schädigung befürchtet, steht es ihm frei, auf seine Kosten die Entsendung eines anderen Beauftragten zu veranlassen, keinesfalls darf er eine Besichtigung gänzlich ablehnen.

Die Auflösung einer freien Innung erfolgt entweder durch die Aufsichtsbehörde oder auf Beschluß der Innungsversammlung. Waren mit der Innung Unterstützungskassen verbunden, so kann die höhere Verwaltungsbehörde diesen Korporationsrechte verleihen. Besitzt die Innung bei ihrer Auflösung Vermögen, so kann die Innung die Verteilung desselben nur insoweit beschließen, als das Vermögen aus den Beiträgen der gegenwärtigen Mitglieder zu= sammengekommen ist. Es kann mithin keinem der Mitglieder mehr als die Gesamtsumme der von ihm geleisteten Beiträge zurückgezahlt werden. Über die Verwendung eines etwaigen Rest= vermögens entscheidet der Inhalt des Statuts. Bildet sich dagegen aus der freien Innung eine Zwangsinnung, so fällt dieser das Vermögen der freien Innung zu. Schließt sich, wie das nicht selten vorkommt, nur ein Teil der Mitglieder einer freien Innung, etwa die Vertreter eines Handwerks oder mehrerer verwandter Handwerke in der Zwangsinnung zusammen, so erhält die neue Zwangsinnung den entsprechenden Teil des Innungsvermögens.

b. Zwangsinnungen.

Einen wesentlichen Schritt machte die Handwerkergesetzgebung, wie bereits kurz erwähnt, vorwärts, als sie das System der Zwangs=innung schuf. Die Zwangsinnungen sind nur dem Handwerke vorbehalten. Während aber die freien Innungen sich auf sämtliche Handwerker eines bestimmten Bezirkes erstrecken konnten, sehen wir bei den Zwangsinnungen, daß das Gesetz sie entweder auf ein bestimmtes Handwerk oder auf eine Gruppe verwandter Hand=werke beschränkt. Die Zwangsinnungen sollen demnach reine Fach=innungen sein, und sie stellen damit eine Einrichtung dar, die am meisten dem Wesen des Handwerks entspricht.

Die Errichtung einer Zwangsinnung geschieht in der Weise, daß eine größere Anzahl von Handwerkern desselben Gewerbes oder verwandter Berufe sich mit einem hierauf bezüglichen Antrage an die Aufsichtsbehörde wendet, die den Antrag weitergibt. Erkennt die höhere Verwaltungsbehörde die Zweckmäßigkeit der Neugrün=dung an, so hat sie eine Abstimmung in dem betreffenden Bezirke darüber zu veranlassen, ob die Mehrheit der beteiligten Handwerker dem Beitrittszwange zustimmt. Entscheidend ist indes nicht die Mehrheit der sämtlichen in Frage kommenden Handwerker, sondern derjenigen, die sich an der Abstimmung beteiligt haben. Zu be=achten wird bei der Gründung von Zwangsinnungen stets sein, daß der Kreis der Innung nicht zu groß ist, da kein Mitglied durch die Entfernung seines Wohnortes vom Sitze der Innung behindert sein soll, am Genossenschaftsleben teilzunehmen und die Innungseinrichtungen zu benutzen. Der Antrag kann auch ohne weiteres von der Behörde abgelehnt werden, wenn die Antrag=steller nur einen verhältnismäßig kleinen Bruchteil der beteiligten Handwerker bilden, oder wenn ein gleicher Antrag innerhalb der letzten drei Jahre bei der Abstimmung von der Mehrheit der be=teiligten Handwerker abgelehnt worden ist.

Was den Begriff der verwandten Handwerke anlangt, so will das Gesetz darunter diejenigen Handwerke verstanden wissen, die nach ortsüblichem Gebrauche vielfach gemeinsam betrieben werden und in ihrer Technik einander so nahe stehen, daß der Betrieb des einen zugleich ein ausreichendes Verständnis für die technischen Fertig=keiten, den geschäftlichen Betrieb und die wichtigsten Interessen des andern gewährleistet. Aufgabe der Handwerkskammern wird es sein, diese Gewerbe zusammenzufassen und damit eine für den Bezirk der Kammer gültige Norm für die Errichtung von Zwangs=innungen verwandter Handwerke zu schaffen. Hier den richtigen Weg zu finden, wird nicht immer sehr leicht sein, da einerseits der Begriff der verwandten Handwerke nicht zu eng gefaßt werden

kann, um nicht in weniger dicht bevölkerten Gegenden die Errich=
tung von Zwangsinnungen gänzlich zu unterbinden, anderseits
aber eine zu große Weitherzigkeit in dieser Beziehung weder den
gesetzlichen Vorschriften noch dem Gedanken der Fachinnungen ent=
sprechen würde.

Eine Besonderheit der Zwangsinnung ist diejenige, daß sie
ihre Wirksamkeit beschränken kann auf solche Handwerker, die in
der Regel Gesellen oder Lehrlinge beschäftigen. Das Gesetz ging
dabei von der Erwägung aus, daß die Handwerker, welche in der
Regel Personal beschäftigen, das größere Interesse an der Bildung
einer Innung haben werden, und daß man deshalb ein Mittel
finden mußte, eine etwaige Opposition der kleineren, Personal nicht
beschäftigenden Meister zu vermeiden. Doch sind auch diejenigen
Meister, welche kein Personal beschäftigen, zum Beitritt in die
Innung berechtigt.

Mit dem Tage, an welchem die Innung in Kraft tritt, ge=
hören alle diejenigen, welche in dem Bezirke, für den die Innung
errichtet ist, das betreffende Handwerk betreiben, der Innung an.
Ausgenommen sind nur diejenigen, welche das Gewerbe fabrik=
mäßig betreiben, und in dem Falle, daß die Innung nur für
Personal beschäftigende Handwerker errichtet ist, diejenigen, die
Personal in der Regel nicht beschäftigen. Zu Mißverständnissen
in Bezug auf die Zwangsmitgliedschaft kann indessen die Be=
merkung Veranlassung geben, daß Gewerbetreibende, welche mehrere
Gewerbe betreiben, derjenigen Innung als Mitglieder angehören,
welche für das hauptsächlich von ihnen betriebene Gewerbe errichtet
ist. Man hat häufig hieraus entnehmen wollen, daß Gewerbe=
treibende, welche verschiedene Gewerbe betreiben, nur dann innungs=
pflichtig sein sollten, wenn das Handwerk, für das die Innung errichtet
ist, zufällig das von den betreffenden Gewerbetreibenden hauptsäch=
lich betriebene Handwerk ist. So haben sich zum Beispiel größere
Konfektionsgeschäfte, die auch Maßarbeit übernehmen und einen Zu=
schneider beschäftigen, mit der Begründung gegen den Beitrittszwang
zu einer Schneider=Innung gewehrt, daß die Maßarbeit nur den
geringeren Teil ihrer Einkünfte liefere und der Verkauf der fertigen
Waren für sie den Haupterwerb darstelle. Die Entscheidung der
höheren Verwaltungsbehörde mußte aber in diesen Fällen stets
so ausfallen, daß diese Gewerbetreibenden trotzdem beitragspflichtig
waren, weil das Gesetz nichts anderes besagen will, als daß bei
dem Vorhandensein mehrerer Zwangsinnungen der gemischte Be=
trieb derjenigen Innung anzugehören hat, welche das hauptsächlich
von ihm betriebene Handwerk umschließt. Wenn wir z. B. den
Fall annehmen, daß an einem Orte Zwangsinnungen sowohl für
das Maler= und Anstreicher=Handwerk als auch für das Maurer=

Handwerk bestehen, so wird ein Bauunternehmer, der sowohl
Maurer als Anstreicher beschäftigt, zumeist der Maurerinnung an=
gehören, da er wahrscheinlich im Maurerhandwerk eine größere
Anzahl von Leuten beschäftigen wird, als im Anstreicher=Handwerk.
Besteht dagegen an dem Orte nur eine Anstreicher= und Maler=
Innung, so wird er zweifellos dieser angehören, trotzdem vielleicht
das Anstreicher=Gewerbe nur einen geringen Bruchteil seiner Ein=
nahmen ausmacht. In dem zuerst erwähnten Falle kann über
die Beitrittspflicht zur Zwangsinnung aber umsoweniger ein Zweifel
bestehen, als Zwangsinnungen für Konfektionsgeschäfte nicht er=
richtet werden können. Derartige Streitigkeiten entscheidet die Auf=
sichtsbehörde, in 2. Instanz und damit endgültig die höhere Ver=
waltungsbehörde.

Unterstützungskassen mit Beitrittszwang kann eine Zwangs=
innung ebensowenig errichten wie gemeinsame Geschäftsbetriebe.
Dadurch wird der Zwangsinnung das Recht indes keineswegs
abgesprochen, Kranken= und Sterbekassen zu gründen, sondern es
wird der Innung nur, und nicht mit Unrecht, untersagt, die Mit=
glieder in derartige Kassen hineinzuzwingen, an denen sie vielleicht
persönlich gar kein Interesse haben. Ähnlich verhält es sich mit
der Errichtung von Kredit=, Einkaufs= und Verkaufsgenossenschaften.
Es hätte aber geheißen, eine der dankbarsten Aufgaben, wenn nicht
die dankbarste überhaupt, zu unterbinden, wenn man den Innungen
eine Mitwirkung an derartigen Gründungen untersagt hätte. Des=
halb gibt das Gesetz nicht nur zu, daß seitens der Zwangsinnung
die Errichtung derartiger Unternehmungen angeregt wird, sondern
auch, daß diesen Unternehmen ein Teil des angesammelten Ver=
mögens überwiesen wird. Es steht danach gut fundierten Zwangs=
innungen nichts im Wege, alljährlich einen durch Innungsbeschluß
zu bestimmenden Teil des Innungsvermögens der Genossenschaft
zu überweisen.

Um eine Überwachung der Ausgaben der Innung zu ermög=
lichen, hat das Gesetz die Aufstellung eines Haushaltsplans bei den
Zwangsinnungen vorgesehen, der alljährlich, wie auch bei den freien
Innungen, von der Innungsversammlnng zu genehmigen ist, aber
im Gegensatz zu den freien Innungen der Aufsichtsbehörde einge=
reicht werden muß. Erweist es sich im Laufe des Rechnungs=
jahres, daß die für die einzelnen Etatposten vorgesehenen Ausgabe=
summen nicht ausreichen oder daß der Innung Ausgaben erwachsen,
die überhaupt nicht vorgesehen waren, so kann die Innungsver=
sammlung derartige Ausgaben jederzeit bewilligen. Diese Beschlüsse
müssen der Aufsichtsbehörde jedoch eingereicht werden.

Eine Beschränkung, der die Zwangsinnung unterworfen ist,
wurde in manchen Vereinigungen schon unliebsam empfunden, und

die Praxis hat gezeigt, daß die Beschränkung in dieser Ausschließ=
lichkeit jedenfalls als drückend betrachtet werden kann. Der § 100q
schreibt den Zwangsinnungen vor, daß sie ihre Mitglieder in der
Festsetzung der Preise ihrer Waren oder Leistungen oder in der
Annahme von Kunden nicht beschränken dürfen. Entgegenstehende
Beschlüsse sind ungültig. Sicherlich hat den gesetzgebenden Körper=
schaften bei diesem Verbot die Tatsache vor Augen gestanden, daß
die Übelstände, die sich bei den alten Innungen vielfach heraus=
gebildet hatten, sich auch in unserer Zeit wiederholen und den
Wert mancher Innungen zweifelhaft machen würden. Ehedem
aber ermangelten die Innungen und ihre Beschlüsse großenteils
einer Beaufsichtigung, die ihnen heute in der staatlichen Aufsicht
durch Handwerkskammer und Regierung in ausreichendem Maße
gegeben ist. Wenn die Innungen heute eine Abänderung des
Gesetzes in dieser Richtung erstreben, wird das Gesetz ihren Wün=
schen vielleicht Folge geben.

Ein weiterer Vorzug, der den Zwangsinnungen vor den
freien Innungen zukommt, ein Vorzug, der immer mehr an Gel=
tung gewinnen wird, ist der, daß die Zwangsinnungen die Be=
rechtigung besitzen, ja, daß es zu ihren obligatorischen Aufgaben
gehört, die Gesellenprüfungen der bei den Innungsmeistern be=
schäftigten Lehrlinge und Gehilfen abzunehmen. Den freien In=
nungen kann dies Recht nur unter ganz besonderen Voraussetzungen
verliehen werden, den Zwangsinnungen steht es immer zu. Die
Prüfungsausschüsse werden bis auf den Vorsitzenden von der
Innung selbst bestimmt, den Vorsitzenden dagegen ernennt die
Handwerkskammer. Den Lehrlingen werden hierdurch mancherlei
Unkosten erspart, die eine Ablegung der Gesellenprüfung vor den
Prüfungsausschüssen der Handwerkskammer in vielen Fällen mit
sich bringen muß, und auch dem Lehrmeister wird es häufig an=
genehmer sein, wenn der von ihm ausgebildete junge Handwerker
auf dem Boden der heimischen Innung seine Prüfung ablegt, als
wenn der angehende Gehilfe in fremder Werkstatt und vor unbe=
kannten Prüfungsmeistern Arbeitsprobe und Gesellenstück zu schaffen
hat. Das Recht auf Abhaltung der Meisterprüfungen ist den
Zwangsinnungen nicht erteilt worden, wie es ja auch den freien
Innungen seit dem 1. Oktober 1901 mit Einführung der Meister=
prüfungen unter Aufsicht von Handwerkskammer und Regierung
allgemein entzogen worden ist. Man wird dies nicht als einen
Mangel des Gesetzes empfinden können, da die erheblichen An=
sprüche, die an die Meisterprüfungskommissionen zu stellen sind,
nicht von allen Innungen erfüllbar sein würden.

Die Auflösung einer Zwangsinnung gestaltet sich nicht ganz
leicht, doch hat die Erfahrung bewiesen, daß es auch einer geringen

Anzahl von widerstrebenden Mitgliedern bei einiger Ausdauer zu gelingen pflegt, die Innung zu Fall zu bringen. Das Gesetz bemerkt, daß die Anordnung auf Errichtung der Zwangsinnung zurückzunehmen ist, wenn

1. ein derartiger Antrag von einem Viertel derjenigen Mitglieder, die der Innung anzugehören verpflichtet sind, eingebracht wird;

2. die Einladung zu der Innungsversammlung, in der die Abstimmung über den Antrag erfolgen soll, mindestens 4 Wochen vorher sowohl an die Aufsichtsbehörde als an die Mitglieder ergangen ist;

3. dreiviertel sämtlicher Innungsmitglieder (siehe 1) dem Antrage zustimmen.

Waren in der Innungsversammlung weniger als dreiviertel der stimmberechtigten Mitglieder erschienen, so muß innerhalb 4 Wochen eine weitere Versammlung anberaumt werden, die alsdann die Auflösung mit einer Anzahl von dreiviertel der erschienenen Stimmen beschließen kann. Geht der Antrag nunmehr durch, so wird die Innung spätestens mit dem Ablaufe des Rechnungsjahres geschlossen. Geht der Antrag dagegen auch in dieser zweiten Versammlung nicht durch, so kann er beliebig oft von den mißvergnügten Innungsmitgliedern wiederholt werden.

6. Innungsausschüsse und Innungsverbände.

Neben den Innungen kommen als Organisation für die Handwerker einerseits die **Innungsausschüsse**, andererseits die **Innungsverbände** in Betracht. Über die Innungsausschüsse bestimmt die Gewerbeordnung folgendes:

Für alle oder mehrere derselben Aufsichtsbehörde unterstehenden Innungen kann ein gemeinsamer Innungsausschuß gebildet werden. Diesem liegt die Vertretung der gemeinsamen Interessen der beteiligten Innungen ob. Außerdem können ihm Recht und Pflichten der beteiligten Innungen übertragen werden.

Die Errichtung des Innungsausschusses erfolgt durch ein Statut, welches von den Innungsversammlungen der beteiligten Innungen zu beschließen ist. Das Statut bedarf der Genehmigung der höheren Verwaltungsbehörde. In dem die Genehmigung versagenden Bescheide sind die Gründe anzugeben. Gegen die Versagung kann binnen 4 Wochen Beschwerde an die Landeszentralbehörde eingelegt werden. Abänderungen unterliegen den gleichen Vorschriften. Durch die Landeszentralbehörde kann dem Innungsausschusse die Fähigkeit verliehen werden, unter seinem Namen Rechte zu erwerben, Verbindlichkeiten einzugehen, vor Gericht zu klagen und verklagt zu werden. In solchem Falle haftet den Gläubigern für alle Verbindlichkeiten des Innungsausschusses nur das Vermögen desselben.

Auf die Beaufsichtigung der Innungsausschüsse finden die Bestimmungen des § 96 der Reichsgewerbeordnung entsprechende Anwendung. Die Schließung eines Innungsausschusses kann erfolgen, wenn der Ausschuß seinen statutarischen Verpflichtungen nicht nachkommt oder wenn er Beschlüsse faßt, welche über seine statutarischen Rechte hinausgehen. Die Schließung wird durch die höhere Verwaltungsbehörde ausgesprochen. Gegen die die Schließung aussprechende Verfügung findet der Rekurs statt. Wegen des Verfahrens und der Behörden gelten die entsprechenden Bestimmungen des § 97, Abs. 3 der Gewerbeordnung.

Die Eröffnung des Konkursverfahrens über das Vermögen eines Innungsausschusses hat die Schließung kraft Gesetzes zur Folge. Vom Zeitpunkte der Auflösung oder Schließung eines Innungsausschusses ab bleiben die beteiligten Innungen noch für diejenigen Zahlungen verhaftet, zu welchen sie statutarisch für den Fall ihres Ausscheidens verpflichtet sind. Ein Ausscheiden aus dem Innungsausschusse ist jeder Innung mit Ablauf des Rechnungsjahres gestattet, sofern die Anzeige des Austritts mindestens drei Monate vorher erfolgt.

Gegen früher ist den Innungsausschüssen das bedeutsame Recht verliehen worden, Korporationsrechte auf Antrag seitens der Landeszentralbehörde zu erhalten. Krankenversicherungen kann der Innungsausschuß nicht übernehmen. Sämtliche Aufgaben müssen durch das Statut des Innungsausschusses vorgesehen sein und die Zustimmung der beteiligten Innungen erhalten haben.

In zweiter Linie kommen als Vereinigungen von Innungen **die Innungsverbände** in Betracht. Ein Innungsverband kann nur für solche Innungen des gleichen Gewerbes gebildet werden, die nicht derselben Aufsichtsbehörde unterstehen. Die Innungsverbände haben die Aufgabe, zur Wahrnehmung der Interessen der in ihnen vertretenen Gewerbe die Innungen, Innungsausschüsse und Handwerkskammern in der Verfolgung ihrer gesetzlichen Aufgaben, sowie die Behörden durch Vorschläge und Anregungen zu unterstützen. Sie sind befugt, den Arbeitsnachweis zu regeln, sowie Fachschulen zu errichten und zu unterstützen. Ferner sind die Innungsverbände nach § 104 c der Gewerbeordnung berechtigt, in betreff der Verhältnisse der in dem Verbande vertretenen Gewerbe an die für die Genehmigung des Verbandsstatuts zuständige Stelle Bericht zu erstatten und Anträge zu stellen. Sie sind verpflichtet, auch auf Erfordern dieser Stelle Gutachten über gewerbliche Fragen abzugeben.

Ferner ist der Innungsverband befugt, für die Mitglieder der ihm angeschlossenen Innungen und deren Angehörige in Fällen der Krankheit, des Todes, der Arbeitsunfähigkeit oder Bedürftigkeit

Kassen zu errichten. Die dafür erforderlichen Bestimmungen sind in Nebenstatuten zusammenzufassen. Diese sowie Abänderungen derselben bedürfen der Genehmigung durch den Reichskanzler. Auch den Innungsverbänden ist die Möglichkeit gegeben, Korporations=rechte zu erwerben, und zwar durch den Bundesrat. Die von einem Innungsverbande etwa abgezweigten Unterverbände können Korporationsrechte nicht erwerben, da sie in der Regel als unselbst=ständige Teile des Innungsverbandes betrachtet werden.

7. Handwerkskammern.

Einen Abschluß nach oben hat die gesamte Innungsorgani=sation durch die Errichtung der Handwerkskammern erhalten. Wie die Gewerbeordnung sagt, sind die Handwerkskammern zur Ver=tretung des Handwerks ihres Bezirks zu errichten. Die Errichtung erfolgt durch eine Verfügung der Landeszentralbehörde und ist für sämtliche Teile Deutschlands durchgeführt worden, so daß den 72 deutschen Handwerkskammern sämtliche Handwerker unterstehen. Die Motive zu der Gesetzgebung über die Handwerkskammern äußern sich über die allgemeinen Zwecke der Kammern wie folgt:

Die Handwerkskammer wird naturgemäß eine doppelte Auf=gabe haben. Sie wird einmal die Gesamtinteressen des Hand=werks und die Interessen der in ihrem Bezirk vorhandenen Hand=werke gegenüber der Gesetzgebung und der Verwaltung des Staates zu vertreten haben und zwar sowohl durch Erstattung der von den Staatsbehörden einzuholenden Gutachten, als auch durch die aus ihrer eigenen Initiative hervorgehenden Anregungen. Daneben wird sie als Selbstverwaltungsorgan die Aufgabe haben, diejenigen zur Regelung der Verhältnisse des Handwerks erlassenen gesetz=lichen Bestimmungen, welche noch einer Ergänzung durch Einzel=vorschriften bedürftig und fähig sind, für ihren Bezirk weiter aus=zubauen, die Durchführung der gesetzlichen und der von ihr selbst erlassenen Vorschriften in ihrem Bezirk zu regeln, und so weit erforderlich, durch besondere Beauftragte zu überwachen, und endlich solche, auf die Förderung des Handwerks abzielende Veranstal=tungen zu treffen, zu deren Begründung und Unterhaltung die Kräfte der lokalen Organisation nicht ausreichen.

Handwerkskammern befinden sich an nachstehenden Orten, meist für die betreffenden Regierungsbezirke:

A. Königreich Preußen (Handwerkskammern).

1) Aachen; 2) Altona; 3) Arnsberg; 4) Aurich; 5) Berlin; 6) Bielefeld; 7) Breslau; 8) Bromberg; 9) Cassel; 10) Cob=lenz; 11) Cöln; 12) Danzig; 13) Dortmund; 14) Düsseldorf; 15) Erfurt; 16) Flensburg; 17) Frankfurt a. O.; 18) Halle

a. S.; 19) Hannover; 20) Harburg (Elbe); 21) Hildesheim; 22) Insterburg; 23) Königsberg; 24) Liegnitz; 25) Magdeburg; 26) Münster; 27) Oppeln; 28) Osnabrück; 29) Posen; 30) Saarbrücken; 31) Sigmaringen; 32) Stettin; 33) Stralsund; 34) Wiesbaden.

B. Königreich Bayern (Handwerkskammern).

35) Augsburg; 36) Bayreuth; 37) Kaiserslautern; 38) München; 39) Nürnberg; 40) Passau; 41) Regensburg; 42) Würzburg.

C. Königreich Sachsen (Gewerbekammern).

43) Chemnitz; 44) Dresden; 45) Leipzig; 46) Plauen; 47) Zittau.

D. Königreich Württemberg (Handwerkskammern).

48) Heilbronn; 49) Reutlingen; 50) Stuttgart; 51) Ulm.

E. Großherzogtum Baden (Handwerkskammer).

52) Freiburg; 53) Karlsruhe; 54) Konstanz; 55) Mannheim.

F. Großherzogtum Hessen (Handwerkskammer).

56) Darmstadt.

G. Großherzogtümer Mecklenburg-Schwerin und Mecklenburg-Strelitz (Handwerkskammer).

57) Schwerin.

H. Großherzogtum Oldenburg (Handwerkskammer).

58) Oldenburg.

I. Großherzogtum Sachsen-Weimar (Handwerkskammer).

59) Weimar.

K. Herzogtum Anhalt (Handwerkskammer).

60) Dessau.

L. Herzogtum Braunschweig (Handwerkskammer).

61) Braunschweig.

M. Herzogtum Sachsen-Altenburg und Reuß j. L. (Handwerksk.)

62) Gera.

N. Herzogtum Sachsen-Koburg-Gotha (Handwerkskammer).

63) Gotha.

O. Herzogtum Sachsen-Meiningen (Handwerkskammer).

64) Meiningen.

P. Fürstentum Lippe (Handwerkskammer).

65) Detmold.

Q. Fürstentum Reuß ä. L. (Handwerkskammer).

66) Greiz.

R. Fürstentum Schaumburg-Lippe (Handwerkskammer).

67) Stadthagen.

S. Fürstentum Schwarzburg-Rudolstadt und -Sondershausen (Handwerkskammer).

68) Arnstadt.

T. Reichslande Elsaß-Lothringen (Handwerkskammer).

69) Straßburg.

U. Freie Hansastädte (Gewerbekammern).

70) Bremen; 71) Hamburg; 72) Lübeck.

Die Wahlen zu den Kammern, deren Mitgliederzahl durch das Statut bestimmt wird, werden von den einzelnen Handwerker-Korporationen, d. h. Innungen, Handwerkervereinen und Gewerbevereinen, vorgenommen. Letztere wählen nur dann zu den Handwerkskammern, wenn die Anzahl der in ihnen vertretenen Handwerker mehr als die Hälfte der Vereinsmitglieder ausmacht. Für die Mitglieder sind Ersatzmänner zu wählen, welche für die ersteren im Behinderungsfalle und im Falle des Ausscheidens für den Rest der Wahlperiode in der Reihenfolge der Wahl einzutreten haben. Die Vorschriften für die Wahlen werden durch die Wahlordnung genau geregelt. Wählbar sind nur solche Personen, welche

1. zum Amte eines Schöffen fähig sind;
2. das dreißigste Lebensjahr zurückgelegt haben;
3. im Bezirk der Handwerkskammer ein Handwerk mindestens seit drei Jahren selbständig betreiben;
4. die Befugnis zur Anleitung von Lehrlingen besitzen.

Die Wahl zu den Handwerkskammern und ihren Organen erfolgt auf sechs Jahre. Alle drei Jahre scheidet die Hälfte der Gewählten aus; eine Wiederwahl ist zulässig. Die Bestimmungen der §§ 94 bis 94 b der Gewerbeordnung finden entsprechende Anwendung. Die Handwerkskammer kann sich nach näherer Bestimmung des Statuts bis zu einem Fünftel ihrer Mitgliederzahl durch Zuwahl von sachverständigen Personen ergänzen und zu ihren Verhandlungen Sachverständige mit beratender Stimme zuziehen. Die Handwerkskammer ist berechtigt, aus ihrer Mitte Ausschüsse zu bilden und mit besonderen regelmäßigen oder vorübergehenden Aufgaben zu betrauen. Die Ausschüsse können zu ihren Verhandlungen Sachverständige mit beratender Stimme zuziehen.

Die Aufgaben der Handwerkskammern werden wie folgt bestimmt:

1. Die nähere Regelung des Lehrlingswesens vorzunehmen;
2. die Durchführung der für das Lehrlingswesen geltenden Vorschriften zu überwachen;
3. die Staats- und Gemeindebehörden in der Förderung des Handwerks durch tatsächliche Mitteilungen und Erstattung von Gutachten über Fragen zu unterstützen, welche die Verhältnisse des Handwerks berühren;
4. Wünsche und Anträge, welche die Verhältnisse des Handwerks berühren, zu beraten und den Behörden vorzulegen, sowie Jahresberichte über ihre die Verhältnisse des Handwerks betreffenden Wahrnehmungen zu erstatten;
5. die Bildung von Prüfungsausschüssen zur Abnahme der Gesellenprüfungen;
6. die Bildung von Ausschüssen zur Entscheidung über Beanstandungen von Beschlüssen der Prüfungsausschüsse.

Die Handwerkskammer soll in allen wichtigen, die Gesamtinteressen des Handwerks oder die Interessen einzelner Zweige desselben berührenden Angelegenheiten gehört werden. Sie ist befugt, Veranstaltungen zur Förderung der gewerblichen, technischen und sittlichen Ausbildung der Meister, Gesellen (Gehilfen) und Lehrlinge zu treffen, sowie Fachschulen zu errichten und zu unterstützen.

Bei der Handwerkskammer ist ein **Gesellenausschuß** zu bilden. Die Zahl seiner Mitglieder und ihre Verteilung auf die einzelnen Gesellenausschüsse des Bezirks wird durch das Statut der Handwerkskammer bestimmt. Für die Mitglieder sind Ersatzmänner zu wählen, welche für dieselben in Behinderungsfällen und im Falle des Ausscheidens für den Rest der Wahlzeit in der Reihenfolge ihrer Wahl einzutreten haben.

Die Mitglieder und Stellvertreter werden unter Leitung der Aufsichtsbehörde mittels schriftlicher Abstimmung von den Gesellenausschüssen der Innungen gewählt. Durch die Landes-Zentralbehörde kann angeordnet werden, daß und in welcher Zahl dem Gesellen-Ausschuß auch Vertreter derjenigen Gesellen angehören sollen, welche von den nach § 103 a, Absatz 3, Ziffer 2 der Gewerbeordnung wahlberechtigten Mitgliedern der dort bezeichneten Gewerbevereine und sonstiger Vereinigungen beschäftigt werden. In diesem Falle ist von der Landes-Zentralbehörde auch die Wahl dieser Vertreter zu regeln. Auf die Wahlberechtigung und die Wählbarkeit finden die Vorschriften der §§ 95 a, Absatz 1, 2 und 95 c der Gewerbeordnung entsprechende Anwendung.

Der Gesellenausschuß muß mitwirken:

1. Beim Erlasse von Vorschriften, welche die Regelung des Lehrlingswesens zum Gegenstande haben;
2. bei Abgabe von Gutachten und Erstattung von Berichten über Angelegenheiten, welche die Verhältnisse der Gesellen (Gehilfen) und Lehrlinge berühren;
3. bei der Entscheidung über Beanstandungen von Beschlüssen der Prüfungsausschüsse.

Mit dieser Maßgabe finden die Vorschriften des § 95, Absatz 3 der Gewerbeordnung entsprechende Anwendung; im Falle der Ziffer 2 ist der Gesellenausschuß berechtigt, ein besonderes Gutachten abzugeben oder einen besonderen Bericht zu erstatten.

Über die Deckung der Kosten der Handwerkskammer ist Folgendes bestimmt:

Die aus der Errichtung und Tätigkeit der Handwerkskammer erwachsenden Kosten werden, soweit sie nicht anderweit Deckung finden, von den Gemeinden des Handwerkskammerbezirks nach näherer Bestimmung der höheren Verwaltungsbehörde getragen. Die Gemeinden sind ermächtigt, die auf sie fallenden Anteile nach einem von der höheren Verwaltungsbehörde zu bestimmenden Verteilungsmaßstab auf die einzelnen Handwerksbetriebe umzulegen. Werden Veranstaltungen der im § 103 e, Absatz 3 der Gewerbeordnung bezeichneten Art für einzelne Gewerbszweige getroffen, so können die hieraus entstehenden Kostenanteile von den Gemeinden nur auf solche Betriebe umgelegt werden, welche diesen Gewerbszweigen angehören. Die Landes-Zentralbehörde kann bestimmen, daß die Kosten der Handwerkskammer von weiteren Kommunalverbänden statt von den Gemeinden aufgebracht werden. Die Kommunalverbände sind ermächtigt, die Kosten der auf Grund des § 103 e, Absatz 3 für einzelne Gewerbszweige getroffenen Veranstaltungen nach einem von der höheren Verwaltungsbehörde zu bestimmenden Verteilungsmaßstab auf die diesen Gewerbszweigen angehörenden Handwerksbetriebe umzulegen. Bei der Umlegung der Kosten kann bestimmt werden, daß Personen, welche der Regel nach weder Gesellen noch Lehrlinge halten, von der Verpflichtung zur Zahlung von Beiträgen befreit sind.

8. Kündigungsrecht und Arbeitsvertrag.

Eines der wichtigsten Kapitel, das die Praxis des Handwerkers kennt, betrifft das Kündigungsrecht zwischen Arbeitgeber und Gesellen rc. Die Gewerbeordnung bestimmt darüber folgendes:

„Das Arbeitsverhältnis zwischen den Gesellen oder Gehilfen und ihren Arbeitgebern kann, wenn nicht ein anderes verabredet ist, durch eine jedem Teile freistehende, vierzehn Tage vorher erklärte Aufkündigung gelöst werden. Werden andere Aufkündigungsfristen vereinbart, so müssen sie für beide Teile gleich sein. Vereinbarungen, welche dieser Bestimmung zuwiderlaufen, sind nichtig."

Obwohl der Wortlaut des Gesetzes an Klarheit nichts zu wünschen übrig läßt, finden wir doch, daß eine recht erhebliche Anzahl von Klagen vor den Gewerbegerichten eine gewisse Unsicherheit in Hinsicht auf diese Bestimmungen kundgibt. Es wird sich deshalb empfehlen, bei Einstellung eines Gehilfen jedesmal einen schriftlichen Vertrag mit demselben abzuschließen (sogenannten **Arbeitsvertrag**), der die beiderseitigen Rechte und Verpflichtungen klarstellt. Formulare zu derartigen Arbeitsverträgen werden von den meisten Handwerkskammern und Innungsverbänden zu beschaffen sein, und ihre Einführung wird um so allgemeiner werden, je mehr die Aufklärungstätigkeit der Innungen und Handwerkskammern sich entfalten kann. Der Abschluß eines derartigen Arbeitsvertrages ist noch aus einem anderen Grunde für den Arbeitgeber wünschenswert. Diesen Grund geben die Bestimmungen des Bürgerlichen Gesetzbuches, wie wir sie namentlich im § 616 finden, wo es heißt: „Der zur Dienstleistung Verpflichtete wird des Anspruches auf Vergütung nicht dadurch verlustig, daß er für eine verhältnismäßig nicht erhebliche Zeit durch einen in seiner Person liegenden Grund ohne sein Verschulden an der Dienstleistung verhindert ward. Er muß sich jedoch den Betrag anrechnen lassen, der ihm für die Zeit der Verhinderung aus einer auf Grund gesetzlicher Verpflichtung bestehenden Kranken= oder Unfallversicherung zukommt." Da der § 616 keine zwingende Kraft hat, so kann er auf Grund gegenseitiger Vereinbarung aufgehoben werden. Diese Aufhebung kann in dem Arbeitsvertrage erfolgen. Ein solcher Arbeitsvertrag würde danach etwa folgenden Wortlaut haben müssen:

Der _____ aus _____ tritt heute bei _____ als ein und übergibt sein Krankenkassenbuch Nr. _____, seine Invaliditäts= und Altersversicherungskarte Nr. _____, welche _____ Marken der _____ Klasse enthält, sein Arbeitsbuch Nr. _____.

Bezüglich des Arbeitsverhältnisses ist folgendes vereinbart:

1. Die gegenseitige Kündigungsfrist ist eine vierzehntägige.
2. Kündigung findet gegenseitig nicht statt, jedoch sind die Akkordarbeiter verpflichtet, den angefangenen Akkord fertig zu stellen.
3. Lohnarbeit wird nur nach Stunden und zwar pro Stunde mit _____ Pfg. berechnet. Stellt der Arbeitnehmer die Arbeit ein, so erfolgt die Ablohnung am nächsten Zahltage.

4. Ist der Arbeitnehmer an der Arbeitsleistung verhindert, so hat derselbe keinen Anspruch auf Vergütung und zwar selbst dann nicht, wenn er für eine verhältnismäßig nicht erhebliche Zeit durch einen in seiner Person liegenden Grund und ohne sein Verschulden an der Arbeitsleistung verhindert war.

5. Der Arbeitgeber ist berechtigt, etwaige ihm aus dem Arbeitsverhältnisse gegen den Arbeitnehmer erwachsende Ansprüche gegen die Lohnforderung des letzteren aufzurechnen, auch ist der Arbeitnehmer verpflichtet, die für die Werkstatt geltende Arbeitsordnung zu befolgen.

Von vorstehenden Bedingungen Kenntnis genommen und mit denselben einverstanden.

.................., den ....ten .... 19........

....

Arbeitgeber   **Arbeitnehmer**

In diesem Vertrage kommt alles zum Ausdruck, was gesetzlich der Möglichkeit unterliegt, durch freien Vertrag geregelt zu werden. Dagegen verbietet das Gesetz schlechthin die Abgabe von Waren an den Arbeiter auf Borg; Arbeitsmaterialien ꝛc. dürfen nur zu den durchschnittlichen Selbstkosten auf den Lohn in Anrechnung gebrach⁺ werden. Auch die Beschlagnahme von Lohn ist in der Regel verboten.

Da angenommen wird, daß vom Austritte aus dem Arbeitsverhältnisse an kein Arbeitsvertrag mehr besteht, so hat der Arbeiter von dem Tage an keinen Lohnanspruch mehr. Inwieweit der Arbeitgeber wegen schuldhafter Verursachung des Austrittsgrundes haftbar gemacht werden kann, entscheidet eventuell das Bürgerliche Gesetzbuch.

Wenn ein Gehilfe rechtswidrig die Arbeit verläßt, so kann der Arbeitgeber höchstens für eine Woche den Betrag des ortsüblichen Tagelohnes als Entschädigung beanspruchen, ohne daß er einen direkten Schaden nachzuweisen braucht. Dasselbe Recht steht dem Gehilfen zu, wenn er widerrechtlich entlassen wird. Der Anspruch darf indes in diesen Fällen nicht höher sein, als der ortsübliche Tagelohn für soviele Tage ausmachen würde, als der Gehilfe noch zu arbeiten verpflichtet war. Bei Lohneinbehaltungen seitens des Arbeitgebers darf nicht mehr als ein Viertel des Lohnes, höchstens ein Wochenlohn einbehalten werden. Verleitet ein Arbeitgeber einen Gehilfen zum Vertragsbruch, so ist er für den Schadenersatz oder den nach vorstehenden Grundsätzen erhobenen Anspruch mit verantwortlich.

Bei ihrem Austritte aus dem Dienstverhältnisse können Arbeiter ein Zeugnis über die Art und Dauer ihrer Beschäftigung fordern, eventuell auch über ihre Führung und ihre Leistungen.

9. Das Arbeitsbuch.

Eine gerade in Handwerkerkreisen viel zu wenig beachtete Vorschrift betrifft das von den Lehrlingen wie von allen minderjährigen Personen beizubringende Arbeitsbuch. Das Gesetz bestimmt ausdrücklich, daß Personen unter einundzwanzig Jahren nur dann beschäftigt werden dürfen, wenn sie im Besitze eines Arbeitsbuches sind, das erst nach einer rechtmäßigen Lösung des Arbeitsverhältnisses wieder auszuhändigen ist. Es darf demnach kein Handwerker einen Lehrling annehmen, der nicht das vorgeschriebene Arbeitsbuch vorzeigen kann. Es genügt nicht, daß der Lehrmeister den Lehrling oder dessen gesetzlichen Stellvertreter auffordert, das Buch beizubringen, sondern der Lehrling darf erst dann beschäftigt werden, wenn er das Arbeitsbuch dem Meister übergeben hat. Andernfalls macht sich nicht der Lehrling oder sein gesetzlicher Stellvertreter, sondern immer der Meister strafbar. Zu beobachten ist hierbei, daß das Arbeitsbuch nur bei einer **rechtmäßigen** Lösung des Arbeitsverhältnisses wieder ausgefolgt zu werden braucht. Diese Bestimmung ist besonders wichtig für Lehrverhältnisse, da in dem Falle, daß der Lehrling widerrechtlich die Lehre verläßt, das Arbeitsbuch von dem Meister nicht ausgehändigt zu werden braucht. Der Lehrmeister hat mithin eine Waffe von nicht zu verachtendem Werte in der Hand, wenn er sich des Arbeitsbuches im Falle widerrechtlichen Verlassens der Lehre seitens des Lehrlings versichert hält. Denn solange das Lehrverhältnis nicht auf gesetzlichem Wege gelöst wird, kann er den entlaufenen Lehrling überall hindern, in Dienst zu treten, bis dieser mit dem erreichten 21. Jahre keines Arbeitsbuches mehr bedarf. (In Sachsen werden Arbeitsbücher auf Verlangen auch für Großjährige ausgestellt.)

B. Die Arbeiterversicherungsgesetze.

1. Krankenversicherung.

Gegen Krankheit sind im Handwerke alle Personen zu ver=
sichern, die gegen Gehalt oder Lohn beschäftigt werden. Einem
Lohn ist gesetzlich auch die Vergütung von Kost oder Wohnung
oder die Aufnahme in Kost und Wohnung, wie sie bei Lehrlingen
üblich ist, gleichzustellen. Es muß also ein Lehrling, der bei dem
Lehrmeister wohnt, zur Krankenkasse angemeldet werden, während
der Lehrling, der bei den Eltern wohnt, vom Meister nicht ver=
sichert zu werden braucht, wenn dieser ihm keinerlei Vergütungen
gewährt.

Eine Anmeldung zur Krankenkasse braucht indes seitens des
Arbeitgebers nicht zu geschehen, wenn die Dauer der Beschäftigung
ihrer Art nach oder durch Vertrag nicht länger als eine Woche
beträgt. Betriebsbeamte, Werkmeister und Techniker unterliegen
dann nicht der Versicherungspflicht, wenn ihr Gehalt 2000 Mark
im Jahre übersteigt.

Die Anmeldung zur Krankenkasse muß spätestens am dritten
Tage nach Einstellung des Gehilfen erfolgen. Unterläßt ein Hand=
werker die Anmeldung oder geschieht dieselbe nicht rechtzeitig, so
ist der Meister der Kasse haftbar, wenn sie Aufwendungen für
den Gehilfen oder Lehrling im Falle der Erkrankung zu machen
hat; der Arbeitgeber ist also der Kasse regreßpflichtig, abgesehen
davon, daß die Behörde gegen ihn eine Strafe bis zu 20 Mark
beantragen kann. Eine Regreßpflicht gegenüber den Innungs=
krankenkassen ist im Gesetz nicht vorgesehen, kann aber durch Statut
festgestellt werden.

Die Beiträge zu den Krankenkassen sind zu zwei Dritteln
vom Arbeitnehmer und zu einem Drittel von dem Arbeitgeber zu
zahlen. Eintrittsgelder sind von dem Arbeitnehmer allein zu tragen.
Die Versicherten haben die Verpflichtung, sich die Krankenkassen=
beiträge bei den Lohnzahlungen einbehalten zu lassen, und zwar
ist dies der einzige Weg, auf dem der Arbeitgeber den von ihm
der Kasse zu leistenden oder geleisteten Betrag einziehen kann.
Die Abzüge sind auf die einzelnen Lohnzahlungsperioden gleich=
mäßig zu verteilen. Hat es der Betriebsunternehmer unterlassen,
die Beträge mehrere Male zu kürzen, so darf er dem Gehilfen
den von diesem zu leistenden Anteil nur für zwei Lohnzahlungs=

14

perioden kürzen. Da die Lohnzahlung an die Gehilfen im Hand=
werk wohl zumeist vierzehntägig geschieht, so kann also der Meister
dem Gehilfen höchstens das Krankengeld für die letztverflossenen
vier Wochen bei der Lohnzahlung einbehalten. Ist der Gehilfe
mit der Zahlung des Beitrages länger im Rückstand, so muß der
Arbeitgeber den überschießenden Betrag zulegen. Im Falle der
Erwerbsunfähigkeit werden für die Dauer der Krankenunterstützung
Beiträge nicht geleistet.

Das Recht auf Krankenunterstützung beginnt entweder nach
einer durch das Statut bemessenen Karenzzeit oder sofort beim Ein=
tritt in die Kasse. Die Unterstützung beschränkt sich zumeist nicht
auf Zahlung der Kosten für Arzt und Apotheke, sondern erstreckt
sich auch auf Zahlung eines Krankengeldes, das nach der Höhe des
ortsüblichen Tagelohnes festgestellt wird. Die Dauer der Unter=
stützung beträgt in den meisten Fällen nach gesetzlicher Vorschrift
26 Wochen, sie kann sich aber unter Umständen bis auf die Dauer
eines Jahres erstrecken. Sind neben den Krankenkassen Zuschuß=
oder Hilfskassen errichtet, so hat der Arbeitnehmer, für den Fall er
diesen beitritt, die Beiträge hierfür ungeteilt zu entrichten.

Genaueres läßt sich bei der Verschiedenheit der von den ein=
zelnen Kassen übernommenen Leistungen über diesen Punkt nicht
mitteilen. Man wird in der Hauptsache sagen können, daß Orts=
krankenkassen höhere Leistungen gewähren als Gemeindekrankenkassen,
die gewöhnlich auf das Mindestmaß der gesetzlich vorgeschriebenen
Leistungen zugeschnitten sind.

Außer den erwähnten vier Arten von Krankenkassen (Innungs=
krankenkassen, Ortskrankenkassen, Gemeindekrankenkassen und freie
Hilfskassen) unterscheidet man noch 5. Betriebskrankenkassen, 6. Bau=
krankenkassen und 7. Knappschaftskassen. Betriebskrankenkassen können
von Besitzern größerer Betriebe (über 50 Arbeiter) zu dem Zwecke
errichtet werden, um sich oder ihren Arbeitern einen besonderen Vor=
teil zu verschaffen, den die sonst zuständige Kasse nicht zu gewähren
in der Lage ist (Minderung der Beiträge, Erhöhung der Leistungen).
Baukrankenkassen können auf Anordnung der höheren Verwaltungs=
behörde für die bei einem größeren Bau beschäftigten Arbeiter errichtet
werden. Sie lösen sich auf, sobald der Bau fertiggestellt ist und die
Arbeiterschar auseinandergeht oder zu einer anderen Bauarbeit schreitet.
Unter Baukrankenkassen sind nicht die Krankenkassen größerer Bau=
geschäfte schlechthin zu verstehen; hier handelt es sich vielmehr um
Betriebskrankenkassen. Knappschaftskassen kommen für das Hand=
werk nicht in Betracht, ihre Besprechung kann füglich hier unterbleiben.

Unter welcher Bedingung selbständige Handwerker sich in die
Krankenkassen aufnehmen lassen können, wird durch das Statut der
betreffenden Kassen bestimmt.

2. Die Invaliden- und Altersversicherung.

Das Invalidenversicherungs-Gesetz hat den Zweck, Personen, die durch Invalidität oder Alter erwerbsunfähig geworden sind, zu unterstützen, soweit nicht durch das Krankenversicherungs-Gesetz und durch das Unfallversicherungs-Gesetz für eine genügende Sicherung des Unterhalts gesorgt ist. Versicherungspflichtig sind bei vollendetem 16. Lebensjahre

1. männliche und weibliche Personen, welche als Arbeiter, Gehilfen, Gesellen, Lehrlinge oder Dienstboten gegen Lohn oder Gehalt beschäftigt werden;

2. Betriebsbeamte, Werkmeister und Techniker, Handlungsgehilfen, Lehrlinge (ausschließlich der in Apotheken beschäftigten Gehilfen oder Lehrlinge), sonstige Angestellte, deren dienstliche Beschäftigung ihren Hauptberuf bildet, sowie Lehrer und Erzieher, sämtlich sofern sie Lohn oder Gehalt beziehen, ihr regelmäßiger Jahresverdienst aber 2000 Mark nicht übersteigt, sowie

3. die gegen Lohn oder Gehalt beschäftigten Personen der Schiffsbesatzung deutscher Seefahrzeuge und von Fahrzeugen der Binnenschiffahrt, Schiffsführer jedoch nur dann, wenn ihr regelmäßiger Jahresarbeitsverdienst, Lohn oder Gehalt 2000 Mark nicht übersteigt;

4. Die Hausgewerbetreibenden der Tabakfabrikation, Textilindustrie.

Befreit von der Versicherungspflicht können auf besonderen Antrag solche Personen werden, denen

1. Pensionen oder Wartegelder im Mindestbetrag **der Invaliden**rente der ersten Lohnklasse zustehen;

2. eine Unfallrente in der gedachten Höhe zusteht;

3. Personen, die im Jahre für nicht mehr als im ganzen 50 Tage oder 12 Wochen Lohnarbeit übernehmen;

4. Personen, die eine Altersrente beziehen.

Der Versicherungspflicht unterliegen solche Personen nicht, die infolge von Alter, Krankheit usw. weniger als ein drittel dessen verdienen, was Personen gleicher Art und Ausbildung sonst zu verdienen pflegen. Daneben pensionsberechtigte Beamte, Lehrer usw.

Die Versicherungspflicht kann durch Beschluß des Bundesrates ausgedehnt werden

1. auf Betriebsunternehmer und sonstige Gewerbetreibende, die nicht regelmäßig Lohnarbeiter beschäftigen;

2. auf Hausgewerbetreibende aller Art.

Freiwillig versichern können sich Personen, solange sie das 40. Lebensjahr nicht vollendet haben (Selbstversicherung) und zwar:

1. Betriebsbeamte, Werkmeister, Techniker, Handlungsgehilfen und sonstige Angestellte, deren dienstliche Beschäftigung ihren Haupt=beruf bildet, ferner Lehrer und Erzieher, sowie Schiffsführer, sofern ihr regelmäßiger Jahresarbeitsverdienst an Lohn oder Gehalt mehr als 2000 Mark, aber nicht über 3000 Mark beträgt;

2. selbständige Gewerbetreibende und sonstige Betriebsunternehmer, welche nicht regelmäßig mehr als zwei versicherungspflichtige Lohnarbeiter beschäftigen, sowie Hausgewerbetreibende, soweit nicht durch Beschluß des Bundesrates die Versicherungspflicht auf sie erstreckt worden ist;

3. Personen, die als Entgelt nur freien Unterhalt beziehen oder die nur solche vorübergehende Dienstleistungen verrichten, die gemäß Bundesratsbestimmung eine Versicherungspflicht nicht begründen. —

Weiter versichern können sich alle Personen, die berechtigt waren, in die Versicherung einzutreten, sofern die Berechtigung zum Eintritt in die Versicherung erloschen ist. Ferner alle diejenigen Personen, die auf Grund der Versicherungspflicht versichert waren. Es genügt zur Aufrechterhaltung der Anwartschaft das Einkleben von 20 Marken der niedrigsten Klasse innerhalb zweier Jahre.

Die Beiträge sind in fünf Klassen eingeteilt und zwar sind bei:

Klasse 1: Jahres=Verdienst bis   350 Mark: 14 Pfennig
Klasse 2: Jahres=Verdienst bis   550 Mark: 20 Pfennig
Klasse 3: Jahres=Verdienst bis   850 Mark: 24 Pfennig
Klasse 4: Jahres=Verdienst bis 1150 Mark: 30 Pfennig
Klasse 5: Jahres=Verdienst über 1150 Mark: 36 Pfennig

für jede Woche bei Gelegenheit der Lohnzahlung an Marken zu kleben. Im Interesse der Bequemlichkeit werden auch Beitrags=marken für zwei und dreizehn Wochen in jeder Lohnklasse aus=gegeben. Bei dieser Versicherung kommt indes zumeist nicht der wirkliche Verdienst in Anrechnung, sondern der von den Kranken=kassen für die Zwecke ihrer Versicherung festgesetzte Betrag. Die Hälfte der Beiträge ist von dem Arbeitgeber zu leisten, während er die andere Hälfte vom Lohn abziehen kann.

Die Entwertung der Marken, die bei allen Marken aus=nahmslos erfolgen muß, erfolgt entweder durch Aufdruck eines Datum=Stempels oder durch handschriftliche Eintragung (mittels Tinte) des Datums auf der Marke. Die Ausstellung neuer Karten oder der Umtausch vollgeklebter Karten erfolgt bei der Ortspolizei, im letzteren Falle gegen Aushändigung einer Bescheinigung, die die Anzahl der geklebten Marken nach ihrer Höhe vermerkt. Erwähnt muß hierbei werden, daß als Beitragswochen bei solchen Personen,

die zu der betreffenden Zeit eine versicherungspflichtige Beschäftigung hatten, auch die Wochen gelten, während welcher der Versicherte Heeresdienste geleistet hat oder durch Krankheit am Erwerb
verhindert war. Es ist also von Bedeutung, daß man sich die
betreffende Zeit entsprechend bescheinigen läßt. Nur bei Krankheit,
die über ein Jahr dauert, kommt nur **ein** volles Jahr in Anrechnung.

Wir kommen nun zu den Leistungen der Invalidenversicherung, die mit der Höhe der gezahlten Beiträge innig zusammen-
hängen. Die Berechnung der Renten erscheint im ersten Augen-
blick schwierig, doch ist sie in der Tat sehr einfach, wenn man sich
mit den Grundzügen des Systems vertraut gemacht hat. Man
muß zunächst stets unterscheiden zwischen Invalidenrente und
Altersrente.

Invalidenrente erhält derjenige, der 26 Wochen vollständig
und ununterbrochen erwerbsunfähig war, für die Dauer der Erwerbsunfähigkeit, oder der, dessen Erwerbsunfähigkeit dauernd weniger als
ein Drittel gegen den Normalverdienst von Personen in gleichem
Alter usw. beträgt.

Altersrenten erhält derjenige, der das 70. Lebensjahr vollendet hat.

Die Berechtigung zum Bezuge dieser Rente tritt indes erst
nach Ablauf einer gewissen Wartezeit ein, die bei der Invalidenrente 200 Beitragswochen beträgt, wenn mindestens 100 Beiträge
auf Grund der Versicherungspflicht geleistet sind; bei freiwillig Versicherten beträgt die Wartezeit dagegen 500 Beitragswochen. Bei
der Altersrente beträgt die Wartezeit 1200 Beitragswochen. Es
kann jedoch niemand zugleich Invaliden- und Altersrente beziehen.
Erhält jemand Invalidenrente, so kann er eine Altersrente nicht
beanspruchen. Wohl kann der Versicherte jedoch Unfallrente und
Invalidenrente zu gleicher Zeit beziehen, doch darf die Summe
beider den siebeneinhalbfachen Grundbetrag der Invalidenrente nicht
übersteigen.

Der Grundbetrag beläuft sich für die

Lohnklasse 1 auf 60 Mark
„ 2 „ 70 „
„ 3 „ 80 „
„ 4 „ 90 „
„ 5 „ 100 „

Der Berechnung des Grundbetrages werden 500 Beitragswochen zugrunde gelegt, hat der Versicherte aber weniger als 500
Beitragswochen geleistet, so wird die fehlende Anzahl der Wochen
aus Klasse 1 ergänzt. Sind Beiträge in verschiedenen Klassen
geleistet worden, so wird der Durchschnitt in Ansatz gebracht, sind

dagegen mehr als 500 Beitragswochen nachgewiesen, so werden die Beiträge der höchsten Lohnklasse in Anrechnung gebracht. Das Verfahren würde sich also in der Praxis wie folgt stellen.

Es werden nachgewiesen:

50 Marken der Klasse 1 gleich $^1/_{10}$ von 60 Mk., Grundbetrag 6 Mk.
100 „ „ „ 2 „ $^1/_5$ „ 70 „ , „ 14 „
150 „ „ „ 4 „ $^3/_{10}$ „ 90 „ , „ 27 „
50 „ „ „ 5 „ $^1/_{10}$ „ 100 „ , „ 10 „
150 „ „ „ 1 „ $^3/_{10}$ „ 60 „ , „ 18 „

Grundbetrag in Summa 75 Mk.

Hierzu kommt der Steigerungssatz nach Maßgabe der geklebten Marken, wie folgt:

in Lohnklasse 1 = 3 Pfg., in Lohnklasse 2 = 6 Pfg.,
„ „ 3 = 8 „ , „ „ 4 = 10 „
„ „ 5 = 12 „ ,

Wenn wir bei dem obigen Beispiel bleiben, so macht dies

50 Marken der Klasse 1 gleich 50 mal 3 Pfg. = 1,50 Mk.
100 „ „ „ 2 „ 100 „ 6 „ = 6,00 „
150 „ „ „ 4 „ 150 „ 10 „ = 15,00 „
50 „ „ „ 1 „ 50 „ 12 „ = 6,00 „
150 „ „ „ 1 „ 150 „ 3 „ = 4,50 „

in Summa 33,00 Mk.

Dazu kommt in jeder Klasse: Staatszuschuß 50,00 „
Hierzu Grundbetrag: obige 75,00 „

sodaß die Invalidenrente nach dieser Rechnung 158,00 Mark beträgt.

Der Höchstbetrag der Invalidenrente würde demnach in der höchsten Klasse unter Zugrundelegung der höchsten Zahl von 2500 Beitragswochen 450 Mark betragen.

Bei der Altersrente beträgt der Grundbetrag in der

Lohnklasse 1 = 60 Mk., Lohnklasse 2 = 90 Mk.
„ 3 = 120 „ „ 4 = 150 „
„ 5 = 180 „

Der Reichszuschuß beträgt ebenfalls 50 Mark, während die Steigerungssätze in Wegfall kommen.

Es würden demnach die Höchstbeträge in der Altersrente ausmachen in der:

Lohnklasse 1 = 110 Mk.
„ 2 = 140 „
„ 3 = 170 „
„ 4 = 200 „
„ 5 = 230 „

Sind die Beiträge in verschiedenen Lohnklassen entrichtet, so ist als Altersrente im Durchschnitt der den 1200 Beiträgen der höchsten Lohnklasse entsprechende Betrag zu zahlen.

Hierzu ist im besonderen zu bemerken:

Weiblichen Personen kann bei ihrer Verheiratung auf Antrag die Hälfte der gezahlten Beiträge zurückgezahlt werden, wenn sich die Beiträge mindestens auf 200 Wochen belaufen. Der Anspruch muß vor Ablauf eines Jahres nach dem Tage der Verheiratung geltend gemacht werden.

Die Hälfte der Beiträge wird einer Witwe oder Waisen unter 15 Jahren ebenfalls zurückgezahlt, wenn ein Versicherter vor Erlangung einer Rente stirbt, falls mindestens für 200 Wochen Beiträge entrichtet worden sind.

Wenn eine versicherungspflichtige Witwe stirbt, so steht den Kindern unter 15 Jahren das gleiche Recht zu. Dasselbe gilt dann, wenn ein Vater sich der Unterhaltungspflicht seiner Kinder entzogen hat. War die weibliche Person wegen Erwerbsunfähigkeit des Mannes die Ernährerin der Familie, so steht ein gleicher Erstattungsanspruch dem hinterlassenen Witwer zu. Auch hier muß der Anspruch vor Ablauf eines Jahres gestellt werden.

Ansprüche dieser und anderer Art sind entweder der unteren Verwaltungsbehörde oder der Rentenstelle einzureichen. Die Versicherungsanstalt entscheidet über die Ablehnung oder Anerkennung des Antrages. Gegen eine Ablehnung ist Berufung an ein Schiedsgericht zulässig, gegen die Entscheidung des Schiedsgerichtes kann innerhalb eines Monats Berufung beim Reichsversicherungsamt eingereicht werden.

3. Das Gewerbe-Unfallversicherungsgesetz.

Zu den Unfallversicherungsgesetzen, die durch die Novelle vom 30. Juni 1900 eine Revision erfahren haben, gehören

1. Das Gewerbe-Unfallversicherungsgesetz;
2. das Unfallversicherungsgesetz für Land- und Forstwirtschaft;
3. das Bau-Unfallversicherungsgesetz;
4. das See-Unfallversicherungsgesetz.

Diesen vier Gesetzen zufolge ist den versicherten Personen der Schaden zu ersetzen, den sie infolge eines Unfalles durch körperliche Verletzung empfangen haben, sofern der Unfall beim Betriebe geschehen und nicht vorsätzlich durch den Verletzten herbeigeführt worden ist. Für die Hinterbliebenen des durch Unfall Getöteten soll ferner eine angemessene Rente gezahlt werden.

Versicherungspflichtig sind alle Arbeiter und Betriebsbeamten, letztere, sofern ihr Jahres-Arbeitsverdienst an Lohn oder Gehalt 3000 Mk. nicht übersteigt, wenn sie beschäftigt sind:

1. in Bergwerken, Salinen, Aufbereitungsanstalten, Steinbrüchen, Gräbereien (Gruben), auf Werften und Bauhöfen, sowie in Fabriken, gewerblichen Brauereien und Hüttenwerken;

2. in Gewerbebetrieben, welche sich auf die Ausführung von Maurer-, Zimmer-, Dachdecker- oder sonstigen durch Beschluß des Bundesrats für versicherungspflichtig erklärten Bauarbeiten, oder von Steinhauer-, Schlosser-, Schmiede- oder Brunnenarbeiten erstrecken, sowie im Schornsteinfeger-, Fensterputzer- und Fleischergewerbe;

3. im gesamten Betriebe der Post-, Telegraphen- und Eisenbahnverwaltungen, sowie im Betriebe der Marine- und Heeresverwaltungen, und zwar einschließlich der Bauten, welche von diesen Verwaltungen für eigene Rechnung ausgeführt werden;

4. im gewerbsmäßigen Fuhrwerks-, Binnenschiffahrts-, Flößerei-, Prahm- und Fährbetriebe, im Gewerbebetriebe des Schiffsziehens (Treidelei) sowie im Baggereibetriebe;

5. im gewerbsmäßigen Speditions-, Speicherei-, Lagerei- und Kellereibetriebe;

6. im Gewerbebetriebe der Güterpacker, Güterlader, Schaffer, Bracker (Prüfer), Wäger, Messer, Schauer und Stauer (Schiffsarbeiter und Schiffspacker);

7. in Lagerungs-, Holzfällungs- oder der Beförderung von Personen oder Gütern dienenden Betrieben, wenn sie mit einem Handelsgewerbe, dessen Inhaber im Handelsregister eingetragen steht, verbunden sind;

8. in land- und forstwirtschaftlichen Betrieben, Baubetrieben und auf Seefahrzeugen.

Das Statut der Berufsgenossenschaften kann darüber beschließen, daß Betriebsunternehmer der oben festgestellten Art, welche nicht mehr als 3000 Mk. im Jahr verdienen oder regelmäßig nicht mehr als zwei Lohnarbeiter beschäftigen, ebenfalls der Versicherungspflicht unterliegen, das Statut kann ferner auch besagen, daß solche Unternehmer, welche einen höheren Verdienst haben als 3000 Mk., sich freiwillig versichern können. Es kann die Versicherungspflicht ausdehnen auf Hausgewerbetreibende und auf Betriebsbeamte, welche mehr als 3000 Mk. Jahresverdienst haben.

Die Beiträge zu der Unfallversicherung werden nur von den Betriebsunternehmern aufgebracht. Die Höhe derselben richtet sich nach der Gefahrenklasse der zu der Versicherung zusammengeschlossenen Betriebe und wird im übrigen für den einzelnen Unternehmer entweder nach der alljährlich (event. halbjährlich oder vierteljährlich) beizubringenden Lohnliste oder nach Schätzungen berechnet. Anmeldungen müssen binnen einer Woche nach Eröffnung des Betriebes erfolgen; sie werden in zwei Exemplaren der unteren Verwaltungsbehörde eingereicht, in deren Bezirk der Betrieb gelegen ist. Auf der Anmeldung ist die Berufsgenossenschaft anzugeben, der der Versicherungspflichtige angehört, sowie die Zahl der beschäftigten Personen. Die Behörde gibt die Anmeldung weiter an die Berufsgenossenschaft, die alsdann den Angemeldeten einen Mitgliedsschein ausstellt. Auch in seinem Betriebe muß das Mitglied eine Bekanntmachung aushängen, aus der hervorgeht, in welcher Berufsgenossenschaft die Versicherung erfolgte, die aber zugleich auch meist die von der betreffenden Genossenschaft herausgegebenen Unfallverhütungsvorschriften zu enthalten hat. Hierauf ist besonderer Wert zu legen, da nur bei einer gewissenhaften Befolgung aller Vorschriften die Versicherung bei etwaigen Unglücksfällen in vollem Maße haftbar ist. Die Lohnlisten und etwaige sonstige Nachweisungen, aus denen die Höhe des zu leistenden Beitrages berechenbar ist, müssen der Genossenschaft stets innerhalb sechs Wochen nach Ablauf des Rechnungsjahres übersandt werden. Die Genossenschaft liefert vielfach die hierzu notwendigen Formulare billigst. Dieselben sind so eingerichtet, daß ihre Ausfertigung keinerlei Schwierigkeiten bereitet, vorausgesetzt, daß es während des Jahres nicht an einer ordnungsmäßigen Führung der Lohnlisten gefehlt hat. Die Art der Berechnung seitens der Genossenschaft ist zuweilen eine etwas komplizierte, so daß wir hier auf eine genaue Auseinandersetzung darüber nicht eingehen können.

Dagegen ist es von Interesse, Genaueres über die Leistungen der Genossenschaften zu wissen. Kommt ein Unfall in dem Betriebe vor, so hat der Unternehmer innerhalb der ersten drei Tage nach dem Ereignis die Anzeige auf den von der Genossenschaft vorgeschriebenen Formularen zu erstatten. Die Frist ist auf drei Tage bemessen, weil bei geringeren Verletzungen, deren Folgeerscheinungen drei Tage nicht überdauern, eine Anzeige nicht gemacht zu werden braucht. Doch wird es sich stets empfehlen, in dieser Hinsicht nicht zu lässig zu sein, da sich die Folgen auch eines anscheinend nicht bösartigen Unfalles niemals mit Sicherheit überblicken lassen. Durch eigene Unvorsichtigkeit herbeigeführte Verletzungen schließen die Entschädigung nicht aus; dies geschieht nur dann, wenn der Unfall mit Vorsatz herbeigeführt wird. Auch wenn der Unfall bei einem Verbrechen herbeigeführt ist, kann jeder Anspruch an die Genossenschaft abgelehnt werden, während bei Vergehen gewöhnlich eine mildere Praxis stattgreift. Ist der Fall dagegen durch Fahrlässigkeit des Betriebsunternehmers herbeigeführt worden, dadurch etwa, daß die Unfallverhütungsvorschriften nicht beachtet worden sind, so kann der Unternehmer ersatzpflichtig gemacht worden. Aus diesem Grunde ist es stets zweckmäßig, einer Haftpflichtversicherung anzugehören, die in diesem Falle für den Unternehmer eintritt.

Während der ersten 4 Wochen nach einem Unfall hat die Krankenkasse allein für den Verletzten einzutreten. Leistet die Krankenkasse weniger an Krankengeld als 66²/₃ % des ortsüblichen Tagelohns, so kann der Verletzte von der 5. bis 13. Woche die Erhöhung der Entschädigung bis auf diesen Betrag auf Kosten des Arbeitgebers beanspruchen. Die Genossenschaft tritt also demnach gar nicht in Kraft, wenn der Verletzte innerhalb 13 Wochen nach dem Geschehnis als geheilt von der Krankenkasse entlassen wird. Die Berufsgenossenschaft tritt vielmehr erst nach **Beginn** der 14. Woche ein. Allerdings können auch Fälle sich ereignen, in denen die Genossenschaft vor dieser Zeit mit ihren Mitteln eintreten muß und zwar dann, wenn der Verletzte zwar vor Ablauf von 13 Wochen aus der Pflicht der Krankenkasse entlassen wurde, aber in seiner Gewerbstätigkeit gehindert ist und so Anspruch auf eine Rente seitens der Genossenschaft besitzt. In allen anderen Fällen gewährt die Berufsgenossenschaft von der 14. Woche ab 1) sämtliche Kosten des Heilverfahrens und 2) eine Rente für die Dauer der Erwerbsunfähigkeit.

Tritt durch den Unfall völlige Erwerbsunfähigkeit ein, so gewährt die Genossenschaft eine Vollrente, die 66²/₃ % des Jahresarbeitsverdienstes beträgt. Unter Jahresarbeitsverdienst versteht die Berufsgenossenschaft mindestens das 300fache des ortsüblichen Tagelohns, auch wenn der Verdienst des Verletzten in Wirklichkeit niedriger war. Beträgt der Jahresarbeitsverdienst mehr als 1500 Mk., so kommt von der überschießenden Summe nur ein Drittel in Anrechnung. Mehr als die sogenannte Vollrente, im höchsten Falle der volle Jahresarbeitsverdienst kann dann an den Verletzten gewährt werden, wenn er derart hilflos geworden ist, daß er ohne fremde Hilfe nicht bestehen kann.

Geringere Renten werden gezahlt, wenn der Beschäftigte nur teilweise arbeitsunfähig geworden ist. Aber auch in diesem Falle kann die Rente auf die Vollrente (66²/₃ % des Jahresarbeitsverdienstes usw.) erhöht werden, wenn der Verletzte infolge seines Unfalles ohne Verschulden arbeitslos geworden ist. Die Berechnung der Teilrenten geschieht durch die Genossenschaft und deren Organe. Man hat versucht, hierfür bestimmte Normen aufzustellen, z. B. bei Verlust eines Fingers, eines Auges, der rechten oder linken Hand usw., aber diese Art von Berechnung ist immer sehr unzuverlässig geblieben, da es in der Hauptsache auf die Art der Beschäftigung des Verletzten ankommen wird.

Ist durch den Unfall der Tot des Versicherten eingetreten, so gewährt die Versicherung ein Sterbegeld in der Höhe von ein Fünfzehntel des Jahresarbeitsverdienstes, mindestens aber 50 Mk. War der Verunglückte der Ernährer seiner Eltern (Großeltern, elternloser Enkel), so erhalten diese 20% der Rente. Hinterläßt er eine Witwe, so erhält diese bis zu ihrem Tode oder bis zu ihrer Wiederverheiratung ebenfalls eine Rente von 20% und für jedes Kind bis zum 15. Jahre eine Rente in gleicher Höhe, im ganzen jedoch nicht über 60%. Verheiratet sich die Witwe wieder, so erhält sie eine einmalige Abfindungssumme in Höhe von 60% des Jahresarbeitsverdienstes.

Die Anmeldung eines Unfalles muß, wie bereits erwähnt, innerhalb dreier Tage nach Eintritt des Unfalles geschehen. Die Beschlußfassung über die Angelegenheit erfolgt durch den Vorstand der Berufsgenossenschaft oder der Sektion. Wird die Entschädigung abgelehnt, so erhält der Betreffende eine Mitteilung, auf die er sich binnen 14 Tagen zu äußern hat. Wird der erneute Anspruch des Verletzten wiederum abgelehnt, so kann er Berufung gegen den Beschluß beim Schiedsgericht für Arbeiterversicherung einlegen, das aus einem Vorsitzenden und Beisitzern, je zur Hälfte aus dem Arbeitgeber=, zur Hälfte aus dem Arbeitnehmerstande zusammengesetzt ist. Dieses entscheidet endgültig, mit Ausnahme der Fälle, in denen es sich um Renten bei einem Todesfalle oder dauernder Erwerbsunfähigkeit handelt.

Tritt nach Ansicht der Berufsgenossenschaft eine Besserung des Unfallrentners ein, so kann sie die Rente herabsetzen. Nach Verlauf von 2 Jahren kann diese Herabsetzung jedoch nur in Zeiträumen von wenigstens einem Jahre erfolgen. Weiterhin sagt das Gesetz über diesen Punkt: „Die anderweite Feststellung erfolgt innerhalb der ersten 5 Jahre von der Rechtskraft der erwähnten Bescheide oder Entscheidungen ab auf Antrag oder von Amtswegen durch Bescheid der Berufsgenossenschaft — später, sofern nicht über die anderweitige Feststellung zwischen der Berufsgenossenschaft und dem Empfangsberechtigten ausdrückliches Einverständnis erzielt ist, nur auf Antrag durch Entscheidung des Schiedsgerichtes."

Die Renten werden in monatlichen Raten, wenn sie für das Jahr aber 60 Mk. und weniger betragen, in vierteljährlichen Raten im voraus bezahlt. Die Auszahlung geschieht bei der von der Berufsgenossenschaft bezeichneten Postanstalt. Bei Freiheitsstrafen von mehr als einmonatlicher Dauer ruht das Recht auf Rente, ebenso bei einer Überweisung an ein Arbeitshaus. Beträgt die Rente 15% und weniger, so kann die Berufsgenossenschaft dem Verletzten auf seinen Antrag ein entsprechendes Kapital auszahlen, doch kann diese Kapitalzahlung insofern für den Berechtigten verhängnisvoll werden, als er sich dadurch aller Ansprüche, auch bei Verschlechterung seines Zustandes begibt.

Die Reichsversicherungsordnung.*)

Nach langen Vorbereitungen und Vorarbeiten ist durch den deutschen Reichstag zu Anfang des Jahres 1911 die Reichsversicherungsordnung endgültig beschlossen worden und gelangt vom 1. Januar 1912 ab zur Durchführung. Die Reichsversicherungsordnung tritt an die Stelle der bisherigen Sondergesetze über die Krankenversicherung, Unfallversicherung und Invalidenversicherung. Sie soll eine Vereinheitlichung der gesetzlichen Bestimmungen mit sich bringen. Zugleich ist auch die seit Jahren vorbereitete Hinterbliebenenversicherung in das Gesetz, und zwar in das 4. Buch, das die Invalidenversicherung umfaßt, eingefügt worden.

Erstes Buch: Gemeinsame Vorschriften.

Das erste Buch enthält die gemeinsamen Vorschriften für die verschiedenen Versicherungsarten und bestimmt gleichzeitig, wer der Träger der verschiedenen Arten der Versicherung ist. Es sind dies
für die Krankenversicherung die Krankenkassen,
für die Unfallversicherung die Berufsgenossenschaften,
für die Invaliden= und Hinterbliebenenversicherung die Versicherungsanstalten.

Diese Bestimmungen halten sich also im früheren Rahmen, während ganz neu in das Gesetz hineingefügt sind die nachstehenden Versicherungsbehörden zu 1 und 2; als solche sind bestimmt worden
1. die Versicherungsämter,
2. die Oberversicherungsämter,
3. das Reichsversicherungsamt und die Landesversicherungsämter.

Versicherungsämter werden bei jeder unteren Verwaltungsbehörde errichtet. Es kann jedoch seitens der obersten Verwaltungs-

---

*) Hier neben früheren Bestimmungen abgedruckt, da das neue Gesetz in seinen einzelnen Teilen nach und nach in Kraft tritt.

behörde bestimmt werden, daß für die Bezirke mehrerer Unterver=
waltungsbehörden ein gemeinsames Versicherungsamt gegründet
wird. Aufgabe der Versicherungsämter ist es, die Geschäfte der
Reichsversicherung wahrzunehmen und in Angelegenheiten der Reichs=
versicherung Auskünfte zu erteilen. Vorsitzender des Versicherungs=
amtes ist der Leiter der unteren Verwaltungsbehörde, für ihn können
ein oder mehrere Stellvertreter gewählt werden. Das Gesetz be=
stimmt, in welchen Fällen Versicherungsvertreter als Beisitzer hinzu=
zuziehen sind. Diese Beisitzer werden zur Hälfte aus Arbeitgebern,
zur Hälfte aus Versicherten entnommen, und zwar haben beide
mindestens je sechs Vertreter zu bestellen.

Die Wahl erfolgt schriftlich nach den Grundsätzen der Verhält=
niswahlen. Eine Wahlordnung wird von der obersten Verwaltungs=
behörde erlassen. Wählbar sind solche Männer, die im Bezirke
des Versicherungsamtes wohnen oder ihren Betriebssitz haben oder
beschäftigt werden, soweit sie nicht durch strafgerichtliche Verurteilung
untauglich zur Bekleidung öffentlicher Ämter sind oder durch gericht=
liche Anordnung in der Verfügung über ihr Vermögen beschränkt
wurden. Des weiteren ist die Einschränkung getroffen, daß die Ver=
sicherungsvertreter mindestens je zur Hälfte an der Unfallversicherung
beteiligt sind und je zu einem Drittel am Sitze des Versicherungsamtes
selbst oder nicht über 10 km entfernt wohnen oder beschäftigt sind.

Bei der Wahl sollen die hauptsächlichsten Erwerbszweige, ins=
besondere die Landwirtschaft und die verschiedenen Teile des Bezirks
berücksichtigt werden.

Für die Gegenstände, die das Gesetz dem Spruchverfahren über=
weist, bildet jedes Versicherungsamt einen oder mehrere Spruch=
ausschüsse. Jeder Ausschuß besteht aus dem Vorsitzenden des
Versicherungsamtes und je einem Vertreter der Arbeitgeber und der
Versicherten. Weiterhin bildet das Versicherungsamt einen Beschluß=
Ausschuß für diejenigen Sachen, die das Gesetz dem Beschlußver=
fahren überweist. Auch der Beschluß=Ausschuß besteht aus dem Vor=
sitzenden des Versicherungsamtes und zwei Versicherungsvertretern.

Sämtliche Kosten des Versicherungsamtes trägt der Bundes=
staat. Sofern das Amt bei einer gemeindlichen Behörde errichtet
ist, trägt die Kosten der Gemeindeverband, dessen Bezirk den des
Versicherungsamtes umfaßt.

Ein Oberversicherungsamt wird in der Regel für den Bezirk
einer höheren Verwaltungsbehörde errichtet. Der Sitz des Ober=
versicherungsamtes wird durch die oberste Verwaltungsbehörde be=
stimmt, die auch die Berechtigung hat, diese Stellen entweder an
höhere Reichs= oder Staatsbehörden anzugliedern oder selbständige
Staatsbehörden zu errichten.

Die Zusammensetzung des Oberversicherungsamtes erfolgt durch Mitglieder und Beisitzer; für die Mitglieder werden Stellvertreter bestellt. Die Mitglieder werden im Hauptamt oder für die Dauer des Hauptamtes aus der Zahl der öffentlichen Beamten ernannt. Die Zahl der Beisitzer beträgt 40. Sie werden zur Hälfte aus Arbeitgebern und Versicherten gewählt. Die gewerblichen Berufsgenossenschaften, die Seeberufsgenossenschaften und die Aufsichtsbehörden bestimmen für jedes Oberversicherungsamt eine Berufsgenossenschaft oder Ausführungsbehörde, die ihr Wahlrecht wahrnimmt. Die Beisitzer aus den Arbeitgebern werden zur Hälfte von den Arbeitgebermitgliedern im Ausschuß der zuständigen Versicherungsanstalt und zur Hälfte von dem Vorstande der zuständigen landwirtschaftlichen und Vertrauens-Berufsgenossenschaft gewählt. Die Beisitzer aus den Versicherten werden von den VersichertenVertretern bei den Versicherungsämtern im Bezirke des Oberversicherungsamtes nach den Grundsätzen der Verhältniswahl gewählt. Die Wahl hat schriftlich zu erfolgen.

Das Oberversicherungsamt bildet eine oder mehrere Spruchkammern, die aus einem Mitgliede des Oberversicherungsamtes als Vorsitzendem und je zwei Beisitzern der Arbeitgeber und der Versicherten bestehen.

Ebenso bildet das Oberversicherungsamt eine oder mehrere Beschlußkammern. Die Beschlußkammern bestehen aus dem Vorsitzenden des Oberversicherungsamtes, einem zweiten Mitglied und zwei Beisitzern. Die Kosten der Oberversicherungsämter werden durch die Bundesstaaten getragen. Die Versicherungsträger haben für jede Spruchsache, an der sie beteiligt sind, einen Pauschbetrag zu entrichten.

Als letzte Instanz in Angelegenheit der Versicherungen bleibt nach wie vor das Reichsversicherungsamt bestehen. Das Reichsversicherungsamt nimmt die Geschäfte der Reichsversicherung als oberste Spruch- und Aufsichtsbehörde wahr. Es hat seinen Sitz in Berlin. Seine Entscheidungen sind endgültig, soweit das Gesetz nichts anderes vorschreibt. Das Reichsversicherungsamt hat 32 nicht ständige Mitglieder, von denen 8 durch den Bundesrat und je 12 als Vertreter der Arbeitgeber und der Versicherten gewählt werden. Das Reichsversicherungsamt bildet einzelne Spruchsenate, deren Vorsitz der Präsident, ein Direktor oder ein Senatspräsident führt. Die Kosten des Reichsversicherungsamtes einschließlich des Verfahrens trägt das Reich.

Landesversicherungsämter, die vor diesem Gesetz für das Gebiet eines Bundesstaates errichtet waren, können bestehen bleiben, solange zu ihrem Bereich mindestens vier Oberversicherungsämter gehören.

Zweites Buch: Kranken-Versicherung.

Das zweite Buch der Reichsversicherungsordnung beschäftigt sich mit der Krankenversicherung. Nach dem neuen Gesetz sind nunmehr folgende Personen für den Fall der Krankheit versichert:

1. Arbeiter, Gehilfen, Gesellen, Lehrlinge, Dienstboten;
2. Betriebsbeamte, Werkmeister und andere Angestellte in ähnlich gehobener Stellung, sämtlich, wenn diese Beschäftigung ihren Hauptberuf bildet;
3. Handlungsgehilfen und Lehrlinge, Gehilfen und Lehrlinge in Apotheken;
4. Bühnen- und Orchestermitglieder ohne Rücksicht auf den Kunstwert der Leistungen;
5. Lehrer und Erzieher;
6. Hausgewerbetreibende;
7. die Schiffsbesatzung deutscher Seefahrzeuge, soweit sie weder unter die §§ 59 bis 62 der Seemannsordnung (Reichs-Gesetzbl., 1902 S. 175 und 1904 S. 167) noch unter die §§ 553 bis 553b des Handelsgesetzbuchs fällt, sowie die Besatzung von Fahrzeugen der Binnenschiffahrt.

Bemerkenswert ist, daß nunmehr auch Lehrlinge und Dienstboten versicherungspflichtig sind. Für die unter 2 bis 5 benannten Personen erlischt die Versicherungspflicht, sobald dieselben regelmäßig einen höheren Jahresverdienst als 2500 Mark erhalten. Lehrlinge können von der Versicherungspflicht auf Antrag des Arbeitgebers befreit werden, solange sie im Betriebe ihrer Eltern beschäftigt sind.

Die Berechtigung, sich bei der zuständigen Krankenkasse zu versichern, haben

1. diejenigen Personen, die infolge ihres 2500 Mark übersteigenden Jahresverdienstes nicht mehr versicherungspflichtig sind,
2. Familienangehörige des Arbeitgebers, die ohne eigentliches Arbeitsverhältnis und ohne Entgelt in seinem Betriebe tätig sind, und
3. Gewerbetreibende und andere Betriebsunternehmer, die in ihrem Betriebe regelmäßig höchstens zwei Versicherungspflichtige beschäftigen.

Eine freiwillige Weiterversicherung ist ermöglicht für diejenigen, die bei einer Krankenkasse versicherungspflichtiges Mitglied waren oder wegen Erwerbsunfähigkeit oder infolge eines höheren Einkommens ausschieden. Das betreffende Mitglied kann sich freiwillig, solange es sich in Deutschland aufhält, bei der Kasse, der es zuletzt angehörte, weiterversichern. Bedingung ist aber, daß der Betreffende in den vorangegangenen 12 Monaten zum wenigsten 26 Wochen, oder unmittelbar vorher wenigstens 6 Wochen versichert war. Die Absicht der freiwilligen Weiterversicherung muß der Kasse innerhalb 3 Wochen bekannt gegeben werden. Werden zweimal nacheinander die Beiträge am festgesetzten Zahltage nicht entrichtet, so erlischt die Mitgliedschaft. Ebenso erlischt die Versicherungsberechtigung, wenn das jährliche Gesamteinkommen 4000 Mark übersteigt.

Die Leistungen der Krankenkasse umfassen

1. Krankenhilfe,
2. Wochengeld,
3. Sterbegeld.

Als Krankenhilfe wird gewährt:

a) Krankenpflege vom Beginn der Krankheit an: sie umfaßt ärztliche Behandlung und Versorgung mit Arzneien, sowie mit Brillen, Bruchbändern und anderen Heilmitteln.
b) Krankengeld in Höhe des halben Grundlohnes für jeden Arbeitstag, wenn die Krankheit den Versicherten arbeitsunfähig macht. Das Krankengeld wird vom 4. Krankheitstage an, sofern die Arbeitsunfähigkeit erst später eintritt, von diesem Tage ab gewährt. Die Krankenhilfe endet spätestens mit Ablauf der 26. Woche nach Beginn der Krankheit; wird jedoch Krankengeld erst von einem späteren Tage bezogen, nach diesem. Fällt in den Krankengeldbezug eine Zeit, in der nur Krankenpflege gewährt wird, so wird diese Zeit auf die Dauer des Krankengeldbezuges bis zu 13 Wochen nicht angerechnet.

An Stelle der Krankenpflege und des Krankengeldes kann Krankenhauspflege gewährt werden. Für den Fall, daß der Kranke einen eigenen Haushalt hat oder Mitglied des Haushaltes seiner Familie ist, bedarf es seiner Zustimmung. Für den Fall, daß ein Versicherter Krankengeld aus einer anderen Versicherung erhält, hat die Krankenkasse ihre Leistung so weit zu kürzen, daß das gesamte Krankengeld den Durchschnittsbetrag des täglichen Arbeitsverdienstes nicht übersteigt.

Die Berechnung des Krankengeldes erfolgt nach einem Grundlohn. Die Satzung setzt als solchen den durchschnittlichen Tagesentgelt der Versicherten fest, für welche die Kasse errichtet ist, jedoch nicht über 5 Mark. Die Satzung kann jedoch den durchschnittlichen Tagesentgelt nach der verschiedenen Lohnhöhe der Versicherten stufenweise bis 6 Mark festlegen. Lehrlinge, die ohne Lohn beschäftigt werden, erhalten nur Krankenpflege, aber kein Krankengeld. Bei Landkrankenkassen kann von der Satzung der Ortslohn als Grundlohn bestimmt werden.

Die Satzung kann Mitgliedern das Krankengeld ganz oder teilweise versagen, wenn sie 1. die Kasse durch eine strafbare Handlung geschädigt haben, die mit Verlust der bürgerlichen Ehrenrechte bedroht ist, für die Dauer eines Jahres nach der Straftat, 2. sich eine Krankheit vorsätzlich oder durch schuldhafte Beteiligung bei Schlägereien oder Raufhändeln zugezogen haben, für die Dauer dieser Krankheit.

Es ist möglich, durch die Satzung, zum Teil mit Genehmigung des Oberversicherungsamtes, weitere Vergünstigungen in Krankheitsfällen zu gewähren, als oben angegeben.

Hinsichtlich der Wochenbeihilfe sind die gesetzlichen Bestimmungen besonders erweitert worden. Das Wochengeld umfaßt nunmehr den Betrag des Krankengeldes für 8 Wochen, daneben wird Krankengeld nicht gewährt. Die Kasse kann aber an Stelle des Wochengeldes Kur und Verpflegung in einem Wöchnerinnenheime gewähren oder Hilfe und Wartung durch Hauspflegerinnen bewilligen, dafür aber bis zur Hälfte des Wochengeldes in Abzug bringen. Außerdem kann nach Bestimmung der Satzungen ein Stillgeld bis zur Höhe des halben Krankengeldes gewährt werden.

Das Sterbegeld erreicht die Höhe des Zwanzigfachen des Grundlohnes und wird beim Tode eines Versicherten gezahlt. Wenn ein Versicherter binnen einem Jahre nach Ablauf der Krankenhilfe an derselben Krankheit stirbt, so wird das Sterbegeld bezahlt, wenn er bis zum Tode arbeitsunfähig war. Die Satzung kann das Sterbegeld bis zum vierzigfachen Betrag des Grundlohnes erhöhen, auch den Mindestbetrag auf 50 Mark festsetzen.

Schließlich kann durch die Satzung Familienhilfe zugebilligt werden. Diese kann bestehen 1. in Krankenpflege an versicherungsfreie Familienmitglieder der Versicherten, 2. in Wochenhilfe an versicherungsfreie Ehefrauen der Versicherten, 3. in Sterbegeld beim Tode des Ehegatten oder eines Kindes des Versicherten.

Als Träger der Versicherung kommen in Frage
1. Ortskrankenkassen,
2. Landkrankenkassen,
3. Betriebskrankenkassen und
4. Innungskrankenkassen.

Über die Orts- und Landkrankenkassen ist folgendes bestimmt: Sie werden für örtliche Bezirke errichtet, und zwar in der Regel innerhalb des Bezirkes eines Versicherungsamtes. Neben einer allgemeinen Ortskrankenkasse wird keine Landkrankenkasse errichtet, wo die letztere nicht mindestens 250 Pflichtmitglieder haben würde. Ebenso kann die Errichtung einer allgemeinen Ortskrankenkasse neben der Landkrankenkasse unterbleiben, sofern die Ortskrankenkasse nicht mindestens 250 Pflichtmitglieder haben würde.

Als Mitglieder der Landkrankenkassen kommen in Betracht 1. die in der Landwirtschaft Beschäftigten, 2. Dienstboten, 3. die im Wandergewerbe Beschäftigten, 4. die Hausgewerbetreibenden und ihre hausgewerblich Beschäftigten.

Sofern ein Bezirk keine allgemeine Ortskrankenkasse hat, gehören auch die Ortskrankenkassenpflichtigen in die Landkrankenkasse.

Daneben werden noch besondere Ortskrankenkassen zugelassen, wo solche bei Inkrafttreten des Gesetzes für einzelne oder mehrere Gewerbszweige oder Betriebsarten oder allein für Versicherte eines Geschlechtes bestehen.

Für die Betriebs- und Innungskrankenkassen sind folgende Bestimmungen getroffen: Eine Betriebskrankenkasse kann seitens des Arbeitgebers für jeden Betrieb errichtet werden, in dem für die Dauer mindestens 150 Versicherungspflichtige beschäftigt werden. Bei einem Landwirtschaftsbetriebe oder Binnenschiffahrtsbetriebe genügt eine Anzahl von 50 Versicherungspflichtigen. Gehört der Arbeitgeber einer Innung an, die eine eigene Innungskrankenkasse hat, so kann er für die Versicherungspflichtigen, die der Innungskrankenkasse angehören müssen, keine Betriebskrankenkasse errichten.

Die Errichtung einer Betriebskrankenkasse ist jedoch nur unter folgenden Einschränkungen zulässig:

1. darf sie den Bestand oder die Leistungsfähigkeit vorhandener allgemeiner Ortskrankenkassen und Landkrankenkassen nicht gefährden. Eine derartige Gefährdung liegt dann nicht vor, wenn die betreffende Kasse nach Errichtung der Betriebskrankenkasse mehr als 1000 Mitglieder behält,
2. müssen die satzungsmäßigen Leistungen denen der maßgebenden Krankenkasse mindestens gleichwertig sein,
3. muß die Leistungsfähigkeit für die Dauer gesichert sein.

Auf Anordnung des Oberversicherungsamtes muß ein Bauherr, der zeitweilig eine größere Zahl von Arbeitern in einem vorübergehenden Baubetriebe beschäftigt, eine Betriebskrankenkasse errichten.

Eine Innung kann für die ihr angehörigen Betriebe ihrer Mitglieder eine Innungskrankenkasse errichten. Die in den Betrieben beschäftigten Versicherungsberechtigten können dieser Kasse beitreten, dagegen gehören in die Innungskrankenkassen nicht die Beschäftigten solcher Betriebe, mit denen Arbeitgeber einer Zwangsinnung freiwillig beigetreten sind. Vor der Errichtung ist der Gesellenausschuß, die Gemeindebehörde des Ortes, an dem die Innung ihren Sitz hat, die Handwerkskammer, sowie die Aufsichtsbehörde der Innung anzuhören. Anträge auf Genehmigung von Betriebs- oder Innungskrankenkassen sind an das Versicherungsamt zu richten. Die Genehmigung erfolgt durch das Oberversicherungsamt.

Die Betriebskrankenkassen, die vor Inkrafttreten des Gesetzes bestanden, werden weiterhin nur zugelassen, wenn sie

1. mindestens 100, bei Krankenkassen für Landwirtschafts- oder Binnenschiffahrtsbetriebe mindestens 50 Mitglieder haben,
2. wenn die satzungsmäßigen Leistungen denen der maßgebenden Krankenkassen mindestens gleichwertig sind oder innerhalb sechs Monaten gleichwertig gemacht werden, und
3. wenn die Leistungsfähigkeit dauernd gesichert ist.

Innungskrankenkassen, die vor Inkrafttreten des Gesetzes bestanden, werden unter den gleichen Bedingungen zugelassen, auch wenn die angegebenen Mindestzahlen nicht erreicht werden.

Krankenkassen können sich durch übereinstimmenden Beschluß ihres Ausschusses zu einem Kassenverband vereinigen, sofern sie ihren Sitz im Bezirke desselben Versicherungsamtes haben. Mit besonderer Genehmigung des Oberversicherungsamtes, oder wenn dieses versagt wird, mit Genehmigung der obersten Verwaltungsbehörde kann sich ein solcher Kassenverband über die Bezirke mehrerer Versicherungsämter erstrecken. Mit Zustimmung des Oberversicherungsamtes können Krankenkassen auch für bestimmte Gruppen ihrer Mitglieder oder für bestimmte Bezirke Sektionen errichten und ihnen einen Teil, höchstens zwei Drittel der Einnahmen und Leistungen zuweisen.

Eine Meldung oder Abmeldung zu der in Frage kommenden Krankenkasse ist durch den Arbeitgeber innerhalb drei Tagen nach Beginn und Ende der Beschäftigung vorzunehmen. Durch die Satzung kann die Meldefrist bis zum letzten Werktage der Kalenderwoche erstreckt werden. In der Anmeldung sind diejenigen Angaben zu machen, auf Grund deren die Beiträge berechnet werden können. Ändern sich diese Verhältnisse, so ist hiervon innerhalb der angegebenen Meldefrist Anzeige zu erstatten.

Über die Kassenorgane finden sich folgende Bestimmungen für die Orts- und Landkrankenkassen. Die Geschäfte der Kasse werden durch Vorstand und Ausschuß besorgt. Die Mitglieder des Ausschusses dürfen dem Vorstande nicht angehören; werden solche in den Vorstand gewählt, so scheiden sie aus dem Ausschusse aus. Der Vorsitzende wird von den Vorstandsmitgliedern der Ortskrankenkasse aus deren Mitte gewählt. Wer die Mehrheit der Stimmen aus der Gruppe sowohl der Arbeitgeber als auch der Versicherten im Vorstande erhält, gilt als gewählt.

Bei der Landkrankenkasse wählt die Vertretung des Gemeindeverbandes den Vorsitzenden und die anderen Mitglieder des Vorstandes.

Der Ausschuß besteht zu einem Drittel aus den Vertretern der beteiligten Arbeitgeber und zu zwei Dritteln aus Vertretern

der Versicherten. Er zählt höchstens 90 Vertreter. Die Vertreter
werden bei der Ortskrankenkasse durch die beteiligten volljährigen
Arbeitgeber und die volljährigen Versicherten aus ihrer Mitte ge=
trennt unter Leitung des Vorstandes gewählt. Das Stimmrecht
der einzelnen Arbeitgeber ist nach der Zahl ihrer Versicherungs=
pflichtigen zu bemessen. Bei der Landkrankenkasse wählt die Ver=
tretung des Gemeindeverbandes die Vertreter der beteiligten Arbeit=
geber und der bei der Kasse Versicherten je aus deren Mitte. Die
Satzung kann diejenigen Arbeitgeber, die mit der Zahlung der Bei=
träge im Rückstand sind, von der Wählbarkeit und Wahlberechtigung
ausschließen.

Bei Betriebs= und Innungskrankenkassen ist das Wahlverfahren
ähnlich. Hier zählt der Ausschuß höchstens 50 Vertreter der Ver=
sicherten. Bei Betriebskrankenkassen führt der Arbeitgeber oder
sein Vertreter den Vorsitz. Im Vorstande und Ausschuß hat er die
Hälfte der Stimmen, die den Versicherten nach der Satzung zustehen.

Der Vorstand verwaltet die Kasse, soweit das Gesetz nicht
anders bestimmt. Der Ausschuß dagegen beschließt über alles,
was das Gesetz, Satzung oder Dienstordnung dem Vorstande nicht
zuweist.

Bei Erwerb, Veräußerung oder Belastung von Grundstücken
wird die Kasse durch Vorstand und Ausschuß vertreten. Die Stellen
der Beamten werden durch übereinstimmende Beschlüsse bei den
Gruppen im Vorstande besetzt. Die vom Vorstande aufgestellte
Dienstordnung für die Angestellten muß vom Ausschuß genehmigt
werden.

Das Verhältnis zu den Ärzten, Zahnärzten, Kranken=
häusern und Apotheken ist durch das Gesetz genau geregelt.
Die Beziehungen zwischen Krankenkassen und Ärzten sollen durch
schriftlichen Vertrag geregelt werden. Soweit die Kasse nicht er=
heblich mehr belastet wird, soll den Mitgliedern die Auswahl zwischen
mindestens zwei Ärzten freigelassen werden. Übernimmt der Ver=
sicherte die Mehrkosten, so steht ihm die Auswahl unter den von
der Kasse bestellten Ärzten frei. Durch die Satzung kann der
Vorstand ermächtigt werden, innerhalb des Kassenbereiches oder
mit Genehmigung des Versicherungsamtes darüber hinaus wegen
Lieferung der Arznei mit einzelnen Apotheken Vorzugsbedingungen
zu vereinbaren. Alle Apotheken im Bereich der Kasse können solchen
Vereinbarungen beitreten. Die Apotheken haben den Krankenkassen
für die Arzneien einen Abschlag von den Preisen der Arzneitaxe zu
gewähren. Die oberste Verwaltungsbehörde bestimmt dessen Höhe.

Hinsichtlich der Beibringung der Mittel für die Krankenver=
sicherung bestimmt das Gesetz, daß zwei Drittel von den Versiche=
rungspflichtigen, ein Drittel seitens der Arbeitgeber zu zahlen sind.

Bei Innungskrankenkassen kann durch die Satzung bestimmt werden, daß Arbeitgeber und Versicherte je die Hälfte der Beiträge zu zahlen haben. Die Versicherungsberechtigten tragen ihre Beiträge allein. Bei Arbeitsunfähigkeit sind für die Dauer der Krankenhilfe Beiträge nicht zu entrichten. Kassen mit Familienhilfe können bei den Versicherten mit Familienangehörigen einen Zusatzbeitrag erheben, den die Satzung allgemein festsetzen muß.

Die Beträge sind in Hundertstel des Grundlohnes zu bemessen. Bei Errichtung dürfen sie nur dann mehr als $4\frac{1}{2}$ vom Hundert des Grundlohnes betragen, wenn dies zur Deckung der Regelleistung erforderlich ist. Decken bei einer Ortskrankenkasse auch 6 vom 100 des Grundlohnes die Regelleistungen nicht, so können die Beiträge durch übereinstimmenden Beschluß der Arbeitgeber und Versicherten im Ausschuß noch weiter erhöht werden. Die Kasse sammelt eine Rücklage mindestens in der Höhe der Jahresausgabe nach dem Durchschnitt der letzten drei Jahre an und erhält sie auf dieser Höhe.

Die Einzahlung der Beiträge erfolgt seitens der Arbeitgeber an den Tagen, die durch die Satzung festgesetzt sind. Die Zahltage dürfen höchstens einen Monat auseinanderliegen. Am gleichen Tage haben die Versicherungsberechtigten die Beiträge einzuzahlen. Die Versicherungspflichtigen müssen sich bei der Lohnzahlung ihre Beitragsteile vom Barlohn abziehen lassen. Die Abzüge sind gleichmäßig auf die Lohnzeiten zu verteilen, auf die sie fallen. Sind Abzüge für eine Lohnzahlung unterblieben, so dürfen sie nur bei der Lohnzahlung für die nächste Lohnzeit nachgeholt werden, wenn nicht die Beiträge ohne Verschulden des Arbeitgebers verspätet entrichtet worden sind.

Für die Landwirtschaft bestehen einige besondere Bestimmungen, insofern als von der Versicherungspflicht auf Antrag des Arbeitgebers befreit wird, wer an den letzteren bei einer Erkrankung Rechtsanspruch auf eine Unterstützung hat, die den Leistungen der zuständigen Krankenkasse gleichwertig ist.

Des weiteren bestehen besondere Bestimmungen über die unständig beschäftigten Versicherten und für die Wandergewerbetreibenden. Als unständig gilt eine Beschäftigung, die auf weniger als eine Woche beschränkt ist. Soweit diese unständig Beschäftigten nicht versicherungsfrei sind, werden sie entweder bei der allgemeinen Ortskrankenkasse, oder wenn sie überwiegend in der Landwirtschaft beschäftigt sind, bei der Landkrankenkasse ihres Wohnortes versichert. Der Versicherungspflichtige soll sich selbst zur Eintragung anmelden. Durch die Satzung kann bestimmt werden, daß für unständig Beschäftigte der Anspruch auf Kassenleistungen erst nach einer Wartezeit von sechs Wochen entsteht. Hat ein solcher im Laufe der letzten 26 Wochen vor der Erkrankung für mehr als 8 Wochen seine Beiträge nicht geleistet, so erhält er nur Krankenpflege. Das Sterbegeld darf 30 Mark nicht übersteigen.

Der Arbeitgeber, der eines Wandergewerbescheines bedarf, hat die in seinem Wandergewerbebetriebe Beschäftigten, soweit er sie von Ort zu Ort mit sich führen will, ihrer Zahl nach bei der Landkrankenkasse des Ortes als Mitglied anzumelden, bei dessen Polizeibehörde er den Schein beantragt. Bei der Anmeldung hat der Arbeitgeber die Beiträge für die Zeit bis zum Ablauf des Wandergewerbescheines oder mit Erlaubnis des Kassenvorstandes für kürzere Zeit im voraus zu entrichten.

Was die Hausgewerbetreibenden anlangt, so sind diese, soweit sie nicht versicherungsfrei sind, ohne Rücksicht auf den Betriebssitz ihrer Auftraggeber bei der Landkrankenkasse versichert, in deren Bezirk sie ihre eigene Betriebsstätte haben. Bei der gleichen Kasse werden ihre hausgewerblich Beschäftigten versichert. Die Beiträge sind teils von den Hausgewerbetreibenden, teils von deren Auftraggebern zu bezahlen.

Freie Hilfskassen müssen als Ersatzkassen zugelassen werden, sofern ihnen

1. die Genehmigung vor dem 1. April 1909 erteilt worden ist und

2. sofern ihnen dauernd mehr als 1000 Mitglieder angehören. Auf Antrag kann die Mindestzahl der Mitglieder auf 250 herabgesetzt werden. An Leistungen sind dem Versicherungspflichtigen hier mindestens die Regelleistungen der Krankenkassen nach dem Grundlohn zu gewähren, der bei seiner Krankenkasse maßgebend ist. Derjenige Arbeitgeber, der Mitglieder einer Ersatzkasse beschäftigt, muß ein Drittel der Beiträge an die zuständige Orts-, Land- oder Innungskrankenkasse bezahlen.

Hinsichtlich der Strafvorschriften ist folgendes angeordnet: Versicherte, die die Krankenordnung oder die Anordnungen des behandelnden Arztes übertreten, oder die dem Vorstande der Krankenkasse über Bezüge aus einer anderen Krankenversicherung keine Mitteilungen machen, können in Strafe bis zum dreifachen Betrage des täglichen Krankengeldes für jeden Übertretungsfall genommen werden. Wer Versicherungspflichtige nicht anmeldet, oder die Listen über Hausbeschäftigte nicht einreicht, kann mit Geldstrafe bis zu 300 Mark bestraft werden; mit Geldstrafe bis zu 300 Mark oder mit Haft wird bestraft, wer vorsätzlich den Beschäftigten höhere Beitragsteile vom Entgelt abzieht, als das Gesetz es zuläßt. Solche Arbeitgeber und Auftraggeber, die Beiträge, die sie den Beschäftigten eingehalten haben, der berechtigten Kasse vorsätzlich nicht zuführen, werden mit Gefängnis bestraft, daneben kann auf Geldstrafe bis zu 3000 Mark und auf Verlust der bürgerlichen Ehrenrechte erkannt werden. Liegen mildernde Umstände vor, so kann auf Geldstrafe erkannt werden. Wenn der Arbeitgeber die Pflichten, die das Gesetz ihm auferlegt, an andere Personen (Betriebsleiter, Aufsichtspersonen) überträgt, so können diese entsprechend in Strafe genommen werden, wenn sie den Vorschriften des Gesetzes zuwider handeln.

Neben ihnen kann der Arbeitgeber bestraft werden.

Drittes Buch: Unfall-Versicherung.

Das dritte Buch der Reichsversicherungsordnung behandelt die Unfallversicherung. Hier steht nach ihrer Bedeutung an erster Stelle die Gewerbe-Unfallversicherung. Dieser unterliegen

1. Bergwerke, Salinen, Aufbereitungsanstalten, Steinbrüche, Gräbereien (Gruben),
2. Fabriken, Werften, Hüttenwerke, Apotheken, gewerbliche Brauereien und Gerbereibetriebe,
3. Bauhöfe, Gewerbebetriebe, in denen Bau-, Dekorateur-, Steinhauer-, Schlosser-, Schmiede- und Brunnenarbeiten ausgeführt werden, ferner Steinzerkleinerungsbetriebe, sowie Bauarbeiten außerhalb eines gewerbsmäßigen Baubetriebs,
4. das Schornsteinfeger-, das Fensterputzer-, das Fleischergewerbe und der Betrieb von Badeanstalten,
5. der gesamte Betrieb der Eisenbahnen und der Post- und Telegraphenverwaltungen, sowie die Betriebe der Marine- und Heeresverwaltungen,
6. der Binnenschiffahrts-, der Flößerei-, der Prahm- und der Fährbetrieb, das Schiffziehen (Treidelei), die Binnenfischerei, die Fischzucht, die Teichwirtschaft und die Eisgewinnung, wenn sie gewerbsmäßig betrieben oder vom Reiche, einem Bundesstaat, einer Gemeinde, einem Gemeindeverband oder einer anderen öffentlichen Körperschaft verwaltet werden; der Baggereibetrieb, sowie das Halten von Fahrzeugen auf Binnengewässern,
7. der Fuhrbetrieb, der Speditionsbetrieb, der Fahrbetrieb, der Reittier- und der Stallhaltungsbetrieb, wenn sie gewerbsmäßig betrieben werden, das Halten von anderen Fahrzeugen als Wasserfahrzeugen, wenn sie durch elementare oder tierische Kraft bewegt werden, sowie das Halten von Reittieren,
8. der Speicher-, der Lagerei- und der Kellereibetrieb, wenn sie gewerbsmäßig betrieben werden,
9. der Gewerbebetrieb der Güterpacker, Güterlader, Schaffer, Bracker, Wäger, Messer, Schauer, Stauer,

10. Betriebe zur Beförderung von Personen oder Gütern und Holzfällungsbetriebe, wenn sie mit einem kaufmännischen Unternehmen verbunden sind, das über den Umfang des Kleinbetriebs hinausgeht,

11. unter der gleichen Voraussetzung (Nr. 10) Betriebe zur Behandlung und Handhabung der Ware.

Das Reichsversicherungsamt bestimmt, welche kaufmännischen Unternehmen (Nummer 10 und 11) als Kleinbetriebe der Unfallversicherung nicht unterliegen. Als Fabriken in diesem Sinne gelten Betriebe, die

1. gewerbsmäßig Gegenstände bearbeiten oder verarbeiten und hierzu mindestens 10 Arbeiter regelmäßig beschäftigen,

2. gewerbsmäßig Sprengstoffe oder explodierende Gegenstände erzeugen oder verarbeiten oder elektrische Kraft erzeugen oder weitergeben,

3. nicht bloß vorübergehend Dampfkessel oder von elementarer oder tierischer Kraft bewegte Triebwerke verwenden,

4. vom Reichsversicherungsamte den Fabriken gleichgestellt werden. Betriebe ohne besondere Unfallgefahr kann der Bundesrat für versicherungsfrei erklären.

Versichert sind gegen Unfälle:

1. Arbeiter, Gehilfen, Gesellen und Lehrlinge, unabhängig von der Höhe ihres Verdienstes,

2. Betriebsbeamte, deren Jahresverdienst 5000 Mark nicht übersteigt. Die Versicherung erstreckt sich auch auf häusliche und andere Dienste, zu denen Versicherte von dem Unternehmer oder dessen Beauftragten herangezogen werden.

Die Versicherungspflicht kann durch die Satzung auf folgende Personen erstreckt werden:

1. Betriebsunternehmer, deren Jahresarbeitsverdienst 3000 Mark nicht übersteigt oder die regelmäßig höchstens zwei Versicherungspflichtige gegen Entgelt beschäftigen,

2. ohne Rücksicht auf die Zahl der beschäftigten Versicherungspflichtigen auch Hausgewerbetreibende,

3. auf Betriebsbeamte, deren Jahresarbeitsverdienst 5000 Mark an Entgelt übersteigt.

Solche Betriebsunternehmer, die nach den Satzungen zwar der Versicherungspflicht unterliegen, aber keiner besonderen Unfallgefahr ausgesetzt sind, können vom Vorstand der Berufsgenossenschaft als versicherungsfrei erklärt werden.

Berechtigt, sich gegen die Folgen von Betriebsunfällen selbst zu versichern, sind Unternehmer und Binnenlotsen, wenn sie nicht mehr wie 3000 Mark Jahresarbeitsverdienst haben oder regelmäßig nicht mehr als zwei Versicherungspflichtige beschäftigen. Die Satzung kann bestimmen, daß sie zur Selbstversicherung auch zugelassen werden können, wenn sie mehr als 3000 Mark Jahresarbeitsverdienst haben oder regelmäßig wenigstens drei Versicherungspflichtige beschäftigen. Die Satzung kann weiter bestimmen, daß die freiwillige Versicherung außer Kraft tritt, wenn der Betrag trotz Mahnung nicht bezahlt worden ist und daß eine Neuanmeldung so lange unwirksam bleibt, bis der rückständige Beitrag entrichtet worden ist.

Als Gegenstand der Versicherung gilt der Ersatz des Schadens, der durch Körperverletzung oder Tötung entsteht. Ist der Unfall vorsätzlich herbeigeführt worden, so steht dem Verletzten und den Hinterbliebenen kein Anspruch zu. Dagegen schließt verbotswidriges oder fahrlässiges Handeln die Annahme eines Betriebsunfalles nicht aus. Hat der Verletzte sich den Unfall beim Begehen einer strafbaren Handlung zugezogen, so kann der Schadenersatz ganz oder teilweise versagt werden.

Die Versicherung leistet bei Verletzung vom Beginn der 14. Woche nach dem Unfalle

1. Krankenbehandlung,
2. eine Rente für die Dauer einer Erwerbsunfähigkeit.

Die Rente beträgt, solange der Verletzte infolge des Unfalles völlig erwerbsunfähig ist, zwei Drittel des Jahresarbeitsverdienstes, soweit dieser 1800 Mark nicht übersteigt. Übersteigt der Jahresarbeitsverdienst 1800 Mark, so wird der überschießende Teil nur zu einem Drittel angerechnet. Diese Rente wird als Vollrente bezeichnet. Ist der Versicherte teilweise erwerbsunfähig, so erhält er den Teil der Vollrente, der dem Maße der Einbuße an Erwerbsfähigkeit entspricht, als Teilrente. Solange der Verletzte infolge des Unfalles so hilflos ist, daß er nicht ohne fremde Hilfe, Wartung und Pflege bestehen kann, ist die Rente entsprechend, höchstens jedoch bis zum vollen Jahresarbeitsverdienst zu erhöhen. Wenn der Verletzte schon zur Zeit des Unfalles dauernd erwerbsunfähig war, so ist nur Krankengeld zu gewähren. Solange der Verletzte infolge des Unfalles unverschuldet arbeitslos ist, kann eine Teilrente bis zur Vollrente bewilligt werden.

Als Jahresarbeitsverdienst gilt das Dreihundertfache des durchschnittlichen Verdienstes für den vollen Arbeitstag. Ergibt die übliche Betriebsweise eine höhere oder niedere Zahl von Arbeitstagen, so wird mit dieser Zahl, statt mit 300 gerechnet. Erreicht der Jahresarbeitsverdienst nicht das Dreihundertfache des Ortslohnes für Erwachsene über 21 Jahre, so gilt das Dreihundertfache des Ortslohnes für Erwachsene über 21 Jahre als Jahresarbeitsverdienst.

Ist der Versicherte auf Grund der Reichsversicherung oder bei einer knappschaftlichen Kasse gegen Krankheit versichert, so müssen ihm mindestens die Regelleistungen der Krankenkasse gewährt werden. Vom Beginn der fünften Woche ab nach dem Unfall bis zum Ablauf der dreizehnten muß das Krankengeld mindestens zwei Drittel des maßgebenden Grundlohnes betragen. Für den Fall der Verletzte nicht Mitglied einer Krankenkasse ist, hat während der ersten 13 Wochen der Unternehmer für ihn zu sorgen. Wenn das Krankengeld vor Ablauf der 13 Wochen wegfällt, über diese hinaus aber die Erwerbungsunfähigkeit fortdauert, so ist die Rente schon von dem Tage an zu gewähren, mit dem das Krankengeld wegfällt.

Bei Tötung eines Versicherten ist außerdem zu gewähren:

1. als Sterbegeld der 15. Teil seines Jahresarbeitsverdienstes, mindestens jedoch 50 Mark,
2. vom Todestage ab den Hinterbliebenen eine Rente.

Sie besteht in einem Bruchteil des Jahresarbeitsverdienstes. Der Jahresarbeitsverdienst wird in gleicher Weise berechnet wie im Falle der Körperverletzung. Hinterläßt der Verstorbene Witwe und Kinder, so beträgt die Rente ein Fünftel des Jahresarbeitsverdienstes für die Witwe bis zu ihrem Tode oder ihrer Wiederverheiratung, ferner für jedes Kind bis zum vollendeten 15. Lebensjahre. Sofern die Witwe wieder heiratet, erhält sie drei Fünftel des Jahresarbeitsverdienstes als Abfindung. Wenn die Ehe erst nach dem Unfalle geschlossen worden ist, hat die Witwe keinen Anspruch. Hinterläßt der Verstorbene Verwandte aufsteigender Linie, die er wesentlich aus seinem Arbeitsverdienst unterhalten hat, so muß diesen für die Dauer der Bedürftigkeit eine Rente von zusammen einem Fünftel des Jahresarbeitsverdienstes gewährt werden. Dasselbe ist der Fall, wenn der Verstorbene elternlose Enkel hinterläßt. Die Rente ist hier für die Dauer der Bedürftigkeit bis zum vollendeten 15. Lebensjahre zu bezahlen. Insgesamt darf die Rente der Hinterbliebenen zusammen drei Fünftel des Jahresarbeitsverdienstes nicht übersteigen.

Bei Tötung einer Ehefrau, die wegen Erwerbsunfähigkeit des Ehemannes ihre Familie ganz oder überwiegend aus ihrem Arbeitsverdienst unterhalten hat, ist für die Dauer der Bedürftigkeit als Rente ein Fünftel des Jahresarbeitsverdienstes zu gewähren:

1. dem Witwer bis zu seinem Tode oder seiner Wiederverheiratung,
2. jedem Kinde bis zum vollendeten 15. Lebensjahre.

Für den Fall die Genossenschaft Heilanstaltspflege gewährt und dadurch die Einnahme des Verletzten an Krankengeld oder Rente gekürzt wird, so ist den Angehörigen die gleiche Rente zu gewähren, die ihnen bei seinem Tode zustehen würde.

Der Verletzte ist verpflichtet, den Anordnungen, die das Heilverfahren betrifft, Folge zu leisten. Hat er durch Mißachtung dieser Anordnungen das Heilverfahren ungünstig beeinflußt, so kann ihm der Schadenersatz auf bestimmte Zeit ganz oder teilweise versagt werden.

Tritt in den Verhältnissen bei der Festlegung der Entschädigung eine wesentliche Änderung ein, so kann eine Neufeststellung getroffen werden. In den ersten zwei Jahren nach dem Unfall darf eine derartige Feststellung jederzeit vorgenommen oder beantragt werden. Ist in dieser Frist eine Dauerrente rechtskräftig festgestellt, oder ist diese Frist abgelaufen, so dürfen Neufeststellungen nur in Zeiträumen von wenigstens einem Jahre vorgenommen werden.

Die Kosten des Heilverfahrens und die Sterbegelder sind binnen einer Woche nach ihrer Feststellung, Renten im voraus monatlich zu zahlen. Ist die Rente für das Jahr 60 Mark oder weniger hoch, so muß sie in vierteljährigen Beträgen im voraus gezahlt werden. Die Rente wird auch für den Sterbemonat, den Monat der Wiederverheiratung und den Monat, mit dem die Rente wegfällt, gezahlt.

Die Rente ruht, solange der Berechtigte eine Freiheitsstrafe von mehr als einem Monat verbüßt oder in einem Arbeitshaus oder einer Besserungsanstalt untergebracht ist. Hat er im Inland Angehörige, die bei seinem Tode Anspruch auf Rente haben würden, so ist ihnen die Rente zu überweisen. Ferner kann die Rente ruhen, solange sich die Empfangsberechtigten im Auslande aufhalten, ihren Aufenthalt aber nicht mitteilen oder den ihnen obliegenden Verpflichtungen nicht nachkommen.

Beträgt die Rente eines Verletzten ein Fünftel der Vollrente oder weniger, so kann die Genossenschaft ihn mit einem dem Werte seiner Jahresrente entsprechenden Kapital abfinden.

Es ist jedoch darauf hinzuweisen, daß diese Abfindung endgültig ist und auch eine Verschlimmerung im Zustande des Verletzten irgend weitere Vergünstigungen nicht im Gefolge haben kann. Soweit als irgend tunlich, ist demnach die Stellung eines Antrages auf Abfindung zu vermeiden.

Träger der Versicherung ist die Berufsgenossenschaft, die alle Unternehmer der versicherten Betriebe umfaßt. Die Berufsgenossenschaften werden nach örtlichen Bezirken gebildet. Wenn ein Betrieb wesentlich Bestandteile verschiedenartiger Gewerbe umfaßt, so ist er der Berufsgenossenschaft zuzuteilen, der der Hauptbetrieb angehört.

Die Mitgliedschaft beginnt mit der Eröffnung des Betriebes oder mit seiner Versicherungspflicht. Der Unternehmer hat in dem Betriebe durch Aushang bekannt zu geben, welcher Genossenschaft und Sektion der Betrieb angehört und wo die Geschäftsstelle sich befindet. Die Anmeldung des Betriebes ist binnen einer Woche bei dem Versicherungsamte vorzunehmen. in dessen Bezirk der Betrieb seinen Sitz hat. Die Anzeige erfolgt in doppelter Ausfertigung auf dem vorgeschriebenen Formular. Erfolgt die Anzeige nicht oder wird sie als unvollständig erachtet, so kann das Versicherungsamt den Unternehmer durch Geldstrafe bis zu 100 Mark anhalten, die verlangten Auskünfte zu geben. Wird die Aufnahme in die Berufsgenossenschaft abgelehnt, so muß den Betriebsunternehmer ein Bescheid mit Gründen zugestellt werden. Gegen die Entscheidung steht innerhalb eines Monats das Recht der Beschwerde zu. Betriebsänderungen, die für die Zugehörigkeit zu einer Genossenschaft wichtig sind, muß der Unternehmer der Berufsgenossenschaft anzeigen.

Die Berufsgenossenschaft hat ihre innere Verwaltung und Geschäftsordnung durch eine Satzung zu regeln, die von der Genossenschaftsversammlung beschlossen wird.

Durch die Satzung kann der Genossenschaftsvorstand ermächtigt werden, Unternehmer, die ihre Pflicht nicht erfüllen, in Geldstrafe bis zu 25 Mark zu nehmen.

Änderungen der Satzungen dürfen nur mit Genehmigung des Reichsversicherungsamtes vorgenommen werden.

Die Genossenschaft wird durch den Vorstand verwaltet, soweit nicht Gesetz oder Satzung anders bestimmen.

Der Genossenschaftsversammlung bleibt es vorbehalten:

1. Vorstandsmitglieder zu wählen,
2. die Satzung zu ändern,
3. die Jahresrechnung zu prüfen und abzunehmen, sofern nicht die Genossenschaftsversammlung dazu einen besonderen Ausschuß bestellt,
4. für die Mitglieder der Organe der Genossenschaft die Höhe des Pauschbetrages für Zeitverlust und Ersatz für Reisekosten zu bestimmen.

Wählbar zu Vorstandsmitgliedern, ebenso wählbar als Vertrauensmänner oder als Vertreter in der Genossenschaftsversammlung sind diejenigen, die der Genossenschaft als Mitglied angehören und regelmäßig wenigstens einen Versicherungspflichtigen beschäftigen. Weiterhin sind wählbar zu Mitgliedern des Vorstandes solche Mitglieder einer Innung oder des Aufsichtsrates einer der Genossenschaft angehörigen Aktien-Gesellschaft oder Kommandit-Gesellschaft auf Aktien oder Gesellschaft mit beschränkter Haftpflicht, die mindestens fünf Jahre lang Unternehmer oder bevollmächtigte Betriebsleiter eines der Genossenschaft angehörigen Betriebes gewesen sind. Sind in einer Genossenschaft verschiedenartige Gewerbszweige oder Betriebsarten vereinigt, so sollen diese im Vorstande möglichst vertreten sein.

Die Mitglieder der Genossenschaften können sich in der Genossenschaftsversammlung durch andere stimmberechtigten Mitglieder oder durch einen bevollmächtigten Leiter des Betriebes vertreten lassen.

Die Bildung der Gefahrklassen erfolgt durch die Genossenschaftsversammlung. Sie hat für die der Genossenschaft zugehörigen

Betriebe durch einen Gefahrtarif Gefahrklassen nach dem Grade der Unfallgefahr zu bilden und danach die Höhe der Beiträge abzustufen. Die Genossenschaftsversammlung kann Unternehmern je nach den Unfällen, die in ihrem Betriebe vorgekommen sind, für die nächste Tarifzeit oder einen Teil derselben Zuschlag auferlegen oder Nachlaß bewilligen.

Die Beibringung der Mittel erfolgt seitens der Berufsgenossenschaften durch Mitgliederbeiträge, die den Bedarf des abgelaufenen Geschäftsjahres decken. Die Mitgliederbeiträge werden nach dem Entgelt, den die Versicherten in den Betrieben verdient haben, mindestens aber nach dem Ortslohn für Erwachsene über 21 Jahre, sowie nach dem Gefahrtarif jährlich umgelegt. Übersteigt das Entgelt während der Beitragszeit den Jahresbeitrag von 1800 Mark, so wird von dem Überschuß nur ein Drittel angerechnet.

Neu errichtete Berufsgenossenschaften können die Mittel, die zur Bestreitung der Verwaltungskosten erforderlich sind, von den Mitgliedern für das erste Jahr im voraus erheben, auch kann die Satzung bestimmen, daß die Mitglieder Vorschüsse auf die Beiträge zu zahlen haben.

Neben der Deckung der laufenden Ausgaben haben die Genossenschaften Rücklagen anzusammeln, die durch Zuschläge zu den Entschädigungsbeiträgen gebildet werden. Der Kapitalbestand dieser Rücklage soll so bemessen werden, daß er das Dreifache der Entschädigungssumme erreicht, die in dem Jahre des letzten Zuschlages zu zahlen ist. Bei der Tiefbauberufsgenossenschaft müssen die Beiträge neben den anderen Aufwendungen den Kapitalwert der Renten decken, die der Genossenschaft im abgelaufenen Geschäftsjahre zur Last gefallen sind.

Binnen sechs Wochen nach Ablauf des Geschäftsjahres hat jedes Mitglied dem Genossenschaftsvorstand einen Lohnnachweis einzureichen. Dieser hat zu enthalten:

1. die während des abgelaufenen Geschäftsjahres im Betriebe beschäftigten Versicherten und das von ihnen verdiente Entgeld,
2. wenn nicht das wirklich verdiente Entgeld maßgebend ist, eine Berechnung des Entgelts, das bei der Umlegung der Beiträge anzurechnen ist,
3. die Gefahrklasse, in die der Betrieb eingeschätzt ist.

Die Satzung kann bestimmen, daß die Lohnnachweise viertel- oder halbjährlich eingereicht werden müssen. Werden die Lohnnachweise nicht rechtzeitig eingereicht, so werden sie von der Genossenschaft selbst aufgestellt.

Jedem Mitglied ist ein Auszug aus der Heberolle mit der Aufforderung zuzustellen, den festgesetzten Beitrag binnen

zwei Wochen einzuzahlen. Die Mitglieder können gegen die Fest=
setzung ihrer Beiträge binnen zwei Wochen Einspruch bei dem Vor=
stande erheben, bleiben aber zur vorläufigen Zahlung verpflichtet.

Wenn Unternehmer eines gewerblichen Baubetriebs mit der
Zahlung der Beiträge im Rückstande sind und sich als zahlungs=
unfähig erweisen, so kann der Bauherr oder Zwischenunternehmer
für die Beiträge haftbar gemacht werden. Dabei haftet der Zwischen=
unternehmer vor dem Bauherrn.

Die Genossenschaften haben die Berechtigung, noch folgende
Einrichtungen zu treffen:

1. eine Versicherung gegen Haftpflicht für die Unternehmer
   und die ihm in der Haftpflicht Gleichstehenden,
2. Rentenzuschuß= oder Ruhegeldkassen für Betriebsmitglieder,
   Mitglieder der Genossenschaft, Versicherte, Genossenschafts=
   beamte, sowie für die Angehörigen dieser Personen,
3. die Beschaffung von Arbeitsgelegenheit für Unfallverletzte.

Hinsichtlich des Erlasses von Unfallverhütungsvor=
schriften bestimmt das Gesetz, daß die Berufsgenossenschaften
verpflichtet sind, die erforderlichen Vorschriften zu erlassen über

1. die Einrichtungen und Anordnungen, welche die Mitglieder
   zur Verhütung von Unfällen in dem Betriebe zu treffen
   haben,
2. das Verhalten, das die Versicherten zur Verhütung von
   Unfällen in dem Betriebe zu beobachten haben.

Den Mitgliedern muß eine angemessene Frist gesetzt werden,
um die zur Unfallverhütung vorgeschriebenen Einrichtungen zu
treffen. Zuwiderhandlungen können mit Geldstrafe bis zu 1000
Mark, soweit es sich um die Mitglieder handelt; bis zu 6 Mark,
soweit es sich um die Versicherten handelt, bedroht werden.

Auch im übrigen kann der Genossenschaftsvorstand gegen Unter=
nehmer Geldstrafen bis zu 500 Mark verhängen, wenn sie un=
richtige Angaben machen oder den Anordnungen der Genossenschaft
hinsichtlich der Anmeldung der Betriebe, der Führung der Lohn=
listen usw. nicht nachkommen.

Schließlich besteht noch eine weitgehende Haftpflicht der Unter=
nehmer, wenn diese oder die ihnen Gleichgestellten fahrlässig oder
unvorsichtig den Vorfall herbeigeführt haben. Die Gemeindearmen=
verbände, Krankenkassen usw. können in diesem Fall einen Ersatz
ihrer Aufwendungen verlangen. Der Unternehmer haftet ferner,
wenn strafgerichtlich festgestellt wird, daß er bei Leitung oder Aus=
führung eines Baues wider die allgemein anerkannten Regeln der
Baukunst gehandelt hat, für den Fall, daß durch diese Zuwider=
handlung der Unfall herbeigeführt worden ist. Die Genossenschafts=
versammlung kann indes ihrerseits auf den Anspruch verzichten.

Der zweite Teil des dritten Buches beschäftigt sich mit der landwirtschaftlichen Unfallversicherung. Dieser unterliegen die landwirtschaftlichen Betriebe.

Der dritte Teil des dritten Buches beschäftigt sich mit der Seeunfallversicherung.

Die Seeunfallversicherung gilt sowohl für Unfälle bei Betrieben als auch für solche Unfälle, die während des Betriebs durch Elementarereignisse eintreten. Die Versicherung gilt für die Zeit von Anfang bis Ende des Dienstverhältnisses einschließlich der Beförderung vom Lande zum Fahrzeug und vom Fahrzeug zum Lande. Im übrigen treffen auch hier in der Hauptsache die Bestimmungen der gewerblichen Unfallversicherung zu.

Viertes Buch: Invaliden= und Hinterbliebenen=Versicherung.

Das vierte Buch der Reichsversicherungsordnung betrifft die Invaliden= und Hinterbliebenenversicherung. Nach seinen Bestimmungen sind für den Fall der Invalidität und des Alters, sowie zugunsten der Hinterbliebenen vom vollendeten sechzehnten Lebensjahr an versichert:

1. Arbeiter, Gehilfen, Gesellen, Lehrlinge, Dienstboten,
2. Betriebsbeamte, Werkmeister und andere Angestellte in ähnlich gehobener Stellung, sämtlich, wenn diese Beschäftigung ihren Hauptberuf bildet,
3. Handlungsgehilfen und =Lehrlinge, Gehilfen und Lehrlinge in Apotheken,
4. Bühnen= und Orchestermitglieder ohne Rücksicht auf den Kunstwert der Leistungen,
5. Lehrer und Erzieher,
6. die Schiffsbesatzung deutscher Seefahrzeuge und die Besatzung von Fahrzeugen der Binnenschiffahrt.

Voraussetzung der Versicherung für alle diese Personen ist, daß sie gegen Entgelt beschäftigt werden, für die unter Nummer 2 bis 5 Bezeichneten, sowie für Schiffer außerdem, daß nicht ihr regelmäßiger Jahresarbeitsverdienst 2000 Mark an Entgelt übersteigt.

Eine Beschäftigung, für die als Entgelt nur freier Unterhalt gewährt wird, ist versicherungsfrei.

Der Bundesrat kann allgemein oder in einzelnen Bezirken die Versicherungspflicht für bestimmte Berufszweige erstrecken auf

1. Gewerbetreibende und andere Betriebsunternehmer, die in ihren Betrieben regelmäßig keine oder höchstens einen Versicherungspflichtigen beschäftigen,
2. Hausgewerbetreibende ohne Rücksicht auf die Zahl ihrer hausgewerblich Beschäftigten.

Versicherungsfrei ist, wer eine reichsgesetzliche Invaliden= oder Hinterbliebenenrente bezieht oder invalide ist. Auf Antrag wird von der Versicherungspflicht derjenige befreit, dem vom Reiche, einem Bundesstaate, einem Gemeindeverbande, einer Gemeinde oder einem Versicherungsträger, oder derjenige, dem auf Grund früherer Beschäftigung als Lehrer oder Erzieher an öffentlichen Schulen oder Anstalten Ruhegeld, Wartegeld oder ähnliche Bezüge im Mindestbetrage der Invaliden= oder Witwenrente nach den Sätzen der ersten Lohnklasse bewilligt sind und dem daneben An= wartschaft auf Hinterbliebenenfürsorge gewährleistet ist.

Wer im Laufe eines Kalenderjahres Lohnarbeit nur in be= stimmten Jahreszeiten für nicht mehr als zwölf Wochen oder überhaupt für nicht mehr als fünfzig Tage übernimmt, wird auf seinen Antrag ebenfalls von der Versicherungspflicht befreit. Die Befreiung ist nur zulässig, solange nicht einhundert anrechnungs= fähige Wochenbeiträge entrichtet worden sind. Näheres kann vom Bundesrat bestimmt werden. Über den Antrag entscheidet das zuständige Versicherungsamt.

Zum freiwilligen Eintritt in die Versicherung (Selbst= versicherung) sind bis zum vollendeten vierzigsten Lebensjahre be= rechtigt

1. die eingangs unter 2 bis 5 Bezeichneten und Schiffer, wenn ihr regelmäßiger Jahresarbeitsverdienst mehr als zweitausend Mark, aber nicht über dreitausend Mark beträgt.
2. Gewerbetreibende und andere Betriebsunternehmer, die in ihren Betrieben regelmäßig keine oder höchstens zwei Ver= sicherungspflichtige beschäftigen, sowie Hausgewerbetreibende.
3. Personen, die als Entgelt nur freien Unterhalt beziehen, und solche, die vom Bundesrat auf vorausgegangene Dienst= leistungen als versicherungsfrei bezeichnet sind. Die Be= rechtigten können die Selbstversicherung beim Ausscheiden aus dem Verhältnis, das die Berechtigung begründet hat, fortsetzen oder später unter noch darzulegenden Bedingungen erneuern.

Wer aus einem versicherungspflichtigen Verhältnisse ausscheidet, kann die Versicherung freiwillig fortsetzen oder später erneuern (Weiterversicherung).

Nach der Höhe des Jahresarbeitsverdienstes werden für die Versicherten folgende Klassen gebildet:

Klasse 1: bis zu 350 Mark,
„   2: von mehr als 350 bis zu 550 Mark,
„   3: von mehr als 550 bis zu 850 Mark,
„   4: von mehr als 850 bis zu 1150 Mark,
„   5: von mehr als 1150 Mark.

Für die Zugehörigkeit zu den Lohnklassen ist statt des tatsächlichen Arbeitsverdienstes ein Durchschnittsbetrag maßgebend, soweit nicht durch das Gesetz anders bestimmt wird. Im einzelnen gilt als Jahresarbeitsverdienst:

1. für Mitglieder einer Krankenkasse oder knappschaftlichen Krankenkasse das Dreihundertfache des Grundlohnes,
2. für die nach Nummer 1 versicherten Seeleute, soweit der Reichskanzler für sie einen Durchschnittsbetrag festgesetzt hat, dieser Betrag,
3. im übrigen der dreihundertfache Betrag des Ortslohnes, soweit das Oberversicherungsamt für einzelne Berufszweige nichts anderes bestimmt.

Landwirtschaftliche Betriebsbeamte gehören zur dritten, Lehrer und Erzieher zur vierten Klasse, soweit nicht jene einen Jahresarbeitsverdienst von mehr als 850, diese von mehr als 1150 Mark nachweisen.

Die Versicherung in einer höheren Lohnklasse ist erlaubt, der Arbeitgeber aber zum höheren Beitrag nur verpflichtet, wenn er ihn mit dem Versicherten vereinbart hat.

Gegenstand der Versicherung sind Invaliden= oder Altersrenten, sowie Renten, Witwengeld und Waisenaussteuer für Hinterbliebene.

Invalidenrente erhält ohne Rücksicht auf das Lebensalter der Versicherte, der infolge von Krankheit oder anderen Gebrechen dauernd Invalide ist. Als Invalide gilt der, der nicht mehr imstande ist, durch eine Tätigkeit, die seinen Kräften und Fähigkeiten entspricht und ihm unter billiger Berücksichtigung seiner Ausbildung und seines bisherigen Berufs zugemutet werden kann, ein Drittel dessen zu erwerben, was körperlich und geistig gesunde Personen derselben Art und ähnlicher Ausbildung in derselben Gegend durch Arbeit zu verdienen pflegen.

Invalidenrente erhält auch der Versicherte, der nicht dauernd Invalide ist, aber 26 Wochen ununterbrochen invalide gewesen ist, oder der nach Wegfall des Krankengeldes invalide ist, für die weitere Dauer der Invalidität. Die Rente beginnt mit dem Tage, an dem die Invalidität eingetreten ist. Läßt sich der Beginn der Invalidität nicht feststellen, so gilt der Tag, an dem der Antrag auf Rente beim Versicherungsamte eingegangen ist.

Altersrente erhält der Versicherte vom vollendeten 70. Lebensjahre an, auch wenn er nicht Invalide ist.

Witwenrente erhält die dauernd invalide Witwe nach dem Tode ihres versicherten Mannes. Als invalide gilt die Witwe, die nicht mehr imstande ist, ein Drittel dessen zu verdienen, was gesunde Frauen derselben Art durch Arbeit zu verdienen pflegen.

16

Waisenrente erhalten nach dem Tode des versicherten Vaters seine ehelichen Kinder unter 15 Jahren, und nach dem Tode einer Versicherten ihre vaterlosen Kinder unter 15 Jahren. Als vaterlos gelten auch uneheliche Kinder. Waisenrente erhalten auch elternlose Enkel unter 15 Jahren, deren Unterhalt der Versicherte ganz oder überwiegend bestritten hat. Nach dem Tode der versicherten Ehefrau eines erwerbsunfähigen Mannes, die den Lebensunterhalt ihrer Familie ganz oder überwiegend bestritten hat, steht den ehelichen Kindern unter 15 Jahren Waisenrente und dem Mann Witwerrente zu, so lange sie bedürftig sind. Nach dem Tode einer versicherten Ehefrau, deren Ehemann sich ohne gesetzlichen Grund von der häuslichen Gemeinschaft fern gehalten und seiner väterlichen Unterhaltungspflicht entzogen hat, steht den ehelichen Kindern unter 15 Jahren Waisenrente zu, solange sie bedürftig sind.

Die Rente der Hinterbliebenen beginnt von dem Todestage des Ernährers an. Das Witwengeld wird beim Tode des Ehemannes fällig, die Waisenaussteuer beim vollendeten 15. Lebensjahre der Kinder.

Neben diesen Bezügen kann ein Heilverfahren seitens der Versicherungsanstalt eingeleitet werden, um die infolge einer Erkrankung drohende Invalidität eines Versicherten oder einer Witwe abzuwenden. Die Versicherungsanstalt kann insbesondere den Erkrankten in einem Krankenhaus oder in einer Anstalt für Genesende unterbringen. Ist der Erkrankte verheiratet und lebt er mit seiner Familie zusammen, oder hat er einen eigenen Haushalt, oder ist er Mitglied des Haushalts der Familie, so bedarf es der Zustimmung des Erkrankten. Bei einem Minderjährigen genügt dessen Zustimmung.

Angehörige des Erkrankten, deren Unterhalt er ganz oder überwiegend aus seinem Arbeitsverdienste bestritten hat, erhalten während des Heilverfahrens ein

Hausgeld, auch dann, wenn er an keine Krankenkasse, keine knappschaftliche Krankenkasse oder Ersatzkasse Ansprüche hat. Es beträgt ein Viertel des Ortslohnes für erwachsene Tagesarbeiter. Das Hausgeld fällt weg, solange Lohn oder Gehalt auf Grund eines Rechtsanspruches gezahlt wird.

Sachleistungen statt Renten können die Gemeinden mit Genehmigung der höheren Verwaltungsbehörde festsetzen. Danach brauchen alsdann Renten bis zu zwei Drittel nicht bar gezahlt zu werden; es sind hierfür vielmehr Sachen zu gewähren.

Zur Erreichung der Rente ist eine bestimmte Wartezeit erforderlich. Diese dauert:

1. bei der Invalidenrente, wenn für den Versicherten auf Grund der Versicherungspflicht mindestens 100 Beiträge geleistet worden sind, 200, andernfalls 500 Beitragswochen,
2. bei der Altersrente 1200 Beitragswochen.

Die Beiträge für die freiwillige Versicherung werden auf die Wartezeit für die Invalidenrente nur dann angerechnet, wenn mindestens 100 Beiträge auf Grund der Versicherungspflicht oder der Selbstversicherung geleistet worden sind; dies gilt nicht für Beiträge, die der Versicherte in den ersten vier Jahren freiwillig geleistet hat, nachdem sein Berufszweig versicherungspflichtig geworden ist.

Als Wochenbeiträge zählen auch

1. Militärdienst= und Krankheitszeiten,

2. Zeiten ohne versicherungspflichtige Beschäftigung, während deren der Anwärter oder der Verstorbene Invaliden= oder Altersrente oder ähnliche Rentenbezüge hat, ebenso für die Zeit, während der er eine Unfallrente von mindestens einem Fünftel der Vollrente erhielt. Bei der Selbstversicherung und ihrer Fortsetzung müssen zur Aufrechterhaltung der Anwartschaft während zweier Jahre mindestens 40 Beiträge entrichtet werden; dies gilt nicht, wenn auf Grund der Beitragspflicht mehr als 60 Beiträge geleistet worden sind.

Die Anwartschaft bei Invaliden= und Altersrenten erlischt, wenn während zweier Jahre nach dem auf der Quittungskarte verzeichneten Ausstellungstage weniger als 20 Wochenbeiträge auf Grund der Versicherungspflicht oder der Weiterversicherung entrichtet worden sind.

Die Anwartschaft lebt wieder auf, wenn der Versicherte wieder eine versicherungspflichtige Beschäftigung aufnimmt oder durch freiwillige Beitragsleistung das Versicherungsverhältnis erneuert und danach eine Wartezeit von 200 Beitragswochen zurücklegt. Hat der Versicherte das 60. Lebensjahr vollendet, so lebt die Anwartschaft nur wieder auf, wenn er vor dem Erlöschen der Anwartschaft mindestens 1000 Beitragsmarken verwendet hatte. Hat der Versicherte das 40. Lebensjahr vollendet, so lebt die Anwartschaft durch freiwillige Beitragsleistung nur auf, wenn er vor dem Erlöschen der Anwartschaft mindestens fünfhundert Beitragsmarken verwendet hatte und danach eine Wartezeit von fünfhundert Beitragswochen zurücklegt.

Die Leistungen der Versicherung werden wie folgt berechnet: Sie bestehen

1. allgemein sowohl bei Alters= wie Invalidenrenten aus einem festen Reichszuschuß und

2. einem Anteil der Versicherungsanstalt. Der Reichszuschuß beträgt jährlich 50 Mark für jede Invaliden=, Alters=, Witwen= und Witwerrente, und 25 Mark für jede Waisenrente, einmalig 50 Mark für jedes Witwengeld und 16 Mark 66 Pfennig für jede Waisenaussteuer.

Der Anteil der Versicherungsanstalten richtet sich nach den gezahlten Beiträgen und den Militärdienst= und Krankheitszeiten, die als Beitragswochen gelten.

Bei der Invalidenrente leistet die Versicherungsanstalt a) einen Grundbetrag, b) Steigerungssätze,

bei den Renten der Hinterbliebenen, bei den Witwen= geldern und Waisenaussteuern einen Teil des Grundbetrags und der Steigerungssätze,

bei den Altersrenten einen festen Jahresbetrag.

Der Grundbetrag der Invalidenrente wird stets nach fünf= hundert Beitragswochen berechnet. Sind weniger nachgewiesen, so gilt für die fehlenden die Lohnklasse 1: sind es mehr, so scheiden die überzähligen Beiträge der niedrigsten Lohnklassen aus. Für jede Beitragswoche werden angesetzt:

> in der Lohnklasse 1: 12 Pfennig,
> in der Lohnklasse 2: 14 Pfennig,
> in der Lohnklasse 3: 16 Pfennig,
> in der Lohnklasse 4: 18 Pfennig,
> in der Lohnklasse 5: 20 Pfennig.

Der Steigerungssatz der Invalidenrente beträgt für jede Beitragswoche:

> in der Lohnklasse 1: 3 Pfennig,
> in der Lohnklasse 2: 6 Pfennig,
> in der Lohnklasse 3: 8 Pfennig,
> in der Lohnklasse 4: 10 Pfennig,
> in der Lohnklasse 5: 12 Pfennig.

Hat der Empfänger der Invalidenrente Kinder unter fünfzehn Jahren, so erhöht sich die Invalidenrente für jedes dieser Kinder um ein Zehntel bis zu dem höchstens anderthalbfachen Betrage.

Der Anteil der Versicherungsanstalt beträgt

a) bei Witwen= und Witwerrenten drei Zehntel,

b) bei Waisenrenten für eine Waise drei Zwanzigstel, für jede weitere Waise ein Vierzigstel

des Grundbetrages und der Steigerungssätze der Invalidenrente, die der Ernährer zur Zeit seines Todes bezog oder bei Invalidität bezogen hätte.

Der Anteil der Versicherungsanstalt an den Alters= renten beträgt:

> in der Lohnklasse 1: 60 Mark,
> in der Lohnklasse 2: 90 Mark,
> in der Lohnklasse 3: 120 Mark,
> in der Lohnklasse 4: 150 Mark,
> in der Lohnklasse 5: 180 Mark.

Für Beiträge verschiedener Lohnklassen wird der entsprechende Durchschnitt gewährt. Sind über eintausendzweihundert Beitrags= wochen nachgewiesen, so scheiden die überzähligen Beiträge der nie= drigsten Lohnklasse aus.

Die Höchstbeträge der Renten stellen sich wie folgt:

a) die Renten der Hinterbliebenen dürfen zusammen nicht mehr betragen als das Anderthalbfache der Invalidenrente, die der Verstorbene zur Zeit seines Todes bezog oder bei Invali= dität bezogen hätte;

b) Waisenrenten allein dürfen zusammen nicht mehr betragen als diese Invalidenrente;

c) ergeben die Renten einen höheren Betrag, so werden sie im Verhältnis ihrer Höhe gekürzt;

d) Enkel haben nur so weit einen Anspruch, als nicht der zu= lässige Höchstbetrag den Kindern zufließt;

e) beim Ausscheiden eines Hinterbliebenen erhöhen sich die Renten der übrigen bis zum zulässigen Höchstbetrage.

Als Witwengeld wird der zwölffache Monatsbetrag, als Waisenaussteuer der achtfache Betrag der Waisenrente gewährt.

Die Renten werden in Teilbeträgen monatlich, auf volle fünf Pfennig aufgerundet, in voraus gezahlt.

Über den Wegfall der Leistungen sind folgende Bestimmungen getroffen:

a) die Witwen= und die Witwerrenten fallen bei der Wiederverheiratung weg,

b) die Waisenrente fällt weg, sobald die Waise das fünf= zehnte Lebensjahr vollendet,

c) der Anspruch auf das Witwengeld verfällt, wenn er nicht innerhalb eines Jahres nach dem Tode des Ehemannes geltend gemacht wird.

Ist beim Tode des Empfängers die fällige Rente noch nicht abgehoben, so haben nacheinander Anspruch auf dieselbe: der Ehegatte, die Kinder, der Vater, die Mutter, die Geschwister, wenn sie mit dem Empfänger zur Zeit seines Todes in häuslicher Ge= meinschaft gelebt haben. Für den Sterbemonat wird die Rente im allgemeinen voll gezahlt.

Die Rente kann entzogen werden, soweit es sich um In= validen= und Witwenrente handelt, sofern der Empfänger nicht mehr Invalide ist. Dasselbe ist der Fall, wenn sich ein Rentenempfänger ohne Grund einem angeordneten Heilverfahren entzieht. Bei Wit= wer= und Witwenrente kommt die Rente in Wegfall, sobald die Bedürftigkeit des Empfängers fortfällt.

Die Rente ruht, sofern eine reichsgesetzliche Unfallrente gezahlt wird, soweit beide übersteigen würden

a) bei Invaliden= und Altersrenten den siebeneinhalbfachen Grundbetrag der Invalidenrente,

b) bei Witwen= und Witwerrenten den dreieinhalbfachen, bei Waisenrenten den dreifachen Grundbetrag der Invalidenrente, die der Ernährer zur Zeit seines Todes bezog oder bei Invalidität bezogen hätte.

Die Rente ruht ferner, solange der Berechtigte eine Freiheitsstrafe von mehr als einem Monat verbüßt oder in einem Arbeitshaus oder einer Besserungsanstalt untergebracht ist. Hat derselbe Angehörige, die er zu unterhalten hat, so wird diesen die Invaliden= oder Altersrente überwiesen.

Sofern Unterstützungen aus Knappschaftskassen, Fabrik=, Seemanns= und ähnlichen Kassen gezahlt werden, können diese bei Empfang von Invaliden=, Alters= und Hinterbliebenen=Unterstützungen nach Maßgabe des Gesetzes gekürzt werden.

Träger der Invaliden= und Hinterbliebenenversicherung sind die Versicherungsanstalten, die nach Bestimmung der Landesregierung errichtet werden.

Das Reich, die Arbeitgeber und die Versicherten bringen die Mittel für die Versicherung auf. Die Wochenbeiträge, die seitens der Arbeitgeber und Arbeitnehmer je zur Hälfte zu zahlen sind, betragen:

für die Lohnklasse 1: 16 Pfennig,
für die Lohnklasse 2: 24 Pfennig,
für die Lohnklasse 3: 32 Pfennig,
für die Lohnklasse 4: 40 Pfennig,
für die Lohnklasse 5: 48 Pfennig.

Dabei werden als Beitragswochen der Lohnklasse 2, ohne daß Beiträge entrichtet zu werden brauchen, die vollen Wochen angerechnet, in denen der Versicherte

1. zur Erfüllung der Wehrpflicht eingezogen gewesen ist oder freiwillig militärische Dienstleistungen verrichtet hat,

2. für die Dauer einer Krankheit (längstens bis zu einem Jahr), die sich der Versicherte nicht vorsätzlich oder durch schuldhafte Beteiligung bei Schlägereien oder dergleichen zugezogen hat. Die Genesungszeit wird der Krankheit gleichgeachtet.

Die Beitragsmarken werden durch die Postverwaltungen verkauft. Sie sind in Quittungskarten einzukleben, die seitens der Ortspolizeibehörde zur Ausgabe gelangen. Jede Karte bietet Raum für mindestens 52 Wochenmarken. Sobald die Karte vollständig beklebt ist oder nach ihrer Ausstellung zwei Jahre verflossen sind, wird die Karte gegen eine neue umgetauscht. Über die abgelieferte Karte wird eine Quittung erteilt, die die Zahlen der verschiedenen Beitragsmarken erhält. Wider den Willen des Inhabers darf niemand eine Quittungskarte zurückhalten. Die Beitragsmarken sind zu entwerten; als Tag der Entwertung soll der letzte Tag desjenigen Zeitraumes angegeben werden, für welchen die Marken gelten.

Die Versicherungspflichtigen müssen sich von der Lohn= zahlung die Hälfte der Beiträge abziehen lassen. Die Abzüge sind auf die Lohnzeiten gleichmäßig zu verteilen. Sind Abzüge bei einer Lohnzahlung unterblieben, so dürfen sie nur noch bei der nächsten nachgeholt werden.

Sehr wichtig sind die Bestimmungen über die freiwillige Zusatzversicherung, die neuerdings, um eine Erhöhung der Renten herbeizuführen, eingeführt ist. Nach den Bestimmungen des Gesetzes können alle Versicherungspflichtigen und alle Ver= sicherungsberechtigten zu jeder Zeit und in beliebiger Zahl Zusatz= marken in die Quittungskarten einkleben. Sie erwerben dadurch Anspruch auf Zusatzrente für den Fall, daß sie invalide werden. Der Wert der Zusatzmarke beträgt eine Mark. Die durch Zusatz= marken erworbene Anwartschaft erlischt nicht.

Für die Zusatzmarke, die der Versicherte eingeklebt hat, erhält er als jährliche Zusatzrente so vielmal zwei Pfennig, als beim Eintritt der Invalidität Jahre seit Verwendung der Zusatz= marke vergangen sind. Gezählt wird von dem Kalenderjahr, in dem die Quittungskarte aufgerechnet worden ist, bis zu dem, wo die Invalidität eintritt. Der Wert der Zusatzmarken, die danach ausfallen, wird dem Versicherten oder seinen Hinterbliebenen er= stattet. Die Zusatzrente wird gezahlt, solange die Invalidität dauert. Sie wird stets voll ausgezahlt, und zwar entweder mit der Invalidenrente zusammen oder für sich, monatlich im voraus. Beträgt die Zusatzrente nicht mehr als sechzig Mark jährlich, so wird auf Antrag eine einmalige Abfindung in Höhe des Kapital= wertes gezahlt.

Hinsichtlich der Strafvorschriften bestimmt das Gesetz fol= gendes:

1. falsche Eintragungen in die Nachweise, die seitens der Arbeit= geber aufzustellen sind, werden mit Geldstrafe bis zu 500 Mark bedroht,

2. Arbeitgeber, die nicht die richtigen Marken kleben oder die Beiträge für die Versicherten nicht rechtzeitig abführen, können in Geldstrafe bis zu 300 Mark genommen werden,

3. unterlassene Anmeldung Versicherungspflichtiger kann bei Vorsatz mit Geldstrafe bis zu 300 Mark, bei Fahrlässigkeit bis zu 100 Mark bestraft werden,

4. ebenso wird mit Geldstrafe bis zu 300 Mark oder mit Haft bestraft, wer dem Versicherten höhere Beiträge vom Lohne abzieht als das Gesetz zuläßt,

5. mit Gefängnis werden solche Arbeitgeber bestraft, die die Beitragsteile, die sie den Beschäftigten vom Lohne abgezogen haben, nicht für die Versicherung verwenden. Daneben kann auf Geldstrafe bis zu dreitausend Mark und Verlust der bürgerlichen Ehrenrechte erkannt werden,

6. mit Geldstrafe bis zu 20 Mark wird bestraft, wer Quittungskarten mit unzulässigen Eintragungen oder besonderen Merkmalen versieht. Werden die Eintragungen, Merkmale oder Fälschungen in der Absicht gemacht, den Inhaber Arbeitgebern gegenüber kenntlich zu machen, wird auf Geldstrafe bis zu 200 Mark oder mit Gefängnis bis zu sechs Monaten erkannt.

C. Aus dem Bürgerlichen Gesetzbuch.

1. Die Verjährung.

Die Verjährung ist eine notwendige Einrichtung in unserm Rechtsleben, da sie eine gewisse Rechtssicherheit gewährleistet. Man kann zwei Arten von Verjährung unterscheiden und zwar eine erwerbende Verjährung, bei der man nach Ablauf einer gewissen Frist ein Recht erwirbt, und eine erlöschende Verjährung, wenn nach Ablauf einer bestimmten gesetzlich festgelegten Frist ein Recht verfällt. Wir haben uns in der Hauptsache mit der „erlöschenden" Verjährung zu beschäftigen, die in den §§ 194—225 des Bürgerlichen Gesetzbuches geregelt wird. Hiernach verjähren in der Regel alle Ansprüche mit Ausnahme der Rechte, die in das Grundbuch eingetragen sind, wenn durch unrichtige Eintragung oder durch unrichtige Löschung ein Recht an einem Grundstück beschränkt ist, und gewisse Ansprüche aus familienrechtlichen Verhältnissen, die wir hier nicht genauer zu erörtern haben. Die regelmäßige Verjährungsfrist beträgt 30 Jahre, doch erscheint diese Frist für die gewöhnlichen Ansprüche aus dem täglichen Rechtsleben zu lang und wird deshalb in folgender Weise abgekürzt:

In zwei Jahren verjähren die Ansprüche:

1. der Kaufleute, Fabrikanten, Handwerker und Kunstgewerbetreibenden für Lieferung von Waren, Ausführung von Arbeiten und Besorgung fremder Geschäfte, mit Einschluß der Auslagen; ausgenommen sind Ansprüche aus Leistungen, welche für den Gewerbebetrieb des Schuldners erfolgt sind. Soweit die Ansprüche nicht in 2 Jahren verjähren, verjähren sie in 4 Jahren;
2. derjenigen, welche Land- oder Forstwirtschaft betreiben, für Lieferung von land- oder forstwirtschaftlichen Erzeugnissen, wenn die Lieferung zur Verwendung im Haushalte des Schuldners erfolgt. Soweit die Ansprüche nicht in 2 Jahren verjähren, verjähren sie in 4 Jahren;
3. der Eisenbahnunternehmungen, Frachtfuhrleute, Schiffer, Lohnkutscher und Boten wegen des Fahrgeldes, der Fracht, des Fuhr- und Botenlohnes, mit Einschluß der Auslagen;
4. der Gastwirte und derjenigen, welche Speisen und Getränke gewerbsmäßig verabreichen, für die Leistungen an ihre Gäste mit Einschluß der Auslagen;

5. derjenigen, welche Lotterielose vertreiben, aus dem Vertrieb der Lose. Werden die Lose zum Weitervertriebe geliefert, so ver= jährt der Anspruch in 4 Jahren;

6. derjenigen, welche gewerbsmäßig bewegliche Sachen vermieten, wegen des Mietzinses. Hierhin gehört das Leihgeld für Bücher, Noten, Zeitschriften, Musikinstrumente, Möbel usw.;

7. derjenigen, welche, ohne zu den in Nr. 1 genannten Personen zu gehören, die Besorgung fremder Geschäfte oder die Leistung von Diensten gewerbsmäßig betreiben, wegen der ihnen aus dem Gewerbebetrieb gebührenden Vergütung, mit Einschluß der Auslagen. Hierzu gehören z. B. Makler, Agenten, soweit sie nicht Kaufleute sind und unter Nr. 1 fallen, ferner die Stellen= vermittler, Gesindevermieter, Lohnbedienten, Wäscherinnen, Dienstmänner und Fremdenführer. Spediteure und Kommis= sionäre fallen, da sie Kaufleute sind, unter Nr. 1;

8. derjenigen, welche im Privatdienste stehen, wegen des Gehaltes, Lohnes oder anderer Dienstbezüge mit Einschluß der Auslagen, sowie die Ansprüche des Dienstberechtigten (Prinzipals) wegen der auf solche Gehalt=, Lohn= oder Dienstbezüge gewährten Vorschüsse;

9. der gewerblichen Arbeiter (Gehilfen, Gesellen, Lehrlinge, Fabrik= arbeiter), der Tagelöhner und Handarbeiter, wegen des Lohnes mit Ausschluß der Auslagen, sowie die Ansprüche der Arbeit= geber wegen der auf Lohnansprüche gewährten Vorschüsse;

10. der Lehrherren und Lehrmeister wegen des Lehrgeldes und anderer im Lehrvertrage vereinbarter Leistungen, sowie wegen der für die Lehrlinge bestrittenen Auslagen;

11. der öffentlichen Anstalten, welche dem Unterricht, der Erziehung, Verpflegung oder Heilung dienen, sowie die Ansprüche der Inhaber von Privatanstalten solcher Art für Gewährung von Unterricht, Verpflegung oder Heilung und für die damit zu= sammenhängenden Aufwendungen;

12. derjenigen, welche Personen zur Verpflegung oder zur Erziehung aufnehmen, für Leistungen und Aufwendungen der in Nr. 11 bezeichneten Art;

13. der öffentlichen Lehrer und Privatlehrer wegen ihrer Honorare, die Ansprüche der öffentlichen Lehrer jedoch nicht, wenn sie wie z. B. das Honorar der Universitätsprofessoren auf Grund be= sonderer Einrichtungen gestundet sind;

14. der Ärzte, insbesondere auch der Wundärzte, Geburtshelfer, Zahnärzte und Tierärzte, sowie der Hebammen für ihre Dienst= leistungen mit Einschluß der Auslagen;

15. der Rechtsanwälte, Notare und Gerichtsvollzieher sowie aller Personen, die zur Besorgung gewisser Geschäfte öffentlich bestellt

oder zugelassen sind, wegen ihrer Gebühren und Auslagen, soweit diese nicht zur Staatskasse fließen;

16. der Parteien wegen der ihren Rechtsanwälten geleisteten Vorschüsse;

17. der Zeugen und Sachverständigen wegen ihrer Gebühren und Auslagen.

In vier Jahren verjähren rückständige Zinsen, Rückstände von Miete und Zinsen, soweit sie nicht als Entgelt für gewerbsmäßige Vermietung beweglicher Sachen unter Nr. 6 fallen, Rückstände von Renten, Auszugsleistungen, Besoldungen, Wartegelder, Ruhegehalten, Unterhaltungsbeiträgen und allen andern regelmäßig wiederkehrenden Leistungen.

In den vorstehend angeführten Fällen beginnt die Verjährungsfrist mit dem 1. Januar des Jahres, das auf dasjenige Jahr folgt, in dem der Anfangspunkt der Verjährung enthalten ist. Man hat bei der Verjährung demnach in der Regel mit ganzen Jahren zu rechnen. Nur dann wenn eine Hemmung oder Unterbrechung der Verjährung eingetreten ist, liegt die Frist häufig innerhalb des Jahres.

Die Verjährung ist gehemmt:

1. solange die Leistung gestundet oder der Verpflichtete aus einem andern Grunde zur Verweigerung der Leistung berechtigt ist;

2. solange der Berechtigte durch Stillstand der Rechtspflege (in Kriegszeiten) innerhalb der letzten sechs Monate der Verjährungsfrist an der Rechtsverfolgung verhindert ist

3. tritt bei Nachlaßverpflichtungen eine Änderung innerhalb der Verjährungsfrist ein, die unter Umständen durch Hemmung oder Stundung veranlaßt worden sein kann;

4. ist die Verjährung solcher Ansprüche gehemmt, die zwischen Ehegatten während der Dauer der Ehe, zwischen Eltern und Kindern während der Minderjährigkeit der Kinder, zwischen Vormund und Mündel während der Dauer des Vormundschaftsverhältnisses bestanden haben.

Nehmen wir an: der Glasermeister Schulze schuldet dem Schreinermeister Müller für gelieferte Rahmen einen Betrag, der mit dem 1. Oktober 1901 fällig war. Da die Ware für das Geschäft des Schulze geliefert war, verjährt der Anspruch innerhalb 4 Jahren, also mit dem 31. Dezember 1905. Stundet Müller dem Schulze, seinem Schuldner, auf dessen Wunsch die Forderung auf ein halbes Jahr, so endigt die Verjährung erst mit dem 1. Juli 1906. Anders stellt sich die Sache bei einer Unterbrechung der Verjährung; in diesem Falle beginnt eine neue Verjährung, welche aber erst mit der Beendigung der Unterbrechung ihren Anfang nehmen kann.

Die Verjährung wird unterbrochen:

1. wenn der Verpflichtete dem Berechtigten gegenüber den Anspruch durch Abschlagszahlung, Zinszahlung, Sicherheitsleistung oder in anderer Weise anerkennt;

2. wenn der Berechtigte auf Befriedigung oder Feststellung des Anspruches, auf Erteilung des Vollstreckungsbefehls oder auf Erlaß des Vollstreckungsurteils Klage erhebt. Der Klageerhebung steht gleich: 1) die Zustellung des Zahlungsbefehls im Mahnverfahren; 2) die Anmeldung der Forderung im Konkurs; 3) die Geltendmachung der Aufrechnung einer Forderung im Prozeß; 4) die Streitverkündung in dem Prozesse, von dessen Ausgang der Anspruch abhängt; 5) die Vornahme einer Vollstreckungshandlung oder die Stellung des Antrages auf Zwangsvollstreckung.

Ein rechtskräftig festgestellter Anspruch verjährt in dreißig Jahren.

Da nach Vollendung der Verjährung der Schuldner berechtigt ist die Leistung zu verweigern, so empfiehlt es sich für jeden Gewerbetreibenden, diesem Punkte seine besondere Aufmerksamkeit zuzuwenden. Insbesondere achte man darauf, daß man sich immer unwidersprochen auf dem Boden des Gesetzes befindet. So kann man häufig in Rechtsbelehrungen finden, daß durch die Stundung die Verjährung schon dann gehemmt werde, wenn sie einseitig dem Schuldner seitens des Gläubigers angeboten wird. Ein derartiges Verfahren erscheint aber in seiner Wirkung sehr zweifelhaft, da es mit dem Prinzip der Verjährung im Widerspruch steht. Richtig ist es, diejenigen Kunden, von denen man anzunehmen berechtigt ist, daß sie den Verjährungseinwand erheben werden, rechtzeitig einzuklagen oder sich von ihnen eine Anerkennung der Forderung bezw. einen Schuldschein zu verschaffen.

Schließlich: die Verjährung ist eine notwendige und zweckmäßige Einrichtung. Dem Handwerker und Gewerbetreibenden aber legt sie die Verpflichtung auf, mit äußerster Sorgfalt über einer Wahrung seines Rechtes zu wachen. Wo eine ordnungsmäßige Buchführung vorliegt, wird der Handwerker und Gewerbetreibende nur selten durch den Verjährungseinwand einen Verlust zu beklagen haben.

2. Angebot und Auftrag.

Geschäfte kommen in der Regel so zustande, daß der Kaufmann oder Handwerker entweder sich bei einer Firma nach dem Preise einer Ware erkundigt, oder daß diese Firma ohne vorherige Aufforderung eine Offerte ergehen läßt. In dieser Offerte liegt ein Vertragsangebot. Der Vertrag ist dasjenige Rechtsgeschäft, das den

übereinstimmenden Willen zweier oder mehrerer Personen zur Ent=
stehung einer rechtlichen Wirkung voraussetzt. Er setzt sich zusammen
aus dem Antrag und der Annahme. Mit letzterer erst gilt der
Vertrag getätigt. Der Kaufmann oder Handwerker, der den Ab=
schluß eines Vertrages anträgt, ist an diesen Vertrag gebunden,
soweit er nicht durch einen bestimmten Vorbehalt dieses Gebunden=
sein ausschließt. Lehnt dagegen die andere Partei den Antrag ab,
so ist der Antragende nicht mehr gebunden. Insbesondere gelten
über den Antrag (Offerte) folgende Bestimmungen:

Wenn einem Anwesenden eine Offerte gemacht wird, so muß
diese sofort angenommen werden. Dieselbe Bestimmung bezieht sich
auf eine Offerte mittels Fernsprechers. Wird eine Offerte brieflich
oder telegraphisch gemacht, so ist der Kaufmann oder Handwerker
nur solange an die Offerte gebunden, als unter regelmäßigen Um=
ständen der Eingang einer Antwort erwartet werden kann. Will
der Kaufmann, der die Offerte gemacht hat, ganz sicher gehen, so
kann er eine bestimmte Frist festsetzen. Erfolgt eine Annahme des
Angebots innerhalb dieser Frist nicht, so ist der Anbietende nicht
mehr gebunden. Nehmen wir z. B. folgenden Fall an: Der Kauf=
mann Müller hat dem Schuhmacher Bernhard unter dem 15. Januar
eine Offerte gemacht. Der Brief muß dem Bernhard am 16. Januar
morgens ausgehändigt werden. Nimmt nun Bernhard die Offerte
an, so muß er die Annahmeerklärung am gleichen Tage zur Post
geben, so daß sie am 17. Januar morgens im Besitze des Müller
ist. Ist die Annahmeerklärung bis zu diesem Zeitpunkte nicht ein=
gelaufen, so ist Müller, falls er nicht einen längeren Termin fest=
gesetzt hat, an seine Offerte nicht mehr gebunden. Für den Fall
die Annahmeerklärung zwar rechtzeitig abgegangen, jedoch verspätet
eingegangen ist, kann die Annahme des Antrages abgelehnt werden.
Der Kaufmann Müller müßte demnach in einem derartigen Falle
dem Schuhmachermeister Bernhard von dem verspäteten Eintreffen
des Annahmebriefes unverzüglich Mitteilung machen und die An=
nahme des Auftrages ablehnen. Tut er dies nicht, so gilt die
Annahmeerklärung des Schuhmachermeisters Bernhard als rechtzeitig
eingegangen. Nimmt der Schuhmachermeister Bernhard die Offerte
des Müller jedoch nur bedingungsweise an, d. h. macht er irgend=
welchen Vorbehalt hinsichtlich der Qualität, der Preise, der Lieferung
usw., so gilt diese Erklärung des Schuhmachermeisters Bernhard
ihrerseits als eine Offerte und der Kaufmann Müller kann sich
alsdann entschließen, ob er diesen Antrag fristgemäß annehmen will.

Wenn als gesetzliche Voraussetzung für die Wirksamkeit der
Annahme als wichtig erachtet werden muß, daß die Annahmeerklärung
dem Antragenden rechtzeitig zugeht, so erscheint dies im kaufmän=
nischen Leben doch nicht stets erforderlich. Es kann seitens des

Bestellers nicht verlangt werden, daß ihm über die Annahme eines jeden Auftrages stets rechtzeitig eine Erklärung zugeht. In diesem Falle ist jedenfalls die Verkehrssitte für die Einhaltung des Verfahrens entscheidend. Bemerkenswert jedoch ist, daß der Besteller, wenn er eine bestimmte Frist gesetzt hat, nach Ablauf dieser Frist nicht mehr an die Annahme des bestellten Gegenstandes gebunden ist. Ist eine derartige Frist nicht gestellt worden, so kann, selbst wenn die Lieferung sich längere Zeit verzögert, eine Ablehnung des Auftrages doch nicht ohne weiteres erfolgen, es muß vielmehr seitens des Bestellers in diesem Falle eine bestimmte Frist gegeben werden, innerhalb deren die Ausführung des Auftrages möglich erscheint. Erst wenn diese Frist abgelaufen ist, kann bei nicht rechtzeitiger Lieferung der Besteller die Annahme der Ware verweigern. Ist eine Beurkundung des Vertrages verabredet worden, so gilt der Vertrag als nicht geschlossen, solange die Beurkundung nicht erfolgt ist

3. Die Quittung.

Der Gläubiger hat gegen Empfang der Leistung, in den meisten Fällen einer Zahlung, dem Schuldner ein schriftliches Empfangsbekenntnis (Quittung) zu erteilen. Wenn der Schuldner ein gesetzliches Interesse daran hat, z. B. bei Löschung einer Hypothek, daß die Quittung in einer bestimmten Form erfolgt, z. B. notariell beglaubigt wird, so muß der Gläubiger diese Form wählen. Die Kosten der Quittung gehen für Rechnung des Schuldners, soweit nicht eine andere Vereinbarung getroffen war.

Der Überbringer einer Quittung ist berechtigt, die Leistung in Empfang zu nehmen, sofern nicht dem die Zahlung leistenden Schuldner Umstände bekannt sind, die einer solchen Ermächtigung entgegen stehen. Ob die Zahlung in die Hände des Gläubigers gelangt, braucht der Schuldner nicht zu untersuchen, wenn nur die Quittung an sich echt ist. Wenn also der Bringer einer Quittung den Betrag verliert, so besteht keinesfalls eine Verpflichtung zu wiederholter Zahlung.

Falls über die Forderung ein Schuldschein ausgestellt war, kann der Schuldner die Rückgabe der Schuldurkunde verlangen. Ist der Gläubiger hierzu nicht imstande, so ist dem Schuldner die notariell beglaubigte Anerkennung auszuhändigen, daß die Schuld erloschen ist.

Im übrigen besteht eine Berechtigung des Schuldners, die Quittung in einer bestimmten Form zu verlangen, nicht. Es haben sich jedoch im geschäftlichen Verkehr bestimmte Normen herausgebildet, die fast allgemein beachtet werden.

4. Der Werkvertrag.

Ein Werkvertrag liegt dann vor, wenn der Handwerker sich verpflichtet, entweder aus ihm vom Besteller geliefertem oder eigenem Material einen Gegenstand herzustellen, und der Besteller sich verpflichtet, eine vereinbarte Vergütung hierfür zu leisten War eine Vergütung in bestimmter Höhe nicht vereinbart, dann tritt entweder die taxmäßige Vergütung ein oder, falls eine Taxe nicht besteht, die ortsübliche Vergütung. Es ist also ein Irrtum anzunehmen, daß man mangels eines vereinbarten Preises für die Anfertigung oder Lieferung des Gegenstandes einen beliebigen Preis berechnen könne; für den Fall sich der Auftraggeber in diesem Falle weigert, den berechneten Preis zu zahlen, wird vielmehr das Gericht die Feststellung des Preises in der üblichen Höhe vorzunehmen haben.

Der Unternehmer ist verpflichtet, das Werk so herzustellen, daß es die zugesicherten Eigenschaften hat und nicht mit Fehlern behaftet ist, die den Wert oder die Tauglichkeit zu dem gewöhnlichen oder dem nach dem Vertrage vorausgesetzten Gebrauche aufheben oder mindern. Entspricht das Werk nicht den vereinbarten Bedingungen, so hat der Besteller den Unternehmer aufzufordern, die Beseitigung des Mangels innerhalb einer bestimmten Frist vorzunehmen. Kommt der Unternehmer dieser Aufforderung nicht nach, dann kann der Besteller die Beseitigung selbst vornehmen und die entstehenden Kosten dem Unternehmer in Abzug bringen. Außerdem kann der Besteller in dem Falle, daß der Mangel erheblich war, nach Ablauf der gestellten Frist Wandelung verlangen, war der Mangel dagegen so unerheblich, daß er die Verwendung des Gegenstandes nicht überhaupt ausschloß, Minderung des Preises. Die Ansprüche des Bestellers verjähren innerhalb 6 Monaten mit Ausnahme des Falles, daß der Unternehmer den Mangel arglistig verschwiegen hat. (Bei Grundstücken beträgt die Verjährung ein Jahr, bei Bauwerken fünf Jahre.) In jedem Falle beginnt die Verjährung mit dem Tage der Abnahme des Werkes, nicht wie bei Forderungen, mit dem zukünftigen 1. Januar.

Schadenersatz wegen Nichterfüllung kann der Besteller dann verlangen, wenn der Unternehmer für die Abwesenheit des betreffenden Mangels Gewähr geleistet hat, oder den Mangel persönlich oder durch seine Leute verschuldet hat.

Nimmt der Besteller das Werk ab, trotzdem ihm der Mangel bekannt war, so ist der Unternehmer nur dann zur Anerkennung der Ansprüche des Abnehmers verpflichtet, wenn der letztere diese Ansprüche sofort geltend gemacht hat.

5. Der Dienstvertrag.

Unter einem Dienstvertrag versteht man einen solchen Vertrag, der den einen Teil zur Leistung irgend welcher Dienste verpflichtet, während der andere Teil hierfür eine bestimmte Vergütung zu leisten hat. Ist eine Vergütung nicht ausdrücklich vereinbart, so gilt die übliche. Sobald die Dienstleistung beendigt ist, muß die Vergütung gezahlt werden. Ist die Dienstleistung nach Zeitabschnitten bemessen, so erfolgt die Entrichtung der Vergütung nach Ablauf der betr. Zeitabschnitte. Über die Kündigung des Dienstvertrages gelten die Bestimmungen des Bürgerlichen Gesetzbuches, soweit nicht die Fest= stellung der Gewerbeordnung ein anderes bedingt. Die Gewerbe= ordnung bestimmt, daß das Arbeitsverhältnis zwischen Gesellen oder Gehilfen und ihren Arbeitgebern, wenn nicht ein anderes verabredet ist, durch eine jedem Teil freistehende 14 Tage vorher erklärte Auf= kündigung gelöst werden kann. Werden andere Aufkündigungsfristen vereinbart, so müssen dieselben für beide Teile gleich sein. Verein= barungen, welche dieser Bestimmung zuwiderlaufen, sind nichtig. Während die vorstehenden Bestimmungen sich auf das Verhältnis des Handwerkers zu seinem Gehilfen bezieht, bestimmt das bürger= liche Gesetzbuch ganz allgemein, daß der Dienst mit Ablauf der Zeit beendigt ist, für die er eingegangen war. Ist eine besondere Dauer weder vereinbart noch aus den Umständen zu entnehmen, so treten folgende Fristen ein: 1) Ist die Vergütung nach Tagen bemessen, so ist die Kündigung auf jeden Tag für den folgenden Tag zulässig; 2) ist sie nach Wochen bemessen, so ist sie für den Schluß jeder Kalenderwoche zulässig, und hat spätestens am Montag zu erfolgen; 3) ist sie nach Monaten bemessen, so hat die Kündigung spätestens am 15. des Monats zu erfolgen; 4) ist sie nach Vierteljahren oder längeren Zeitabschnitten bemessen, oder handelt es sich um Personen, die zur Leistung von Diensten höherer Art gegen feste Bezüge an= gestellt sind (Lehrer, Erzieher und dergl.), so ist eine Kündigung nur für den Schluß des Kalendervierteljahres und unter Einhaltung einer Frist von spätestens 6 Wochen zulässig. Ohne Einhaltung einer Kündigungsfrist kann das Dienstverhältnis von beiden Teilen gekündigt werden, sofern ein wichtiger Grund vorliegt. Liegt ein dauerndes Dienstverhältnis vor, so hat der Arbeitgeber nach der Kündigung dem Arbeiter usw. auf Verlangen die angegebene Zeit zur Aufsuchung einer anderen Tätigkeit zu gewähren, ihm auch bei der Beendigung des Dienstverhältnisses ein schriftliches Zeugnis auszustellen. Das Zeugnis muß sich auf Verlangen des Arbeiters auf Leistung und Führung erstrecken. Zu beachten sind auch die Bestimmungen des § 616 des Bürgerlichen Gesetzbuches, nach welcher der Arbeiter usw. seinen Anspruch auf Vergütung dadurch nicht verliert, daß er für eine verhältnismäßig nicht erhebliche Zeit ohne sein Verschulden an der Dienstleistung verhindert wird. Bezieht er während dieser Zeit jedoch eine Vergütung einer Kranken- oder Unfallversicherung, so muß er sich diese anrechnen lassen. Was als eine verhältnismäßig unerhebliche Zeit zu betrachten ist, hat das Gericht eventl. pflichtmäßig zu entscheiden.

D. Verschiedene für den Handwerker wichtige Gesetze.

1. Wechselrecht.

Der Wechsel ist eine Urkunde, die nach den Bestimmungen des Wechselrechts zur Zahlung verpflichtet. Eine gewisse Ähnlichkeit des Wechselbriefes mit dem Schuldschein ist unverkennbar. Auch ist er offenbar aus diesem hervorgegangen. Dadurch aber, daß er sich zu einem brauchbaren Zahlungsmittel entwickelt hat, nimmt er eine besondere Stellung ein.

Die Vorzüge des Wechsels sind in der Hauptsache folgende:

1. durch die wechselrechtlichen Bestimmungen wird die Einziehung des geschuldeten Betrages wesentlich leichter, als auf dem Wege des gewöhnlichen Klageverfahrens;

2. erleichtert die Form des Wechsels, sowie die des aus ihm hervorgegangenen Schecks die Zahlung an sich und macht in erheblichem Maße den schwerfälligeren Austausch an barem Gelde überflüssig;

3. kommen namentlich für den Verkehr mit dem Ausland diese Erleichterungen in Betracht, da hier der Verkehr mit barem Gelde außerordentliche Schwierigkeiten bietet.

Wechselfähigkeit besitzt derjenige, der sich durch Verträge verpflichten kann. In Deutschland ist demnach jeder Staatsbürger, soweit er nicht durch besondere Maßnahmen in der Verfügung über sein Vermögen verhindert ist, vom 21. Lebensjahr an wechselfähig. Da die Bestimmungen der allgemeinen deutschen Wechselordnung vom Jahre 1871*) außerordentlich umfangreich und in der durch zahllose Entscheidungen festgelegten Bedeutung ihrer Paragraphen sehr vielseitig sind, so bedarf es für jeden, der im Wechselverkehr steht, einer genauen Kenntnis der einschlägigen Bestimmungen. Gerade hieran läßt es in der Regel der kleine Handwerker und Gewerbetreibende in hohem Maße fehlen, wodurch ihm sehr häufig der Wechselverkehr zu einer großen Gefahr wird. Entweder soll sich demnach der Gewerbetreibende zum strikten Grundsatz machen, jeden Austausch von Wechseln zu vermeiden oder sich aber eine solche

---

*) Neue Fassung vom 3. Juni 1908.

Kenntnis des Wechselrechts anzueignen, daß er vor Schaden bewahrt wird. Im letzteren Falle kann die gesamte Einrichtung zu einem außerordentlichen Vorteil werden, dessen sich unter heutigen Zeitverhältnissen der Handwerker nicht entschlagen sollte.

Man unterscheidet zwei Arten von Wechseln: 1. den gezogenen Wechsel oder die Tratte; 2. den eigenen oder Solawechsel. Soll der gezogene Wechsel, den wir zuerst zu betrachten haben, den Bestimmungen des Wechselrechts unterliegen, so muß er die nachstehenden 8 Punkte berücksichtigen: 1. Angabe von Ort und Datum der Ausstellung; 2. die Verfallzeit; 3. die Bezeichnung des vorliegenden Schriftstückes als Wechsel; 4. die Namen der Personen, an die Zahlung zu leisten ist; 5. die Wechselsumme; 6. Unterschrift des Ausstellers; 7. den Namen des Bezogenen; 8. den Ort, an welchem Zahlung zu leisten ist.

Werden die Bestimmungen des Wechselrechts nur in einem Punkte verletzt, so wird dadurch die Erhebung einer Wechselklage gegebenenfalls ausgeschlossen sein. Um diese Möglichkeit soweit als irgend angängig auszuschließen, benutze man besondere Wechselformulare, die die hauptsächlichen Punkte vorgedruckt enthalten.

Per 1. August auf Berlin.

Posen, den *1. Mai* 19...   Für Mark *250,—*

Am 1. August 19... zahlen Sie für diesen Prima=Wechsel an die Ordre *des Herrn Peter Müller* die Summe von Mark *Zweihundertfünfzig.*

Den Wert in Rechnung und stellen solchen in Rechnung laut Bericht.

Herrn Georg Ummen

     in Berlin W 15.   *Albert Einert.*

Uhlandstrasse 30.

(Prima=Wechsel.)

Wie aus dem obigen Formular hervorgeht, findet sich der 5. Punkt, die Wechselsumme, zweimal angegeben, und zwar einmal in Zahlen rechts oben, das zweitemal in Worten inmitten des Formulars. In Streitfällen ausschlaggebend ist jedoch die geschriebene Summe, wenn sie mit der in Zahlen ausgedrückten nicht übereinstimmt.

Wenn ein Wechsel ausgestellt wird, so ist es in den wenigsten Fällen die Absicht des Ausstellers (Trassanten), den Wechsel bis zu dem oft recht fernen Verfalltage im Pulte liegen zu lassen. Er will ihn, wie man sagt, begeben und als Zahlungsmittel benutzen. Zu dem Zwecke giriert oder indossiert er ihn an denjenigen, dem er das Papier in Zahlung zu geben gedenkt, entweder in der Weise, daß er den Indossanten, wie in unserm Beispiel, auf der Vorderseite benennt, oder indem er die auf dem Wechsel befindliche Rubrik „an die Ordre von ...." einstweilen mit dem Vermerke „von mir selbst" ausfüllt und dann das Giro auf der Rückseite des Wechsels unter der Stempelmarke anbringt. Das Giro hat im letzteren Falle folgenden Wortlaut: „Für mich an die Ordre des Herrn Peter Müller. Wert erhalten. Posen, den 5. Januar 19…" Es genügt allerdings auch, wenn der Aussteller ebenso wie jeder weitere Girant nur seinen Namen auf die Rückseite setzt. Den Wohnort desjenigen, der den Wechsel erhalten soll, dabei zu bemerken, ist im allgemeinen nicht üblich, da der Wohnort häufig gewechselt wird und im übrigen ja auch der Nach= mann stets zu wissen pflegt, wo er seinen Vordermann zu suchen hat. Ist die Rückseite des Wechsels mit Indossamenten bedeckt, was bei Wechseln von „langer Sicht" sich oft ereignet, so sind weitere Begebungsvermerke auf einem an die rechte schmale Seite des Wechsels anzuklebenden Papierstreifen anzubringen. Diesen Papier= streifen nennt man die „Allonge".

Wer einen Wechsel weiter begibt, wird dadurch seinen Hinter= männern stets haftbar für den richtigen Eingang der Summe, vor= ausgesetzt, daß die letzteren auch ihm gegenüber die Verbindlichkeiten erfüllen, die bei einer Nichtzahlung und Protestation des Wechsels entstehen. Wünscht der Aussteller eines Wechsels nicht, daß das Papier bei Nichtzahlung zum Protest gebracht werde, so bringt er auf der Vorderseite oder auf der Rückseite bei seinem Giro den Vermerk „Ohne Kosten" an. Fehlt dieser Vermerk, so hat jeder derzeitige Inhaber eines Wechsels das Recht, denselben dem Bezogenen zur Annahme, „zum Akzept" vorlegen zu lassen. Dies geschieht zumeist durch die Post in derselben Weise, wie man einen Post= auftrag einzieht. Sollte der Bezogene die Annahme verweigern, so kann der Besitzer des Wechsels geradesogut wie bei Nichtzahlung durch einen bezüglichen Vermerk auf dem Postauftrage Protest= erhebung beanspruchen. Ist dies geschehen, so können die Giranten sofort von ihren Vordermännern oder von dem Aussteller des Wechsels Zahlung verlangen, das heißt, es kann auf Grund des Protestes „mangels Annahme" ebensogut Wechselklage erhoben werden, wie bei einem Protest „M. 3.", „mangels Zahlung", da das Gesetz mit Recht annimmt, daß derjenige, der sich sträubt, einen auf ihn lautenden Wechsel zu akzeptieren, überhaupt aus irgend einem Grunde auch die Zahlung verweigern wird.

Nicht jedesmal ist der Zahltag des Wechsels so genau normiert, wie auf dem von uns gewählten Beispiel. Es haben sich im Lauf der Zeit hier Gewohnheiten eingebürgert, die eine genaue Kenntnis der einschlägigen Bestimmungen erforderlich machen, wenn sie auch zum Teil (wie die Meß= und Marktwechsel) den Handwerkerstand heute weniger berühren.

So kann ein Wechsel lauten: 1. auf den Anfang eines Monats, womit der erste Tag des betreffenden Monats gemeint ist; 2. auf die Mitte eines Monats, wodurch der Wechsel am 15. des Monats zahlbar wird; 3. auf Ultimo oder Ende eines Monats, womit der letzte Tag des Monats als Zahltag bezeichnet werden soll; ferner 4. auf Sicht und 5. eine Zeit (acht Tage, einen Monat) nach Sicht. Hiermit wird bestimmt, daß der Wechsel bei seiner Vorzeigung oder in der angegebenen Zeit nach seiner Vorzeigung bezahlt werden soll. Wird der Wechsel nicht sofort, wenn der Fälligkeitstermin da ist, bezahlt, so hat der Inhaber des Wechsels das Recht, ihn protestieren zu lassen. Respekttage kennt man in Deutschland nicht, d. h. der Wechselinhaber hat nicht die Verpflichtung, dem Wechsel=schuldner eine längere oder kürzere Zeit zur Einlösung zu lassen. Ja, wenn der Wechselinhaber es versäumt, rechtzeitig Protest erheben zu lassen, so verliert er dadurch sein Regreßrecht an die Vorder=männer. Der Protest muß längstens erhoben werden am zweiten Tage nach dem Fälligkeitstermine; ist der Wechsel am 15. fällig, so muß also spätestens am 17. der Protest erhoben sein und zwar am 17. vor 6 Uhr abends. Protest wird erhoben durch den Gerichts=vollzieher, Notar oder bei Wechseln bis zu 800 Mk. durch den Postbeamten. Eine weitere gesetzliche Vorschrift, welche unbedingt Beachtung erheischt, ist die, daß der Wechsel innerhalb zweier Tage nach Aufnahme des Protestes an den Vordermann zurückgegeben werden muß, wenn der Wechselinhaber sich alle seine Ansprüche sichern will. Und auch alle Vordermänner, die den Wechsel zurückerhalten, haben die Pflicht, das Papier mit dem Protest und der Kostenrech=nung innerhalb der gleichen Frist weiterzugeben. Das Gesetz hat bei diesen strengen Vorschriften offenbar im Auge gehabt, den Aussteller des Wechsels möglichst bald wieder in den Besitz des Wechsels zu bringen, damit er ungesäumt gegen den Schuldner vorgehen und ihn eventuell mit der ganzen Schärfe des Wechselrechtes treffen kann.

Der Anspruch des Wechselinhabers auf Regreß umfaßt bei mangelnder Zahlung drei Punkte: 1. die Erstattung der vollen Wechselsumme und Vergütung von 6% Zinsen vom Verfalltage an gerechnet; 2. Ersatz der Kosten des Protestes und seiner sonstigen Auslagen an Porti usw.; 3. eine Provision von $1/3$%. Wenn ein Wechsel in Verlust gerät, so kann der Besitzer desselben die Amortisation beantragen und zwar bei dem Gericht des Ortes, wo der Wechsel zahlbar war. Der Verlustträger hat in diesem Falle aber nur Anspruch an den Bezogenen, beziehungsweise Akzeptanten, nicht auch an die Giranten des Wechsels. Da dieser Umstand gar oft verhängnisvoll werden wird, so muß der Wechselinhaber sich vor dem Verluste des Wechsels genau so hüten, wie vor dem Verlust baren Geldes. Gerät der Wechsel indes nach der Protesterhebung in Verlust, so ist das nicht weiter von Bedeutung, da der Inhaber des Protestes gesetzlich in jeder Weise geschützt ist.

Die Verjährungsfrist für den Wechsel beträgt 3 Jahre, vom Verfalltage an gerechnet. Dies bezieht sich indes nur auf den Anspruch des Ausstellers gegen den Bezogenen.

Die Regreßpflicht der Giranten dagegen verjährt bereits in einem Vierteljahr, vom Tage der Protesterhebung an gerechnet. Die Ausnahmen von dieser Vorschrift sind für unseren Zweck von nur untergeordneter Bedeutung.

Sehr wichtig sind die Vorschriften über den Wechselstempel. Bekanntlich muß jeder Wechsel einen Stempel tragen, dessen Höhe sich nach dem Betrag des Wechsels richtet. Der Stempel beträgt bei Wechseln bis zu 200 Mk. 10 Pfg., bei 200 bis zu 400 Mk. 20 Pfg., bei 400 bis zu 600 Mk. 30 Pfg., bei 600 bis zu 800 Mk. 40 Pfg., bei 800 bis zu 1000 Mk. 50 Pfg. und von jeder weiteren angefangenen tausend Mark 50 Pfennig mehr. Läuft der Wechsel länger als 3 Monate, so erhöht sich der Stempel entsprechend. Die Stempelmarke ist sofort nach Benutzung dadurch zu entwerten, daß man das Ausstellungsdatum des Wechsels darauf bemerkt. Für den Stempel ist jeder verantwortlich, dessen Name auf dem Wechsel steht. Tritt also der Fall ein, daß die Stempelmarke nicht richtig kassiert, entwertet ist, oder daß die Stempelung sonst irgend welche Mängel zeigt, so ist nicht etwa der Bezogene oder Aussteller allein strafbar, sondern jeder, der den Wechsel in Händen gehabt hat. Da die Stempelstrafe das Fünfzigfache des Stempelwertes ausmacht, so kann die Strafe unter Umständen ganz erheblich werden. Es hat mithin jeder Girant ein unmittelbares Interesse daran, daß die Stempelung allen Ansprüchen genügt. Diese Ansprüche sind sehr weitgehend und es ist von Wichtigkeit, daß sie jeder kennt, der mit Wechseln umgeht. Man merke: Die Stempelmarke muß auf der Rückseite soweit oben aufgeklebt werden, daß darüber kein Raum mehr für ein Giro ist. Hat der Vorbesitzer des Wechsels vergessen, eine Stempelmarke anzubringen, so kann man diese direkt unter dessen Giro kleben und alsdann das eigene Giro unterhalb der Marke anbringen. Eine Stempelmarke, die nicht entwertet worden ist, gilt als nicht vorhanden und es tritt dabei die gesetzliche Strafe ein, die bei der Stempelhinterziehung verhängt werden kann. Auch wenn Stempelmarken schlecht plaziert sind, haben sie keinen Wert. Einen Mangel kann das Gesetz unter Umständen, wie die Praxis bewiesen hat, schon darin erblicken, daß die Stempelmarke nicht genau die Mitte des Formulars einnimmt (von der Seite gerechnet), da hierbei die Gefahr unterlaufen kann, daß ein Girant seinen Namen neben der Stempelmarke anbringt.

Hinsichtlich des Sola=Wechsels, von dem wir hier nachstehend ein Beispiel geben, ist zu bemerken, daß er im kaufmännischen Verkehr nur eine ziemlich beschränkte Anwendung findet und in der Regel im Bankverkehr als Kaution hinterlegt wird. In dem Sola=Wechsel verpflichtet sich der Aussteller gleichzeitig auch, die Zahlung zu leisten. Hierdurch fallen zwei von den acht angeführten Bestimmungen über die Tratte weg und zwar 1. die Angabe des Bezogenen, da Aussteller und Bezogener dieselbe Person sind; 2. der Ort der Zahlung.

Sola=Wechsel

Aachen, den 15. Februar 19...   Für Mark 155,60

    Am 15. April 19... zahle ich gegen diesen Sola=Wechsel an die Ordre des Herrn Siegmund Mayer die Summe von

     Einhundertfünfundfünfzig Mark auch 60 Pfg.

Wert habe ich erhalten.

                        Egon Herbertz.

Wir haben im Vorstehenden nur die hauptsächlichen Bestimmungen des Wechselrechts herausgegriffen, da es viel zu weit führen würde, auf alle Teile der Wechselordnung genauer einzugehen. Es kann aber hier nur nochmals wiederholt werden, daß jeder, der von der zeitgemäßen Einrichtung des Wechsels Gebrauch zu machen wünscht, zunächst eine genaue Kenntnis des Wechselrechts besitzen muß, wenn er nicht durch diese an sich wohltätige Einrichtung zu Schaden kommen will.

2. Scheck und Postscheck.

Mit dem 1. April 1908 ist das neue deutsche Scheckgesetz in Kraft getreten, das nunmehr auch den Scheckverkehr in Deutschland auf eine rechtliche Grundlage gebracht hat. Nach dem Scheckgesetz sind die wesentlichen Erfordernisse des Schecks 1. die in dem Text aufzunehmende Bezeichnung als Scheck, 2. die an den Bezogenen gerichtete Anweisung des Ausstellers, aus seinem Guthaben eine bestimmte Geldsumme zu zahlen, 3. die Unterschrift des Ausstellers, 4. die Angabe des Ortes und des Tages der Ausstellung. Schecks dürfen nicht auf irgend welche beliebige Persönlichkeit gezogen werden, sondern nur auf diejenigen Anstalten öffentlichen Rechts usw. Genossenschaften, Sparkassen, die sich nach den für ihren Geschäftsbetrieb maßgebenden Bestimmungen mit der Annahme von Geld und der

Scheck.

No. 567.
Ausgehändigt
    an
C. Böcking
Dresden.
Mk.
175,—
Datum
17. 8. 19...

No. 567   Mk. 175,—

Firma   Deutsche Bank, Berlin wolle zahlen gegen diesen Scheck aus meinem Guthaben an Herrn C. Böcking oder Überbringer

    Mark Einhundertfünfundsiebzig.

Berlin, den 17. August 19...

             Wilhelm Leopold.

Leistung von Zahlungen für fremde Rechnung befassen, des weiteren auf in das Handelsregister eingetragene Firmen, welche gewerbsmäßig Geldgeschäfte betreiben. Als Zahlungsempfänger kann eine bestimmte

Zahlkarte (blaues Papier) für den Postscheckverkehr.

Zahlkarte

Aufgabe-stempel

auf 200 Mark — Pf.

Zu wiederholen (die Mark in Buchstaben):

Zweihundert

Mark — Pf.

zur Gutschrift auf das Konto Nr. 1795

der Firma Joh. Schröder Söhne
Trier

bei dem Postscheckamt in Cöln.

Postvermerk

Nr. | eingetragen durch: | Ankunfts-No.

an

Dieser Abschnitt wird vom Post-scheckamte dem Kontoinhaber übersandt.

Aufgabe-stempel

eingezahlt am 1. Sept. 19 . . .
200 Mark — Pf.

von Wilhelm Schulz,
Leipzig.

auf das Konto Nr. 1795

Posteinlieferungsschein.

(Der Vordruck oberhalb des Raumes für den Postvermerk ist vom Einzahler auszufüllen.)

(die Mark in Buchstaben)

Zweihundert

Mark — Pf.

zur Gutschrift auf das Konto Nr. 1795

der Firma Joh. Schröder Söhne
Trier

bei dem Postscheckamt in Cöln.

Postvermerk

Aufgabe-nummer

Aufgabe-stempel

Postannahme

Person, oder Firma, oder auch der Inhaber des Schecks angegeben werden. Ferner kann der Aussteller selbst sich als Zahlungs= empfänger bezeichnen. Der Scheck ist bei Sicht zahlbar. Die An= gabe einer anderen Zahlungszeit macht den Scheck ungültig. Ist der Scheck auf einen bestimmten Zahlungsempfänger ausgestellt, so kann er mittels Giro übertragen werden, wenn nicht der Aus= steller die Übertragung durch die Worte „nicht an Order" oder durch einen gleichbedeutenden Zusatz untersagt hat. Im Gegensatz zum Wechsel ist ein Annahmevermerk auf dem Scheck nicht zulässig. Wo er doch angebracht ist, gilt er als nicht geschrieben. Im In= land ausgestellte und zahlbare Schecks sind binnen 10 Tagen vor= zulegen. Für das Ausland beträgt die Frist von 3 Wochen bis zu 3 Monaten. Der Scheck kann wie auch der Wechsel, falls er nicht zur Einlösung gelangt, protestiert werden. Die Haftpflicht von Aussteller und Giranten ist ebenfalls in ähnlicher Form geregelt wie beim Wechsel. Sämtliche Schecks sind ohne Rücksicht auf ihre Höhe mit einer Stempelmarke von 10 Pfg. zu bekleben. Eine besondere Art des Schecks ist der Verrechnungsscheck, der quer über dem Text die Worte „nur zur Verrechnung" trägt. Diese Schecks werden nur buchmäßig von einem Konto auf das andere verrechnet und schließlich nur von der bezogenen Bank entweder gutgeschrieben oder bar gezahlt.

Für den Postscheckverkehr, der mit dem 1. Januar 1909 erst= malig in Deutschland zur Einführung gelangt ist, gelten kurz folgende Bestimmungen: Ein Scheckkonto kann sich jede Privatperson, Handels= firma, Behörde usw. bei einem oder mehreren Postscheckämtern eröffnen lassen. Bei Eröffnung des Kontos hat der Inhaber eine Stamm= einlage von 100 Mk. einzuzahlen, die ebensowenig wie etwa darüber hinausgehende Guthaben verzinst wird. Einzahlungen auf das Konto können bewirkt werden, 1. durch Zahlkarten, 2. durch Post= anweisung, 3. durch Überweisung von einem auf das andere Post= scheckkonto. Auf eine Zahlkarte darf höchstens ein Betrag von 10000 Mk. eingezahlt werden. Die für den Postscheckverkehr vor= geschriebenen Formulare können nur durch die Postverwaltung bezogen werden. Ein Austritt aus dem Scheckverkehr ist jederzeit zulässig. Die Gebühren betragen 1. bei Bareinzahlungen für je 500 Mk. oder einen Teil dieser Summe 5 Pfg., 2. für jede Barrückzahlung a. $1/8$ vom 1000 der auszuzahlenden Beträge, b. eine feste Gebühr von 5 Pfg., 3. wird bei Übertragung von einem Konto auf ein anderes Postscheckkonto 3 Pfg. erhoben, 4. erfordert der Konto= verkehr eines Konto=Inhabers im Jahre mehr als 600 Buchungen, so wird außer den vorstehend aufgeführten Gebühren für jede weitere Buchung eine Gebühr von 7 Pfg. erhoben.

3. Das Genossenschaftswesen.

In Hinsicht auf den Zweck sieht das Genossenschaftsrecht folgende Arten von Genossenschaften vor:

1. Vorschuß- und Kreditvereine;
2. Rohstoffvereine;
3. Vereine zum gemeinschaftlichen Verkauf landwirtschaftlicher oder gewerblicher Erzeugnisse (Absatzgenossenschaften, Magazinvereine);
4. Vereine zur Herstellung von Gegenständen und zum Verkauf derselben auf gemeinschaftliche Rechnung (Produktivgenossenschaften);
5. Vereine zum gemeinschaftlichen Einkauf von Lebens- oder Wirtschaftsbedürfnissen im großen und Ablaß im kleinen (Konsumvereine);
6. Vereine zur Beschaffung von Gegenständen des landwirtschaftlichen oder gewerblichen Betriebes und zur Benutzung derselben auf gemeinschaftliche Rechnung;
7. Vereine zur Herstellung von Wohnungen.

Diese unter 1—7 genannten Vereine erwerben die Rechte einer eingetragenen Genossenschaft nach Maßgabe des Gesetzes. Die Zwecke der einzelnen Genossenschaften gehen aus ihrer Bezeichnung deutlich hervor.

Die Vorschuß- und Kreditvereine sollen dem Handwerker und Gewerbetreibenden zu möglichst niedrigem Zinsfuß Geldkredit verschaffen, dessen er in seinem Geschäfte bedarf.

Die Rohstoffvereine sollen dazu dienen, die von den Gewerbetreibenden gebrauchten Rohstoffe und Waren in großen Mengen zu billigem Preise direkt an der Quelle einzukaufen und zu möglichst billigen Preisen an die Mitglieder wieder abzugeben. Sie sollen demnach den Zwischenhandel ausschalten, soweit dies im Interesse des Warenbezugs tunlich erscheint.

Die Magazinvereine sollen die Produkte des Handwerkers und des Kleinindustriellen direkt an die Verbraucher absetzen.

Die Produktivgenossenschaften sollen dazu dienen, in gemeinschaftlichen Werkstätten dem Handwerker und Gewerbetreibenden mit gemeinschaftlichen Maschinen zu einer billigen Herstellung seiner Ware zu verhelfen und diese Ware gemeinschaftlich zum Absatz zu bringen.

Die Werkgenossenschaften dagegen sollen auf gemeinschaftlichen Maschinen und in gemeinschaftlichen Betriebsräumen den Handwerker und Gewerbetreibenden in der Herstellung der Ware fördern, den Absatz der letzteren jedoch dem einzelnen selbst überlassen.

Die Vereine zur Herstellung von Wohnungen oder Baugenossenschaften sollen zur Erbauung billiger Wohnungen und Werkstätten hilfreiche Hand leisten. Infolge ihrer ausgedehnten wirtschaftlichen Vorzüge für die minder bemittelten Klassen werden sie staatlicherseits besonders rege unterstützt.

Nach der Art der Verbindlichkeit, die der einzelne Genosse gegenüber der Genossenschaft auf sich nimmt, teilt das Gesetz die Genossenschaften ein in:

1. Genossenschaften mit unbeschränkter Haftpflicht, bei denen der einzelne Genosse mit seinem ganzen Vermögen der Genossenschaft oder deren Gläubigern für die eingegangenen Verbindlichkeiten haftet;

2. Genossenschaften mit unbeschränkter Nachschußpflicht, bei denen die Genossen zwar auch mit ihrem ganzen Vermögen, aber nicht unmittelbar den Gläubigern, sondern der Genossenschaft haften;

3. Genossenschaften mit beschränkter Haftpflicht, bei denen die Genossen den Gläubigern direkt sowohl als auch der Genossenschaft mit einer im voraus bestimmten Summe haftbar sind.

Die Genossenschaften mit unbeschränkter Haftpflicht sind zumeist von dem großen Genossenschaftsverband nach dem System Schulze-Delitzsch eingeführt. Ferner sind nach dem System Raiffeisen sämtliche Kreditgenossenschaften mit unbeschränkter Haftpflicht tätig. Sie legen ihren Mitgliedern schwere Verpflichtungen auf, da im Falle eines Konkurses nach Ablauf der gesetzlich vorgesehenen Frist das ganze Vermögen eines jeden Genossen unbeschränkt zur Deckung der Schulden herangezogen werden kann. Die Genossenschaften mit unbeschränkter Nachschußpflicht bringen nicht so erheblich schwerwiegende Verpflichtungen mit sich als diejenigen mit unbeschränkter Haftpflicht, da im Falle eines Konkurses die Schulden zunächst in gleichen Beiträgen auf die Mitglieder umgelegt werden müssen. Bei den Genossenschaften mit beschränkter Haftpflicht ist das Risiko deshalb am geringsten, da höchstenfalls der einzelne Genosse mit dem Betrage seines gezahlten Anteils und seiner Haftsumme herangezogen werden kann. Diese Haftsumme ist jedoch wie schon der Titel sagt, beschränkt und erstreckt sich auf die im Statut vorgesehene Höhe von 50, 100, 200, 300 Mk. usw. Allen Genossenschaften gemeinsam ist die Bedingung, daß sie aufgelöst werden müssen, falls die Mitgliederzahl unter 7 sinkt. Die Anzahl der Genossen muß also stets mindestens 7 betragen.

Kreditgenossenschaften dürfen ihren Geschäftsverkehr nicht auf Nichtmitglieder ausdehnen, andere Genossenschaften dürfen dies nur dann, wenn es ausdrücklich im Statut vorgesehen ist. Alle Genossenschaften müssen einen Vorstand und einen Aufsichtsrat haben, die beide für die richtige und statutengemäße Führung der Geschäfte verantwortlich sind. Die Anmeldung der Genossenschaften erfolgt unter Wahrung gewisser Bestimmungen bei dem zuständigen Amtsgericht, wo auch nach der Eintragung des Statuts alle weiter eintretenden Mitglieder anzumelden sind.

Alle Genossenschaften müssen mindestens in jedem zweiten Jahre einer Revision unterzogen werden. Aus diesem Grunde schließen sich die Genossenschaften einem Revisionsverbande an, durch dessen Beamte die Revision in bestimmten Zwischenräumen vollzogen wird. Gehört die Genossenschaft einem solchen Verbande nicht an, so hat das Gericht auf Antrag des Vorstandes einen Revisor zu bestellen.

Bei einer Genossenschaft mit beschränkter Haftpflicht kann das einzelne Mitglied in der Regel mehrere Geschäftsanteile erwerben. Die Höchstzahl der zu erwerbenden Geschäftsanteile ist durch das Statut festzusetzen. Bei Erwerbung weiterer Anteile ist der vorhergehende stets voll einzuzahlen. Bei Genossenschaften mit unbeschränkter Haftpflicht kann stets nur ein Anteil erworben werden, da ja bei diesem einen Anteil jeder Genosse schon mit seinem ganzen Vermögen haftbar ist.

Der Austritt aus einer Genossenschaft ist stets zum Schlusse eines Geschäftsjahres gestattet, wenn die Aufkündigung mindestens drei Monate vorher erfolgt ist. Der ausgeschiedene Genosse haftet aber auch nach vollzogenem Austritt noch 6 Monate bis 2 Jahre lang für alle Ansprüche, die an die Genossenschaft bei einem Konkurse etwa gestellt werden. Der Austritt muß seitens des Vorstandes dem Gerichte mindestens 6 Wochen vorher bekanntgegeben werden.

4. Gewerbegerichte.

Das Gewerbegericht ist zuständig für Streitigkeiten zwischen Arbeitgebern und Arbeitnehmern desselben Betriebes, sowie zwischen Arbeitern desselben Betriebes. Vorschrift ist, daß beide Parteien demselben Betriebe angehören. Bei Streitigkeiten zwischen einem Lehrherrn und einem Lehrling, bezw. dessen gesetzlichem Stellvertreter, ist nicht das Gewerbegericht, sondern das ordentliche Gericht zuständig. Die Entscheidungen des Gewerbegerichtes sind bei Werten unter 100 Mk. endgültig, bei Gegenständen höheren Werts kann eine Berufung an das Landgericht erfolgen. Das Beschwerdeverfahren kann auch bei Objekten unter 100 Mk. gegen die Entscheidung des Gewerbegerichts eingeleitet werden. Als Arbeiter im Sinne des Gewerbegerichtsgesetzes gelten die unter Titel 7 der Gewerbeordnung genannten gewerblichen Arbeiter, wie Gesellen, Gehilfen, Betriebsbeamte, Werkmeister, Techniker, Fabrikarbeiter usw. Sofern jedoch der Arbeitsverdienst der Betriebsbeamten, Werkmeister und Techniker 2000 Mk. übersteigt, ist das Gewerbegericht für Streitsachen nicht mehr zuständig. Gehört der Arbeitgeber einer Innung an, die ein eigenes Schiedsgericht besitzt, so müssen Streitigkeiten, die sonst vor das Gewerbegericht gehören, vor dem Innungsschiedsgericht verhandelt werden. Die Zuständigkeit des Gewerbegerichts erstreckt sich auf alle die Verpflichtungen, die im Bezirk des Gerichts zu erfüllen waren. Gewerbegerichte müssen errichtet werden in allen Städten über 20000 Einwohner, können aber auch in solchen unter 20000 Einwohner geschaffen werden.

Auf folgende Gegenstände bezieht sich die Zuständigkeit des Gewerbegerichts. Auf Festsetzungen:

1. über den Antritt, die Fortsetzung oder die Auflösung des Arbeitsverhältnisses sowie über die Aushändigung oder den Inhalt des Arbeitsbuches, Zeugnisses, Lohnbuches, Arbeitszettels oder Lohnzahlungsbuches;

2. über die Leistungen aus dem Arbeitsverhältnis;

3. über die Rückgabe von Zeugnissen, Büchern, Legitimationspapieren, Urkunden, Gerätschaften, Kleidungsstücken, Kautionen und dergl., welche aus dem Anlaß des Arbeitsverhältnisses übergeben worden sind;

4. über Ansprüche auf Schadenersatz oder auf Zahlung einer Vertragsstrafe wegen Nichterfüllung oder nicht gehöriger Erfüllung der Verpflichtungen, welche die unter No. 1—3 bezeichneten Gegenstände betreffen, sowie wegen gesetzwidriger oder unrichtiger Eintragung in Arbeitsbücher, Zeugnisse, Lohnbücher, Arbeitszettel, Lohnzahlungsbücher, Krankenkassenbücher oder Quittungskarten der Invalidenversicherung;

5. über die Berechnung und Anrechnung der von den Arbeitern zu leistenden Krankenversicherungsbeiträge und Eintrittsgelder (§§ 53a, 65, 72, 73 des Krankenversicherungsgesetzes);

6. über die Ansprüche, welche auf Grund der Übernahme einer gemeinsamen Arbeit von Arbeitern desselben Arbeitgebers gegeneinander erhoben werden;

7. auf Streitigkeiten der vorstehend unter 1—5 bezeichneten Art zwischen Arbeitgebern und Hausgewerbetreibenden oder Heimarbeitern, wenn die Tätigkeit der Heimarbeiter auf die Verarbeitung der ihnen von dem Arbeitgeber gelieferten Rohmaterialien und Halbfabrikate beschränkt ist. Das gleiche gilt von solchen Hausgewerbetreibenden untereinander bei Streitigkeiten der unter 6 bezeichneten Art.

Dagegen gehören nicht vor die Gewerbegerichte: Streitigkeiten über eine Konventionalstrafe, welche für den Fall ausbedungen ist, daß der Arbeiter nach Beendigung des Arbeitsverhältnisses ein solches bei andern Arbeitgebern eingeht oder ein eigenes Geschäft errichtet.—

In Orten, wo Gewerbegerichte nicht bestehen, ist das ordent=
liche Gericht zuständig, doch kann in diesem Falle auch jede Partei
die vorläufige Entscheidung durch den Ortsvorsteher nachsuchen.
Zuständig ist der Ortsvorsteher der Gemeinde, in deren Bezirk
die streitige Verpflichtung aus dem Arbeitsverhältnis zu erfüllen
ist oder sich die gewerbliche Niederlassung des Arbeitgebers befindet
oder beide Parteien ihren Wohnsitz haben. Die Entscheidungen
des Gemeindevorstehers, die schriftlich abzufassen sind, erlangen
Rechtskraft, wenn nicht binnen einer Frist von zehn Tagen bei
dem ordentlichen Gericht von einer der Parteien Klage erhoben
wird. Diese Frist beginnt mit der Verkündigung oder, wenn eine
der Parteien bei der Verkündigung nicht zugegen war, mit dem
Tage der Behändigung der Entscheidung. Die Entscheidungen
sind für vorläufig vollstreckbar zu erklären.

Bei der Zusammensetzung des Gewerbegerichtes ist zu unter=
scheiden zwischen dem Vorsitzenden, dessen Stellvertreter und den
Beisitzern. Für alle ist bestimmt, daß sie mindestens dreißig Jahre
alt sein müssen und in dem der Wahl vorhergegangenen Jahre
Armenunterstützungen aus öffentlichen Mitteln nicht empfangen
haben oder eine solche erstattet haben, auch müssen sie zum Amt
eines Schöffen fähig sein.

Der Vorsitzende und sein Stellvertreter dürfen weder Arbeit=
geber noch Arbeitnehmer sein. Sie werden vom Magistrat oder
der Gemeindevertretung auf mindestens ein Jahr gewählt.

Beisitzer müssen mindestens vier gewählt werden, und zwar
zur Hälfte aus dem Stande der Arbeitgeber, zur andern Hälfte aus
dem Stande der Arbeiter. Die Wahlen sind unmittelbar und geheim.
Sie erfolgen auf mindestens ein Jahr und auf höchstens sechs Jahre.
Eine Wiederwahl ist zulässig. Sie kann nach einer Tätigkeit von
sechs Jahren indes für die nächsten sechs Jahre abgelehnt werden.
Eine Ablehnung darf andernfalls nur aus den Gründen erfolgen,
die zur Ablehnung einer Vormundschaft berechtigen.

Wahlberechtigt sind diejenigen Personen, welche das 25. Lebens=
jahr zurückgelegt haben und zum Amte eines Schöffen fähig sind.
Sie müssen in dem Bezirke des Gewerbegerichtes Beschäftigung
oder Wohnung haben. Mitglieder einer Innung indessen, für die
ein Schiedsgericht besteht, können weder gewählt werden, noch sind
sie wahlberechtigt.

Als Arbeitgeber im Sinne dieses Gesetzes gelten nicht nur
die selbständigen Gewerbetreibenden, sofern sie wenigstens einen
Arbeiter das ganze Jahr hindurch oder während gewisser Zeiten
des Jahres beschäftigen, sondern auch die Stellvertreter der selbst=
ständigen Gewerbetreibenden, sofern ihr Gehalt oder Lohn mehr
als 2000 Mark beträgt.

Das Gewerbegericht entscheidet in der Regel in der Besetzung von drei Mitgliedern. Diese Zahl setzt sich zusammen aus dem Vorsitzenden, einem Beisitzer aus dem Arbeitgeberstande und einem solchen aus dem Arbeitnehmerstande.

Zuständig ist das Gewerbegericht, in dessen Bezirk die streitige Verpflichtung zu erfüllen ist oder sich die gewerbliche Niederlassung des Arbeitgebers befindet oder beide Parteien ihren Wohnsitz haben. Könnten in dieser Hinsicht mehrere Gerichte als zuständig in Frage kommen, so hat der Kläger die Wahl. Die Verhandlungstermine werden von dem Vorsitzenden des Gewerbegerichts angesetzt, die Ladung muß spätestens am Tage vor dem Termine erfolgen. Bei den Verhandlungen sind Rechtsanwälte oder sonstige Personen, welche die Vertretung in Rechtsangelegenheiten gewerbsmäßig betreiben, nicht zugelassen. Die Verhandlungen sollen öffentlich erfolgen, mit solchen Ausnahmen, die eine Ausschließung der Öffentlichkeit geboten erscheinen lassen. Es soll ihnen ein Sühneversuch vorhergehen, wenn beide Parteien erschienen sind; erscheint der Kläger nicht, so ist auf Antrag des Beklagten ein Versäumnisurteil zu erlassen, das dahin geht, den Kläger mit seiner Klage abzuweisen. Erscheint dagegen der Beklagte nicht, so ist ein Versäumnisurteil nur dann zu erlassen, wenn das Gericht den Klageantrag anerkennt, andernfalls ist der Kläger mit seiner Klage abzuweisen.

Für die Verhandlung wird eine einmalige Gebühr nach dem Wert des Streitgegenstandes in folgender Abstufung erhoben. Bis 20 Mk. einschließlich: 1 Mk., von mehr als 20 bis 50 Mk. einschließlich: 1.50 Mk., von mehr als 50 bis 100 Mk. einschließlich: 3 Mk., bis zum Höchstbetrag von 30 Mk. Bei Versäumnisurteilen kommt die Hälfte der Gebühren in Ansatz, bei einem Vergleich werden Gebühren überhaupt nicht erhoben.

5. Gesetz über die Sicherung der Bauforderungen vom 1. Juni 1909.

Die Bestrebungen, im deutschen Handwerkerstand nach amerikanischem Vorbilde ein Gesetz zur Sicherung von Bauforderungen zu erlangen, liegen nun beinahe zwei Jahrzehnte zurück. Die erste Frucht dieser Bestrebungen war jener Antrag des Abgeordneten Bassermann, in dem die verbündeten Regierungen ersucht wurden, einen Gesetzentwurf zur Sicherung der Bauhandwerker und Baulieferanten für ihre Forderungen einzubringen. Dieser Antrag hatte eine Anzahl von Gesetzentwürfen zur Folge, die aber mehr oder weniger sich bei näherer Prüfung als unbrauchbar heraus-

stellten und von der Kritik abgelehnt wurden, ehe sie dem Reichs=
tage vorgelegt werden konnten. Wenn man berücksichtigt, welche
enormen Verluste die deutschen Baulieferanten und Bauhandwerker
durch jenes Spekulantentum erlitten haben, das in geschickter Aus=
nutzung der bestehenden Rechtsunsicherheit ohne Gefahr zu arbeiten
versuchte, so darf man wohl behaupten, daß gegen die Bedeutung
des Schutzes, wie er nunmehr durch das Gesetz vom 1. Juni 1909
gegeben worden ist, die übrigen sozialen Gesetze für den Hand=
werkerstand einigermaßen in den Hintergrund treten. Während
der Gesetzentwurf in seiner ursprünglichen Fassung nur Ausdehnung
finden sollte auf solche Gemeinden, die durch landesherrliche Ver=
ordnung bestimmt waren, wird nunmehr wenigstens ein Teil, und
man darf wohl sagen: ein wichtiger Teil des Gesetzes auf ganz
Deutschland Anwendung finden.

Dieser Teil als erster Abschnitt des Gesetzes bestimmt, daß der
Empfänger von Baugeld verpflichtet ist, das Geld zur Befriedigung
solcher Personen zu verwenden, die an der Herstellung des Baues
auf Grund eines Werk=, Dienst= oder Lieferungsvertrages beteiligt
sind. Es wird also in dieser Bestimmung das Verhältnis des Bau=
geldempfängers zu den Baugläubigern ganz allgemein geregelt,
während die weitergehenden Bestimmungen des zweiten Ab=
schnittes nur für die durch landesherrliche Verordnung be=
stimmten Gemeinden gelten sollen. Der Empfänger des Bau=
geldes darf die für den Bau zur Verfügung gestellten Beträge
anderweit nur in dem Umfange zur Verwendung bringen, in
welchem der Empfänger aus sonstigen Mitteln die Baugläubiger
befriedigt hat. Tritt der Fall ein, daß der Empfänger des Geldes
selbst an der Herstellung des Baues beteiligt ist, wie dies ja bei
Bauunternehmern, die für eigene Rechnung bauen, sehr häufig
vorkommt, so darf er das Baugeld in der Höhe der Hälfte des
angemessenen Wertes der von ihm in den Bau verwendeten Lei=
stung für sich behalten. Diese Bestimmung, daß der Bauunter=
nehmer in dem Falle nur die Hälfte des Wertes von dem Bau=
geld in Anspruch nehmen darf, scheint mir sehr wohltätig zu sein,
weil dadurch etwaige Spekulationen von Bauunternehmern auf eine
unangemessene Berechnung der von ihnen geleisteten Arbeiten von
vornherein hinfällig werden.

Es wird in dem gleichen Abschnitt alsdann der Begriff des
Baugeldes genauer präzisiert und zwar wird man bei der Betrach=
tung des Gesetzes stets genau zu unterscheiden haben zwischen den
Rechten, die dem Bauhandwerker durch seine Leistungen und Liefe=
rungen bei dem Bau in der Form der Bauhypothek entstehen,
und den Rechten, die dem Geldgeber durch sein Darlehen an barem
Gelde in Form der Baugeldhypothek erwachsen. Als Baugeld

bezeichnet das Gesetz Geldbeträge, die zum Zwecke der Bestreitung der Kosten des Baues in der Weise gewährt werden, daß zur Sicherung der Ansprüche des Geldgebers eine Hypothek- oder Grundschuld an dem zu bebauenden Grundstücke dient, oder die Übertragung des Eigentums an dem Grundstück erst nach gänzlicher oder teilweiser Herstellung des Baues erfolgen soll.

Eine außerordentliche wichtige Neuerung bringt das Gesetz insofern, als die Führung eines Baubuches allgemein vorgeschrieben wird. Das Gesetz verpflichtet jeden zur Führung eines Baubuches, der die Herstellung eines Neubaues unternimmt und entweder Baugewerbetreibender ist, oder sich für den Neubau Baugeld gewähren läßt. Über jeden Neubau ist besonders Buch zu führen. Von Bedeutung erscheint es auch, daß dieser Teil des Gesetzes sich auch auf solche Bauten erstreckt, die durch den früheren Gesetzentwurf nicht betroffen werden sollten. Es werden nunmehr durch das Gesetz auch solche Grundstücke herangezogen, die vor Aufführung des Neubaues bereits mit einem Bauwerk bedeckt waren, sogenannte Abrißbauten. Anbauten und Reparaturbauten fallen dagegen auch jetzt noch nicht unter die Bestimmung des Gesetzes, während Umbauten, die ja oft eine erhebliche Bedeutung erlangen können, nur durch den ersten Teil des Gesetzes, nicht aber durch dessen zweiten Teil getroffen werden.

Was unter einem Neubau zu verstehen ist, ist im Gesetz ebenfalls klar zum Ausdruck gebracht, und zwar lauten die Bestimmungen hierüber, daß unter einem Neubau die Errichtung eines Gebäudes auf einer Baustelle verstanden werden soll, die zur Zeit der Bauerlaubnis entweder unbebaut, oder nur mit Bauwerken untergeordneter Art oder mit solchen Bauwerken besetzt waren, welche zum Zwecke der Errichtung des Gebäudes abgebrochen werden sollten. Aus dem zu führenden Baubuche müssen sich alle die Personen, Forderungen und dergleichen ergeben, die mit dem Bau in irgend einer Beziehung stehen. Das Buch soll noch fünf Jahre nach der Beendigung des Baues aufbewahrt werden. An dem Neubau sollen, um Verschleierungen zu verhüten, Tafeln angebracht werden, aus denen Name und Wohnort des Eigentümers, des Bauunternehmers und aller Handwerker deutlich hervorgehen. Des weiteren werden in dem ersten Abschnitt die Strafbestimmungen festgelegt, die bei Zuwiderhandlung gegen die gesetzlichen Vorschriften in Anwendung kommen. Es sind hier Geldstrafen bis zu 3000 Mark und Gefängnisstrafen bis zu einem Jahr vorgesehen, so daß offenbar ein genügender Schutz der neuen Bestimmungen gewährleistet erscheint.

Der zweite Teil des Gesetzes bezieht sich, wie bereits oben angedeutet, nur auf solche Gemeinden, die durch landesherrliche Verordnung bestimmt werden. Dies werden in der Regel diejenigen Gemeinden sein, in denen früher der Bauschwindel in besonderer Blüte stand und zur Zeit noch grassiert. Bevor die Verordnung erlassen werden kann, müssen sowohl die Handwerks= als auch die Handelskammern, die Gemeinden und die gesetzliche Arbeitsvertretung gehört werden. Es scheint also in genügendem Umfange dafür Sorge getragen zu sein, daß tatsächlich nur solche Gemeinden von den Bestimmungen des Gesetzes betroffen werden, bei denen die Voraussetzungen zum Schutze der Baugläubiger in besonders hohem Maße gegeben scheinen. Neu ist in dem Gesetz die Bestimmung über die Errichtung von Bauschöffenämtern, die in all den Gemeinden zu errichten sind, auf die der zweite Teil des Gesetzes Anwendung findet. Vor dem Beginn des Baues ist im Grundbuch der Vermerk einzutragen, daß das Grundstück bebaut werden soll (Bauvermerk). Bildet die Baustelle nur einen Teil des Grundstückes, so ist sie von dem Grundstück abzuschreiben und als selbständiges Grundstück einzutragen. Sobald der Bauvermerk eingetragen ist, erwerben die Baugläubiger den Anspruch auf Eintragung einer Hypothek für ihre Bauforderung (Bauhypothek), die die Wirkung einer Vormerkung einer Sicherung der Ansprüche hat.

Eine wesentliche Verschärfung der Bestimmungen, wie sie in dem Entwurf vorgesehen worden, bringt der § 12 des neuen Gesetzes. Darnach kann die Eintragung eines Bauvermerks unterbleiben, wenn in Höhe eines Betrages, der nach dem Ermessen des Bauschöffenamtes den dritten Teil der voraussichtlich entstehenden Baukosten erreicht, Sicherheit durch die Hinterlegung von Geld oder Wertpapieren geleistet ist. Da diese Bestimmung an den Bauenden nicht unerhebliche Anforderungen stellt, so dürfte wohl in der Regel hiervon kein Gebrauch gemacht werden, umsomehr, als die allgemeinen Sicherungsmaßregeln, die im ersten Abschnitt des Gesetzes niedergelegt sind, unverändert in Kraft bleiben. Die Baupolizeibehörde darf die Bauerlaubnis erst dann erteilen, wenn die Hinterlegung der vorstehenden Summe erfolgt ist, oder sobald der Bauvermerk zur Eintragung gelangt ist. Gleichzeitig ist damit nachzuweisen, daß die Belastung des Baugrundstückes drei Viertel des Wertes nicht übersteigt, oder daß in Höhe des Überschusses entsprechend Sicherheit geleistet ist. Die Bestimmung, daß nur drei Viertel des Baustellenwertes belastet sein dürften, erscheint namentlich für den Baubetrieb in der Großstadt von besonderer Bedeutung, da der Bauschwindel in der Regel schon bei der außerordentlichen Belastung des Grundstückes einzusetzen pflegte, die alsdann eine spätere vorteilhafte Verwertung des ganzen Objektes unmöglich machte. Ändert sich nach Erteilung der Bauerlaubnis der Bauplan in wesentlichen Stücken, so daß hierdurch eine Erhöhung der Bausumme notwendig wird, so muß auch die Sicherheit entsprechend erhöht werden. Das Bauschöffenamt hat hierfür die notwendigen Richtlinien zu geben.

Auch hinsichtlich der Feststellung des Baustellenwertes tritt das Bauschöffenamt in Tätigkeit. Da bei Ersatzbauten der Baustellen= wert von vornherein nicht ganz leicht zu ermitteln ist, so ist hierfür folgendes Verfahren vorgesehen:

Es wird zunächst vom Bauschöffenamt der nach Fertigstellung des Neubaues sich ergebende Wert des Grundstückes ermittelt und von diesem die Kosten des Neubaues und des Abrisses abgezogen. Der verbleibende Rest bestimmt alsdann den Wert des Baugrundstückes.

Der dritte Teil des zweiten Abschnittes bestimmt die Rechte der Baugläubiger, indem er zunächst feststellt, wer als Baugläubiger zu betrachten ist. Als solche gelten Personen, die an der Herstellung des Gebäudes auf Grund eines Werk= oder Dienstvertrages beteiligt sind, sowie diejenigen, welche zur Herstellung des Gebäudes Sachen geliefert haben (Baulieferanten), sofern die Werk=, Dienst= oder Lieferungsverträge von dem Eigentümer der Baustelle oder für seine Rechnung geschlossen worden sind. Dem Eigentümer der Baustelle steht gleich, wer einen Bau mit dessen Zustimmung als Bauherr ausführt.

Da nun vielfach der Bauherr die Ausführung der Arbeiten an bestimmte Unternehmer vergibt und diese gemäß alter Gepflogen= heit wiederum die Herstellung weiter übertragen können, so gilt auch diese Kette von Unternehmern als verantwortliche Beauftragte des Bauherrn. Demnach gelten alle Verträge, die von diesen Unter= nehmern abgeschlossen werden, als verbindlich für die Stellung der einzelnen Baugläubiger. Dem Eigentümer können durch dieses Verfahren im Gegensatz zu dem Gesetzentwurf nicht unerhebliche Schwierigkeiten bereitet werden, da er unter Umständen in die Lage kommen wird, doppelte Zahlung zu leisten. Jedenfalls hat er von dem Unternehmer den Nachweis zu fordern, daß er die Baugläu= biger seinerseits befriedigt hat, oder aber er wird es vorziehen, direkt an die Baugläubiger zu zahlen. Im früheren Entwurf konnte der Eigentümer des Grundstückes nur dann in eine derartige Lage kommen, wenn er wußte, oder nur infolge grober Fahrlässigkeit nicht wußte, daß dem Unternehmer die erforderlichen Mittel nicht zu Gebote standen, oder daß der letztere überhaupt nicht die Absicht hatte, seine Handwerker zu befriedigen.

Notwendig ist auch eine genauere Feststellung des Begriffs der Bauforderung. Als solche gilt nur der Anspruch eines Bau= gläubigers auf die in Geld vereinbarte Vergütung. Derartige An= sprüche können jedoch nur insoweit in Betracht kommen, als die

Leistung in den Bau verwandt worden ist. Kann der Baugläubiger nicht nachweisen, daß die Verwendung vollständig erfolgte, so muß er sich eine entsprechende Herabsetzung seiner Forderung gefallen lassen. Es ist dabei nicht notwendig, daß nun die Gegenstände im Bau selbst Verwendung gefunden haben, sondern es genügt auch, wenn die für den Bau bestimmten Sachen fertig gestellt und abgeliefert sind, oder wenn die Verwendung infolge Verschuldens des Bauunternehmers oder Eigentümers sich verzögert hat.

Ist der Bau soweit fertiggestellt, daß seiner Benutzung nichts im Wege steht, so hat die Baupolizeibehörde dies binnen zwei Wochen in dem für ihre Bekanntmachungen bestimmten Blatte zu veröffentlichen. Die Baugläubiger können innerhalb einer Frist von einem Monat ihre Forderungen dem Bauschöffenamt anmelden. In dem Gesetzentwurf war hierfür eine Frist von zwei Monaten vorgesehen, die auch zweckmäßig beibehalten worden wäre. Über die Rechtswirksamkeit der angemeldeten Forderungen entscheidet das Bauschöffenamt, dieses hat zunächst vor Einschlagung des Prozeßwegs eine Einigung zu vermitteln und kann die Beteiligten zur mündlichen Verhandlung unter Androhung von Ordnungsstrafen bis zum Gesamtbetrage von 200 Mark vorladen.

Liegt bei Ablauf der Anmeldefrist, also innerhalb eines Monats nach der Bekanntmachung eine wirksame Anmeldung, nicht vor, so wird der Bauvermerk auf Ersuchen des Bauschöffenamtes gelöscht. Damit wird jeder Anspruch der Baugläubiger auf Eintragung einer Bauhypothek beseitigt.

Was versteht nun das Gesetz unter einer Bauhypothek?

Als Bauhypothek gelten die wirksam angemeldeten Bauforderungen, die nach Löschung des Bauvermerkes als Hypothek eingetragen werden. Diese Bauhypotheken gelten rechtlich als Sicherungshypotheken, auch wenn sie im Grundbuche als solche nicht bezeichnet sind. Ist eine Kaution gestellt, so dient diese in erster Linie zur Haftung der Baugläubiger. Die Bauhypothek wird demnach nur insoweit eingetragen, als sie durch die betreffende Kaution nicht gedeckt ist. Zinsen werden bei der Verrechnung der Bauforderungen nicht berücksichtigt, auch dürfen letztere nicht als verzinslich eingetragen werden. Die einzelnen Bauforderungen, die bei der Eintragung der Bauhypothek berücksichtigt werden, haben unter sich gleichen Rang. Nur soweit die Bauhypothek für Lohnrückstände der Bauarbeiter besteht, gebührt ihr bis zur Höhe des auf zwei Wochen entfallenden Lohnes der Vorrang vor den übrigen Bauforderungen.

Im Gegensatz zur Bauhypothek steht die Bau=Geldhypothek. Unter einer Baugeldhypothek versteht das Gesetz den Anspruch des

Geldgebers auf Eintragung einer Hypothek in Höhe der geleisteten Zahlungen, soweit durch diese Forderungen der Baugläubiger gedeckt worden ist. Nehmen wir an, daß durch den Geldgeber für einen Neubau ein Darlehen von 50000 Mark bewilligt ist, so wird von diesem Betrage eine Baugeldhypothek nur in der Höhe eingetragen, als einwandlos nachgewiesen wird, daß die Summe zur Befriedigung der Baugläubiger verwandt worden ist. Die Baugeldhypothek geht in diesem Falle im Rang der Bauhypothek vor. Kann der Nachweis der geleisteten Zahlungen etwa nur für den Betrag von 40000 Mark erbracht werden, so darf die Baugeldhypothek nur in dieser Höhe mit dem entsprechenden Vorrang eingetragen werden. Außerdem ist die Eintragung der Baugeldhypothek davon abhängig, daß der Baugeldvertrag beim Grundbuch eingereicht wird. Dieses hat eine Abschrift des Vertrages dem Bauschöffenamt zuzustellen. Bedauernswert erscheint es, daß eine Forderung der Handwerker, die seit Bekanntgabe des Gesetzentwurfs erhoben wurde, in dem Gesetze keine Stätte gefunden hat, die nämlich, daß der Baugeldgeber verpflichtet ist, die Forderungen der Baugläubiger im gleichen Verhältnis zu berücksichtigen. Nach dem vorliegenden Gesetz kann der Baugeldgeber nach Belieben an irgend einen Baugläubiger zahlen, ohne daß er zu gleichmäßiger Berücksichtigung oder Innehaltung einer Reihenfolge verpflichtet ist.

Die Person des Treuhänders, die als eine obligatorische Einrichtung erwünscht gewesen wäre, finden wir im vorliegenden Gesetz in ähnlicher Form wieder, wie sie in dem Entwurf vorgesehen war. Der Treuhänder soll auf Antrag des Baugeldgebers durch das betr. Amtsgericht bestellt werden. Den Wünschen aus Handwerkerkreisen, für den Treuhänder tunlichst einen Bausachverständigen zu bestellen, hat das Gesetz in anerkennenswerter Weise Rechnung getragen. Die Stellung des Treuhänders bietet für den Baugeldgeber so mancherlei Vorteile, daß er von ihr wahrscheinlich in den meisten Fällen Gebrauch machen wird. So begründen die durch Vermittelung des Treuhänders geleisteten Zahlungen in allen Fällen ein Vorrecht der Baugeldhypothek, während, wie wir gesehen haben, unter Umständen beim Fehlen des Treuhänders die Stellung des Baugeldgebers sehr ungünstig beeinflußt werden kann. Den Handwerkskammern, die über die Person des Treuhänders zu hören sind, erschließt sich so ein neues und dankbares Feld ihrer Tätigkeit.

Auf die Einrichtung des Bauschöffenamtes ist schon an verschiedenen Stellen hingewiesen worden. Das Bauschöffenamt stellt eine ganz neue Einrichtung dar, die für die Beurteilung der Wirksamkeit des Gesetzes sehr wesentlich ist. Die Errichtung des Bauschöffenamtes erfolgt durch Ortsstatut nach Maßgabe des § 142 der

Gewerbeordnung.*) Die Handwerkskammer soll vor der Abfassung des Statuts gehört werden. Mehrere Gemeinden können sich zur Errichtung eines gemeinsamen Bauschöffenamtes für ihren Bezirk vereinigen. Das Bauschöffenamt soll bestehen aus einem Vorsitzenden und wenigstens einem Stellvertreter, die Zahl der Bauschöffen soll mindestens vier betragen. Berufen werden soll als Bauschöffe nur, wer zum Amte eines Schöffen fähig ist, das dreißigste Lebens= jahr vollendet hat und in dem Bezirke des Amtes während mindestens drei Jahren gewohnt hat oder beschäftigt gewesen ist. Außerdem soll mindestens die Hälfte der Bauschöffen aus Bausachverständigen bestehen. Da die Handwerkskammer des betreffenden Bezirks bei der Wahl der Bauschöffen zu hören ist, so erscheint auch hier eine sachverständige Zusammensetzung gewährleistet. Für die Annahme des Bauschöffenamtes gelten dieselben Bestimmungen wie für die Ehrenämter innerhalb der Gemeinden, der Innungen und dergleichen, das heißt die Übernahme kann nur aus den Gründen abgelehnt werden, welche zur Ablehnung eines unbesoldeten Gemeindeamtes berechtigen. Für ihre Tätigkeit erhalten die Bauschöffen eine Ent= schädigung für Zeitversäumnis und Vergütung der Reisekosten. Die Entschädigung, die durch das Statut festzusetzen ist, darf nicht zurückgewiesen werden. Die für die Unterhaltung des Bauschöffen= amtes notwendigen Gebühren sind durch den Eigentümer zu tragen. Die Einziehung der Kosten erfolgt nach den für die Einziehung der Gemeindeabgaben geltenden Vorschriften.

Es bedarf wohl keiner Frage, daß das vorliegende Gesetz im Bauhandwerk geradezu eine neue Zeit herbeiführen kann, wenn es die richtige Form der Anwendung findet. Der erste Teil, der über ganz Deutschland seine Wirksamkeit entfalten soll, erscheint zwar bedeutungsvoll genug. Mit den Übelständen der Bauspekulation aufräumen wird jedoch erst die Anwendung des zweiten Teiles des Gesetzes. Es erscheint deshalb durchaus wünschenswert, wenn durch landesherrliche Verordnung möglichst zahlreiche Gemeinden der Wirk= samkeit des zweiten Teiles unterstellt werden. Eine gewisse Weit= herzigkeit ist hier umso angebrachter, als der Bauschwindel, aus dem einen Orte vertrieben, sich leicht auf solche Orte werfen dürfte, die der

---

*) Statutarische Bestimmungen einer Gemeinde= oder eines weiteren Kommunalverbandes können die ihnen durch das Gesetz überwiesenen ge= werblichen Gegenstände mit verbindlicher Kraft ordnen. Dieselben werden nach Anhörung beteiligter Gewerbetreibender und Arbeiter abgefaßt, be= dürfen der Genehmigung der höheren Verwaltungsbehörde und sind in der für Bekanntmachungen der Gemeinde oder des weiteren Kommunal= verbandes vorgeschriebenen oder üblichen Form zu veröffentlichen. Die Zentralbehörde ist befugt, statutarische Bestimmungen, welche mit den Gesetzen oder den statutarischen Bestimmungen des weiteren Kommunal= verbandes in Widerspruch stehen, außer Kraft zu setzen.

Wirksamkeit des Gesetzes nur in unzulänglicher Weise unterstellt sind. Richtig angewandt, wird das Gesetz aber zum Segen des deutschen Bauhandwerks werden.

6. Das Gesetz gegen den unlauteren Wettbewerb.

Am 1. Oktober 1909 ist das neue Gesetz gegen den unlauteren Wettbewerb in Kraft getreten. Die Bemühungen, das erstmalig im Jahre 1896 erlassene Gesetz gleicher Art den Zeitverhältnissen entsprechend zu verbessern, datieren Jahre zurück und sind durch das neue Gesetz im großen und ganzen von Erfolg gekrönt worden. Es sollen durch das Gesetz alle die unlauteren Vorgänge getroffen werden, die sich in unserem geschäftlichen Leben Tag für Tag abspielen und in hohem Maße, wie wir uns immer wieder überzeugen können, Treue und Glauben erschüttert haben. Wenn dieses Ziel durch das Gesetz erreicht wird, so wird man einige Härten, die es vielleicht zeitigen kann, gerne in den Kauf nehmen, denn es ist ersichtlich, daß insbesondere die Bestimmungen der §§ 1 und 3 in gewissen Fällen eine weitherzige Anwendung ermöglichen und so dem subjektiven Empfinden des Richters einen nicht unbeträchtlichen Spielraum lassen.

Der § 1 des Gesetzes bestimmt, daß derjenige, der im geschäftlichen Verkehr zu Zwecken des Wettbewerbs Handlungen vornimmt, die gegen die guten Sitten verstoßen, auf Unterlassung und Schadenersatz in Anspruch genommen werden kann. § 3 des Gesetzes will ferner alle die unrichtigen Angaben treffen, die den Anschein eines besonders günstigen Angebotes hervorrufen können, sei es dadurch, daß der Anzeiger über Beschaffenheit, Ursprung, Herstellungsart, Preisbemessung, über den Anlaß oder Zweck des Verkaufes oder über die Menge der Vorräte unrichtige Angaben macht. Die Bestimmungen des § 12 gehen sogar so weit, daß zum Ersatz des durch die Zuwiderhandlung entstehenden Schadens der Redakteur, Drucker, Verleger oder Verbreiter einer periodischen Druckschrift dann verpflichtet sein soll, wenn er die Unrichtigkeit der Angaben kannte. Eine Verschärfung der Bestimmungen des § 3 enthält der folgende § 4, der mit Gefängnis bis zu 1 Jahr und mit Geldstrafe bis zu 5000 Mk. denjenigen bedroht, der die im § 3 bezeichneten unwahren Angaben wissentlich und aus dem besonderen Grunde macht, um sie zur Irreführung des Publikums zu benutzen. Neben dem Betriebsinhaber ist auch der Angestellte oder Beauftragte dann strafbar, wenn er die Unwahrheit der von ihm im Auftrage seiner Vorgesetzten gemachten Angaben kennen mußte.

Eine wesentliche Neuerung bringt der § 6 des Gesetzes dadurch, daß er den Begriff der Konkursmasse enger faßt als bisher. Bisher konnten Waren, die durch beliebig viele Hände gegangen waren, noch als Konkurswaren angeboten werden, wenn tatsächlich die Herkunft aus einem Konkurse feststand. Nunmehr ist nur noch der Konkursverwalter selbst in der Lage, die Konkursmasse als solche öffentlich zu bezeichnen und zum Verkauf zu bringen.

Auch das Ausverkaufswesen ist jetzt in einer Form geregelt, daß die gerade auf diesem Gebiete so unendlich vielen Übergriffe beseitigt werden können. Bei jedem Ausverkauf ist vor allen Dingen der Grund anzugeben, der zu dem Ausverkauf Anlaß gegeben hat. Für bestimmte Arten von Ausverkäufen kann durch die höhere Verwaltungsbehörde angeordnet werden, daß zuvor bei der von ihr zu bezeichnenden Stelle Anzeige über den Grund des Ausverkaufs und dem Zeitpunkte des Beginnes zu erstatten ist. Des Weiteren kann bestimmt werden, daß ein Verzeichnis der auszuverkaufenden Waren einzureichen ist, das zur Einsicht jedem offen steht. Die Einreichung eines derartigen Verzeichnisses wird zweifellos die Veranstaltung von Ausverkäufen nicht unwesentlich erschweren, dürfte aber auch bei den reellen Ausverkäufen, die vielfach aus gewissen Rücksichten stattfinden, nicht unbeträchtliche Schwierigkeiten hervorrufen. Der Grund für diese Anordnung dürfte darin zu erblicken sein, daß das Gesetz insbesondere auch das Nachschieben von Waren in vollem Umfange zu treffen wünschte. Ausverkäufe wurden vielfach lediglich aus dem Grunde veranstaltet, um bei dieser Gelegenheit bereits bestellte und in Bereitschaft gehaltene Waren mit abzusetzen. Da diese Waren vielfach in sehr geringer Qualität lediglich zum Zwecke des Ausverkaufs hergestellt wurden, so fand dadurch eine Benachteiligung des kaufenden Publikums statt. Ein Nachschieben von Waren dürfte nunmehr ausgeschlossen erscheinen, da die Warenverzeichnisse, die vor dem Ausverkauf einzureichen sind, derartige Machenschaften verbieten. Auf die Saison= und Inventur=Ausverkäufe, die im ordentlichen Geschäfts= verkehr üblich sind und als solche bezeichnet werden, finden die vorstehenden Bestimmungen keine Anwendung.

Von den Bestimmungen des § 11, für bestimmte Waren im Einzelverkehr Maß= und Zahleinheiten festzusetzen, hat der Bundesrat bereits auf Grund des Gesetzes vom Jahr 1896 mehrfach Gebrauch gemacht. Hinzugekommen ist noch die Bestimmung, daß auch für den Einzelverkehr mit Bier in Flaschen oder Krügen die Angabe des Inhaltes vorgeschrieben werden kann.

Durch die Bestimmung des § 12 werden die unlauteren Machenschaften getroffen, die sich im geschäftlichen Verkehr einge= bürgert hatten und darauf hinausgingen, durch Anbieten von Geschenken an Angestellte und Beauftragte besondere Vorteile zu erlangen. Durch die jetzigen Bestimmungen wird nicht nur der=

jenige getroffen, der die Geschenke verspricht oder hergibt, sondern auch der Angestellte, der solche annimmt. Das Empfangene oder dessen Wert geht in das Eigentum des Staates über.

Die weiteren Bestimmungen des Gesetzes treffen denjenigen, der zu Zwecken des Wettbewerbs über das Geschäft, die Person, die Waren usw. eines anderen unwahre Tatsachen behauptet, die geeignet sind, den Betrieb des Geschäfts oder den Kredit des Inhabers zu schädigen. Ebenso kann auch zu Strafe und Schadenersatz herangezogen werden, wer im geschäftlichen Verkehr einen Namen, eine Firma oder dergl. in einer Weise benutzt, die geeignet ist, Verwechselungen mit der Firma eines anderen Unternehmens herbeizuführen.

Einen Schutz vor Verrat der Betriebsgeheimnisse seitens der Angestellten bieten die §§ 17 bis 20 des Gesetzes. Es wird danach mit Gefängnis bis zu einem Jahre oder mit Geldstrafe bis zu 5000 Mk. jeder Angestellte, Arbeiter oder Lehrling eines Geschäftsbetriebes bestraft, der ihm anvertraute Geschäfts= oder Betriebsgeheimnisse an andere mitteilt.

Eine Strafverfolgung tritt mit Ausnahme einer Verletzung der Bestimmungen über den Verkauf in Konkursmassen, über die Ankündigung von Verkäufen und über die Verletzung von Bestimmungen über vorgeschriebene Gewichts=, Maß= und Einheitszahlen bestimmter Waren nur auf Antrag ein. Im übrigen kann die Klage erhoben werden von jedem Gewerbetreibenden, der Waren oder Leistungen gleicher oder verwandter Art herstellt, oder von Verbänden zur Förderung gewerblicher Interessen.

E. Buchführung.

Zu der einfachen Buchführung, die hier zu betrachten unsere Aufgabe ist, benötigt der Handwerker unbedingt vier Bücher, und zwar:

1. ein Inventarienbuch,
2. das Tagebuch (Memorial oder Journal genannt),
3. das Kassabuch,
4. das Hauptbuch.

Zweckmäßig wird der Handwerker nun auch ein fünftes Buch anlegen, die Kladde oder auch Schmierbuch genannt. Die zu 1 bis 4 genannten Bücher müssen stets peinlich sauber gehalten werden, denn sie sollen ja für lange Jahre ausreichen. Wenn aber der Handwerker das Journal oder das Kassabuch in die Werkstatt legen würde oder in den Laden, um es so stets zur Hand zu haben, so dürfte gar bald eine dicke Schmutzschicht das Geschriebene überdecken. Warum sollte man diesen Übelstand nicht zu umgehen suchen, zumal es mit geringer Mühe zu machen ist? Er legt also in Werkstatt oder Laden ein billiges Buch an, in das er tagsüber seine Eintragungen macht, um diese dann am Abend oder am Sonntage in die Grundbücher sauber zu übertragen. So kann er auch gestatten, daß in seiner Abwesenheit die Gattin, oder der Geselle, oder der Lehrling eine Notiz einträgt. Man sagt nicht mit Unrecht im Volksmunde „was man schreibt, das bleibt" und besser einmal mehr als unbedingt notwendig die Feder in die Hand genommen, als einen Auftrag oder nur einen Pfennig einzutragen vergessen!

Das Inventarienbuch ist natürlich bei Beginn der Buchführung zuerst anzulegen, denn es bildet ja die eigentliche Grundlage für unsere ganzen Berechnungen. Denn wenn die Buchführung dazu dienen soll, unseren Vermögensstand nachzuweisen und uns alljährlich zu Anfang des Jahres einen genauen Anhalt darüber zu geben, ob unser Geschäft sich rentiert hat, ob wir Gewinn oder Verlust gehabt haben, so ist das weder auf Grund des Tagebuchs, noch des Kassabuchs, noch des Hauptbuchs allein möglich.

Es muß noch hinzukommen ein Buch, das so wichtig ist wie die übrigen, wenn wir es auch nicht täglich oder wöchentlich zur Hand zu nehmen brauchen: das Inventarienbuch. In das Inventarienbuch gehört eine Aufstellung unsers gesamten Vermögens

(Haus-, Grundbesitz, Laden-Einrichtung, Möbel, Warenvorräte und ausstehende Forderungen usw.), und es ist klar ersichtlich, daß die ganze Buchführung eigentlich erst mit der Aufstellung dieses unseres Besitzes und der darauf haftenden Schulden beginnen muß, daß die ganze Buchführung eine derartige Nachweisung unseres Besitzstandes zur Voraussetzung und zur Grundlage hat. Aber wenn wir heute ein Inventar aufstellen, das unseren Besitz an Waren, Werkzeugen, Maschinen, Möbeln, Grund und Boden nachweist, so wird über ein Jahr der gleiche Wert nicht mehr vorhanden sein. Denn unser Werkzeug nutzt sich ab, unsere Maschinen verschleißen, unsere Möbel werden stets minderwerter und das Haus nimmt an Wert ab, je älter es wird. Wir können demnach die in diesem Jahre ermittelten Werte im nächsten Jahre nicht wieder in gleicher Höhe einstellen, sondern müssen Abschreibungen vornehmen, die je nach dem Gegenstand und seiner Abnutzung von 2 bis 50 Prozent ausmachen können. Diese Abschreibungen vorzunehmen, darf niemals unterlassen werden, denn erst durch sie gewinnen wir einen wirklichen Überblick über unser Vermögen, und wir würden uns selbst belügen, wenn wir annehmen wollten, daß die Gegenstände, weil sie für uns noch brauchbar sind, auch noch den gleichen Wert besäßen, wie vordem.

Die Anwendung der Kladde ist so einfach und übersichtlich, daß sie einer Erläuterung nicht weiter bedarf. Wir können indes, da es sich bei einer Buchführung vor allen Dingen um Übersichtlichkeit handelt, uns mit der Eintragung der Posten in die Kladde nicht begnügen. Wir nehmen deshalb eine Sichtung der Geschäftsvorfälle vor und bringen dieselben je nach ihrer Art in zwei weiteren Büchern unter. Diese sind das Tagebuch und das Kassabuch.

In das Tagebuch werden alle Geschäftsvorfälle eingetragen, bei denen bares Geld weder ein- noch ausgeht. Man könnte die Vorfälle, die in dem Tagebuch Aufnahme gefunden haben, Leih- oder Borggeschäfte nennen, weil wir entweder selbst als diejenigen auftreten, die Waren verleihen, verborgen, oder als solche, denen man Waren leiht oder borgt. Diejenigen Posten allerdings, die anzeigen, daß man uns Waren geborgt hat, wird man in der Kladde vergeblich suchen, da wir sie von den eingehenden Rechnungen sogleich im Tagebuch verbuchen.

Während wir so die Leihposten aus der Kladde ins Tagebuch übertragen, machen wir uns an jedem der Posten einen Vermerk über die erfolgte Buchung. Da die Posten ins Tagebuch übertragen werden, so vermerken wir dies entsprechend mit einer Abkürzung (T) und der Angabe der Tagebuchseite, auf der wir den fraglichen Posten untergebracht haben.

Probeseiten

zur

Buchführung.

Seite aus einem Inventarienbuche.

A. Aktiva.

			Mk.	Pfg.
K 2	1. Kasse:			
	Barbestand . . . . Mk.	315,29		
	Guthaben bei der Städtischen			
	Sparkasse . . . . . . Mk.	240,00		555,29

2. Wertpapiere und Wechsel:
300 Mk. 4% Cobl. Stadt-
anleihe z. h. Kurs 102,90 Mk. 308,70
Zinsen für 1 Monat . . . Mk. 1,00
500 Mk. 3 1/2% Deutsche
Reichsanleihe z. h. Kurs
98,50 . . . . Mk. 492,50
Zinsen für 4 Monate . . Mk. 5,83
Wechsel, zahlbar am 15./II.
19 . . . auf Georg Baum
in Neuwied . . . . . Mk. 300,00   1108,03

3. Immobilien:
Wohnhaus mit Werkstätte,
Görresstr. 3, früh. Wert . Mk. 30000,00
2% Abschreibung (1 Monat) Mk. 50,000   29950,00

4. Hausmobilien:
früherer Wert . . . . . Mk. 2640,00
2% Abschreibung (1 Monat) Mk. 4,40   2635,60

5. Werkzeuge u. Maschinen:
früherer Wert . . . . . Mk. 3130,00
10% Abschreibung (1 Monat) Mk. 26,—
Jetziger Wert . . . . . . Mk. 3104,—
dazu 10 Meißel, 4 Zirkel Mk. 24,00   3128,—

6. Rohmaterial:
Wert laut besonderem Ver-
zeichnis   100,00

7. Fertige Waren:
Wert laut besonderem Ver-
zeichnis   50,00

8. Außenstehende Forde-
rungen:

H 1	C. Schneider, Gastwirt . . Mk.	244,00	
H 2	C. Abel, Polsterer . . . Mk.	48,60	
H 4	M. Becker, Schreiner . . Mk.	39,50	
H 6	Gesangverein Rheinland . Mk.	24,00	356,10

Gesamtsume der Aktiva . . . . Mk. 37883,02

B. Passiva.

| | Mt. | Pfg. |

1. Hypothekenschulden.

Rhein. Hypothekenbank
Mannheim, 1. Hypothek
zu 4 1/8 %; Zinstermine
1./IV und 1./X. . . . Mt. 12000,00

Gottlieb Amsel, Coblenz,
2. Hypothek zu 5 %; Zins-
termine 1./II. und 1./VIII. Mt. 3000,00   15000,00

**2. Laufende Hypotheken-
zinsen:**

4 1/8 % aus Mt. 12000.— auf
4 Monate . . . . . . Mt. 173,33

5 % aus Mt. 3000.— auf
6 Monate . . . . . . Mt. 75,00   248,33

3. Warenschulden:

H 3   Schmidt & Co.   28,60

4. Laufende Akzepte:

Nr. 2 per 15./II. gez. von
Müller & Schönholz,
Hier   72,50

Gesamtsumme der Passiva: Mt. 15349,43

C. Bilanz.

Aktiva   Mt. 37883,02
Passiva   Mt. 15349,43
Vermögen   Mt. 22533,59

Vermögen am 31. Januar   Mt. 22533,59
Vermögen am 1. Januar   Mt. 22249,46
Reingewinn im Monat Januar   Mt. 284,13

Coblenz, 31. Januar 19 . . .

Johann Körber, ... meister.

Tagebuch.

Fol. 3

H 4 8. M. Becker, Hier
    für Abzug 2% auf 190 Mk. 3,80

H 3 10. Schmidt & Co., Hier
    an Abzug 2½% von 193 Mk. 4,82

H 2 11. K. Abel, Hier
    für Wechsel auf Georg Baum, Neuwied,
    zahlbar am 15. Febr. 300,00

H 2 15. M. Förster, Schreiner, Hier
    an 20 polierte Treppenpfosten à Mk. 6.00 120,00
    402 polierte Treppenstäbe à Mk. 0.35 140,70
    Mk. 260,70

H 2 16. M. Förster, Hier
    für Abzug 3% von 260,70 Mk. . . . 7,82

H 3 17. Schmidt & Co., Hier
    für Rechnung Nr. 2 28,60

H 5 19. J. Petri, Gärtner, Hier
    an 1 Bücheretagere ausgebessert 2,75
    4 neue Blumenständer 17,00
    Mk. 19,75

H 5 20. J. Arnold, Kohlenhändler, Hier
    für Kohlen 24,00

H 6 22. Gesangverein Rheinland
    an 1 Notenständer 24,00

H 5 23. Gebrüder Sommerfeld, Köln
    für Rechnung Nr. 3 16,50

H 4 23. M. Becker, Hier
    an 100 Sofa- und Sesselfüße per Satz
    Mk. 0,80 20,00
    1 Büchergestell mit gedrehten polierten
    Säulen in 4 Abteil. 19,50
    Mk. 39,50

H 5 24. J. Arnold, Kohlenhändler, Hier
    an 2 polierte Küchenschranksäulen à Mk. 1,25 2,50

H 6 25. H. Heinrich, Hier
    an 100 Schrankfüße per Satz Mk. 0,40 20,00

			Kassa= Januar

Fol. 1.

Einnahme.

Kassa=

			Mk.
J 1	1. An Barbestand		260,00
H 1	1. C. Schneider, Gastwirt		
		an Abschlagszahlung	60,00
H 2	4. M. Förster, Schreiner, Hier		
		an seine Zahlung	65,00
	5.	an 14 Gardinenrosetten à Mk. 0,35	4,90
	5.	an 2 polierte Ziersäulen à Mk. 9,00	18,00
H 4	6. L. Liebermann, Hier		
		an seine Zahlung	100,00
H 4	8. M. Becker, Hier		
		an seine Zahlung	186,20
H 2	11. K. Abel, Polsterer, Hier		
		an seine Zahlung	51,00
	13.	an Schubladenknöpfe	7,00
	14.	an Salonsäule	6,00
H 2	16. M. Förster, Hier		
		an seine Zahlung	252,88
H 1	16. C. Schneider, Gastwirt, Hier		
		an Abschlagszahlung	60,00
	18.	an 40 Bettfüße, per Satz Mk. 1.85	18,50
	20.	an 2 unpolierte Treppenpfosten à Mk. 3,00 . .	6,00
H 5	25. J. Petri, Gärtner, Hier		
		an seine Zahlung	19,75

	1115,23
	Februar
1. an Kassenbestand	315,29

buch.

19 . . .   **Fol. 1.**

Konto.   **Ausgabe.**

		Mk.
	1. Für Haushaltungsgeld	80,00
	1. für Taschengeld	10,00
	2. für 4 Liter Petroleum	—,80
	2. für Kranken= und Invalidengelder	5,00
	3. für Gesellenlohn laut Lohnliste	12,24
	4. für Geschäftsbücher	6,80
	7. für Trinkgeld an Hausknecht von Schmidt & Co.	—,50
	7. für eingelöstes Akzept	125,00
	10. für Gesellenlohn laut Lohnliste	36,72
H 3	10. Schmidt & Co., Hier	
	für meine Zahlung 2	188,18
	11. für 3 Liter Petroleum	—,57
H 3	12. Müller & Schönholz, Hier	
	für meine Zahlung	27,50
	15. für Innungsbeitrag I. Quartal 19	1,25
	15. für Taschengeld	10,00
	17. für Gesellenlohn laut Lohnliste	36,72
	19. für 3 Liter Petroleum	—,57
	20. für Haushaltungsgeld	25,00
	23. für Fracht und Rollgeld (Sendung Sommerfeld)	2,40
	23. für Anzug H. Hirsemann	48,00
	24. für Gewerbesteuer	15,00
	24. für Einkommensteuer	13,00
H 5	24. J. Arnold, Kohlenhändler, Hier	
	für meine Zahlung	21,50
	24. für Gesellenlohn laut Lohnliste	36,72
	26. für 3 Liter Petroleum	—,57
	27. für Annoncen	8,50
H 3	29. Müller & Schönholz, Hier	
	für meine Zahlung	15,00
H 5	30. Gebrüder Sommerfeld, Köln	
	für durch Postanweisung laut Rechnung Nr. 3	16,50
	31. für Gesellenlohn laut Lohnliste	36,72
	31. für Portoauslagen im Monat Januar . . .	12,50
	31. für Fehlbetrag	6,68
	31. für Kassenbestand	315,29
		1115,23

19..

Soll.   M. Becker, Schreiner,

19..		Mk.
Januar 3. An Bettfüße, Treppenstäbe, Treppenpfosten M 1		190,00
23. an Sofa=Sesselfüße, Büchergestell M 2 . . .		39,50
		229,50
Februar 1. An Saldo=Vortrag		39,50

Soll.   L. Liebermann,

19..		Mk.
Januar 5. An verschiedene Waren laut M 1		100.00
		100,00

Soll.   J. Petri, Gärtner,

19..		Mk.
Januar 19. An Bücheretagere, 4 Blumenständer M 2 .		19,75
		19,75

Soll.   J. Arnold, Kohlenhändler,

19..		Mk.
Januar 24. An 2 polierte Küchenschranksäulen M 2 . .		2,50
24. an Barzahlung laut K 1		21,50
		24,00

Soll.   Gebrüder Sommerfeld,

19..		Mk.
Januar 30. An Barzahlung laut K 2		16,50
		16,50

Soll.   Konto pro

19..		Mk.
Januar 22. Gesangverein Rheinland, Hier		
an 1 Notenständer laut M 2		24,00
25. H. Heinrich, Hier		
an 100 Schrankfüße laut M 2		20,00

buch.

	Hier.	Haben.
19..		Mk.
Januar 8. Für Barzahlung		186,20
8. für Abzug		3,80
für Saldo		39,50
		229,50

	Hier.	Haben.
19..		Mk.
Januar 6. Für Barzahlung laut K 1		100,00
		100,00

	Hier.	Haben.
19..		Mk.
Januar 25. Für Barzahlung laut K 1		19,75
		19,75

	Hier.	Haben.
19..		Mk.
Januar 20. Für Kohlen laut M 2		24,00
		24,00

	Köln.	Haben.
19..		Mk.
Januar 23. Für Rechnung laut M 2		16,50
		16,50

	D i v e r s e.	Haben.
19..		Mk.
Juli 2. Für Zahlung laut K 6		24,00
Januar 27. H. Heinrich, Hier		
für Verlust		20,00

In der gleichen Weise verfahren wir bei den Kassaposten. Da die Buchungen im Kassabuch erfolgen, so kürzen wir den entsprechenden Vermerk vor jeder Buchung mit K ab.

Was die Stellung des Kassabuchs unter unsern Büchern anlangt, so ist diese eine etwas eigenartige. Hier werden nicht wie im Journal oder Memorial die Soll- und Haben-Posten untereinander geschrieben, sondern hier ist eine besondere Seite vorgesehen für die Summen, die eingenommen werden, und eine Seite für diejenigen Beträge, die ausgezahlt werden. Auffällig ist auf den ersten Blick die Buchung der Einnahmeposten auf der linken, Sollseite. Wir erklären das am besten damit, daß wir die Kasse als unseren Bankier betrachten, dem wir die eingezahlten Beträge in dieser Form belasten, während wir ihm die Ausgaben gutschreiben. Nun haben wir aber bei unserer Buchführung noch ein weiteres Buch zu berücksichtigen, das ist das „Hauptbuch". Wie schon sein Name besagt, ist es das wichtigste Buch der Buchführung, während die übrigen Bücher, die „Grundbücher", für die Buchungen im Hauptbuche gewissermaßen nur die Grundlage abgeben.

Das Hauptbuch soll uns stets genau darüber unterrichten, Rechenschaft ablegen, in welchem Verhältnisse wir zu unseren Kunden und Lieferanten stehen; es soll uns sagen, an wen wir Forderungen zu stellen haben und wer von uns zu fordern hat, sowie auch wie hoch diese Forderungen sind. Alle Eintragungen müssen also aus den Grundbüchern (Tagebuch und Kassabuch) mit einzelnen Ausnahmen in das Hauptbuch übertragen werden. Eine Ausnahme hiervon bilden diejenigen Posten, die wir im allgemeinen als kleine Einnahmen und Ausgaben bezeichnen könnten. Einnahmen aus dem täglichen Barverkauf und Ausgaben, die nicht an Personen geleistet werden, kleine tägliche Barausgaben auch an Personen, über die man im allgemeinen eine Rechnung nicht zu erteilen pflegt, denen also eine Journal-Memorial-Buchung nicht gegenübersteht.

Das Aussehen des Hauptbuches wird deshalb ein wesentlich anderes sein müssen, als das der bisher benutzten Bücher. Denn während in den Grundbüchern die Eintragungen ohne Rücksicht auf die Personen genau nach Tag und Folge zu machen waren, werden im Hauptbuche die Eintragungen nach den einzelnen Personen geordnet. Hier bekommt jede einzelne Person, mit der wir in dauernder Geschäftsverbindung stehen, oder mit der wir in eine solche treten wollen, ein besonderes „Konto", auf das alle Buchungen, die mit dieser Person in Zusammenhang stehen, auf Grund der Nachweisungen in den Grundbüchern übertragen werden.

Nachdem wir die sämtlichen Konten im Hauptbuch abgeschlossen haben und wir so mit einem Blicke ermitteln können, wie unsere Guthaben auf dem einen, unsere Schulden auf dem anderen Konto sind, stellen wir am 31. Dezember (Jahresschluß) eine Schlußbilanz auf, um das Vermögen zu ermitteln.

Bei dieser Schlußbilanz ist zu berücksichtigen, daß nicht nur die einzelnen Konten im Hauptbuche eine gewisse Verschiebung erfahren haben, sondern, daß auch die am 1. Januar des vorigen Jahres ermittelten Werte für Immobilien, Mobilien und Werkzeuge, für die Waren und Rohmaterialien inzwischen andere geworden sind. Das Haus wird durch die Benutzung in seinem Werte beeinträchtigt; wenn wir annehmen, daß es 50 Jahre benutzbar ist, so haben wir in jedem Jahre 2 Prozent an seinem Werte abzusetzen; die Maschinen und Werkzeuge sind in 20 Jahren unbrauchbar; wir haben hier also 5 Prozent abzuschreiben; die Mobilien halten ebenfalls in den meisten Fällen nicht länger als 25 Jahre — es sind demnach jährlich 4 Prozent an ihrem Werte abzuschreiben. So setzen wir die am Tage der Schlußbilanz auf der Grundlage der Eröffnungsbilanz ermittelten Werte in unser Vermögen ein, dessen Höhe festzustellen uns nunmehr leicht werden wird.

Man sieht hieraus, daß nur eine klare und übersichtliche Buchführung dem Handwerker die Möglichkeit gibt, eine geordnete Übersicht über das ganze Geschäft herbeizuführen und ihn stets darüber unterrichtet, ob er in seinem Berufe vorwärtskommt oder zurückgeht.

F. Berechnung des Einkommens als Grundlage für die Besteuerung.

Ein Handwerker oder Gewerbetreibender, der in seinem Geschäfte eine regelrechte Buchführung eingerichtet hat, wird am Schluß
des Jahres auf Grund der Bilanz mit Leichtigkeit sein Einkommen
berechnen können und so etwaigen zu hohen Anforderungen der
Steuerbehörden zu begegnen vermögen. Man wird jedoch zu
beachten haben, daß nicht etwa der Überschuß, den die Bilanz gegen
das Vorjahr feststellt, oder der Verlust, den sie uns verdeutlicht,
unser Einkommen darstellt. Denn wie uns unsere Buchführung
zeigt, haben wir im Laufe des Jahres an Haushaltungsgeld und
Taschengeld beträchtliche Summen unserer Geschäftskasse entnommen,
der Bäcker hat den gesamten Bedarf der Familie an Backwaren,
an Zucker, Mehl, Rosinen, Korinthen usw. aus seinen Waren-
vorräten gedeckt, der Schreiner wohl einen neuen Schrank für den
Haushalt gefertigt, der Maurer einen Gesellen mehrere Wochen
mit der Reparatur einer baufällig gewordenen Scheune beschäftigt.
Während die baren Ausgaben für die Zwecke der Haushaltung
sich leicht aus dem Kassabuch ergeben und auch wohl im Hauptbuch als Privatkonto zusammengestellt sind, werden die Waren-
entnahmen nur selten sogleich von dem Handwerker oder Gewerbetreibenden genau gebucht werden. Es muß deshalb am Schlusse
des Jahres von dem Handwerker eine möglichst genaue Aufstellung
über derartige Ausgaben gemacht werden. Einige Beispiele werden
dies verdeutlichen:

Der Schlossermeister Reinhardt hatte am 1. Januar 1901
sein Vermögen auf Grund der sorgfältig aufgestellten Bilanz auf
23 875,— Mk. festgestellt.
Am 1. Januar 1902 betrug es 24 480,— „
Der Zuwachs betrug mithin 615,— Mk.

Wie ein Blick auf das Privatkonto oder auf die entsprechenden
Ausgaben im Kassabuch ergibt, hat er während des Jahres 1901
der Kasse an Haushaltungs- und Taschengeld 1365,— Mk. entnommen. Das gesamte Einkommen betrug demnach nicht 615 Mk.,
sondern $615 + 1365 = 1980$ Mk. Ein Metzger hat am Jahresschluß in der Bilanz festgestellt, daß sein Vermögen durch die
schlechte Geschäftslage sich um 850 Mk. vermindert hat. Seine

Feſtſtellungen haben ergeben, daß in ſeinem Haushalte monatlich
für etwa 46.— Mk. Fleiſch= und Wurſtwaren verbraucht werden,
daß mithin auf dieſe Weiſe dem Geſchäft jährlich eine Summe
von 552 Mk. entzogen wird. Da der Kaſſe außerdem im Laufe des
Jahres Mk. 1640 an Haushaltungs= und Taſchengeld entnommen
wurden, ſo beträgt das reine Einkommen in dieſem ungünſtigen
Jahre immerhin noch 1640 + 552 — 850 Mk. = 1342 Mk.

Wir ſehen mithin, daß für den Geſchäftsmann, der regelrecht
ſeine Bücher führt, die Berechnung des Einkommens verhältnis=
mäßig leicht iſt; ſoweit ſeine Einnahmen ſchwankend ſind, wird er
den Durchſchnitt der letzten drei Jahre angeben, ſoweit ſie feſt=
beſtimmbar ſind wie Einnahmen aus Mieten, Zinſen uſw., wird er
die zu erwartende Summe in ſeine Einkommenrechnung einſtellen.
In manchen Geſchäften kann unter Umſtänden das gut geführte
Kalkulationsbuch ſchon einigermaßen einen Überblick über den Ver=
dienſt des letzten Jahres geben. Ein Schneidermeiſter, der jeden
Anzug, jede gefertigte Hoſe und Weſte genau berechnet und die
Kalkulationen in einem hierzu geeigneten Buche gruppiert wird
durch Addition der erzielen Geſchäftsgewinne ſein Jahreseinkommen
einigermaßen feſtſtellen können; ebenſo ein Schreiner, ein Dachdecker,
wenn man von kleinen Arbeiten, namentlich Reparaturen, gänzlich
abſieht. Aber wir haben hier doch immerhin nur einen Notbehelf
vor uns, der niemanden recht befriedigen wird.

Wollen wir das Einkommen genau berechnen, ſo bedarf es
hierzu einer geordneten, wenn auch einfachen Buchführung. Als
maßgebend für die Verſteuerung ſind die Bilanzen der letzten drei
Jahre zu betrachten, wie nachſtehendes Beiſpiel zeigen mag:

Das Einkommen betrug im Jahre		
1906	2208	—
1907	3409	—
1908	2952	80
Mithin iſt zu verſteuern ein Drittel von	8569	80
Das ſteuerbare Einkommen pro 1909 beträgt danach **2856,60 Mk.**		

Auf das Steuerweſen der einzelnen Staaten genau einzu=
gehen, kann hier nicht unſere Aufgabe ſein. Die Beſtimmungen ſind
zu vielſeitig, als daß ſie im Rahmen dieſes Buches erläutert werden
könnten. —

Feststellungen haben ergeben, daß in seinem Haushalte monatlich für etwa 46.— Mk. Fleisch= und Wurstwaren verbraucht werden, daß mithin auf diese Weise dem Geschäft jährlich eine Summe von 552 Mk. entzogen wird. Da der Kasse außerdem im Laufe des Jahres Mk. 1640 an Haushaltungs= und Taschengeld entnommen wurden, so beträgt das reine Einkommen in diesem ungünstigen Jahre immerhin noch 1640 + 552 — 850 Mk. = 1342 Mk.

Wir sehen mithin, daß für den Geschäftsmann, der regelrecht seine Bücher führt, die Berechnung des Einkommens verhältnis= mäßig leicht ist; soweit seine Einnahmen schwankend sind, wird er den Durchschnitt der letzten drei Jahre angeben, soweit sie fest= bestimmbar sind wie Einnahmen aus Mieten, Zinsen usw., wird er die zu erwartende Summe in seine Einkommenrechnung einstellen. In manchen Geschäften kann unter Umständen das gut geführte Kalkulationsbuch schon einigermaßen einen Überblick über den Ver= dienst des letzten Jahres geben. Ein Schneidermeister, der jeden Anzug, jede gefertigte Hose und Weste genau berechnet und die Kalkulationen in einem hierzu geeigneten Buche gruppiert wird durch Addition der erzielten Geschäftsgewinne sein Jahreseinkommen einigermaßen feststellen können; ebenso ein Schreiner, ein Dachdecker, wenn man von kleinen Arbeiten, namentlich Reparaturen, gänzlich absieht. Aber wir haben hier doch immerhin nur einen Notbehelf vor uns, der niemanden recht befriedigen wird.

Wollen wir das Einkommen genau berechnen, so bedarf es hierzu einer geordneten, wenn auch einfachen Buchführung. Als maßgebend für die Versteuerung sind die Bilanzen der letzten drei Jahre zu betrachten, wie nachstehendes Beispiel zeigen mag:

Das Einkommen betrug im Jahre		
1906	2208	—
1907	3409	—
1908	2952	80
Mithin ist zu versteuern ein Drittel von . . .	8569	80
Das steuerbare Einkommen pro 1909 beträgt danach **2856,60 Mk.**		

Auf das Steuerwesen der einzelnen Staaten genau einzu= gehen, kann hier nicht unsere Aufgabe sein. Die Bestimmungen sind zu vielseitig, als daß sie im Rahmen dieses Buches erläutert werden könnten. —